2026 박문각 자격증

단숨에 끝
SERIES
단끝

단끝
택시운전 자격시험

TS 한국교통안전공단 CBT 기출복원문제집

윤정현, 정한진 공저

브랜드만족 **1위**
근거자료 후면표기

서울 경기 인천

 무료특강
핵심이론 + 최빈출 기출 70제

 **큰 글씨** 시원한 편집

 **2026년** 최신 지리

 한국교통 안전공단 가이드북 반영

최신 CBT 기출복원문제 7+1개년

 박문각

STRUCTURE 구성과 특징

STEP 1

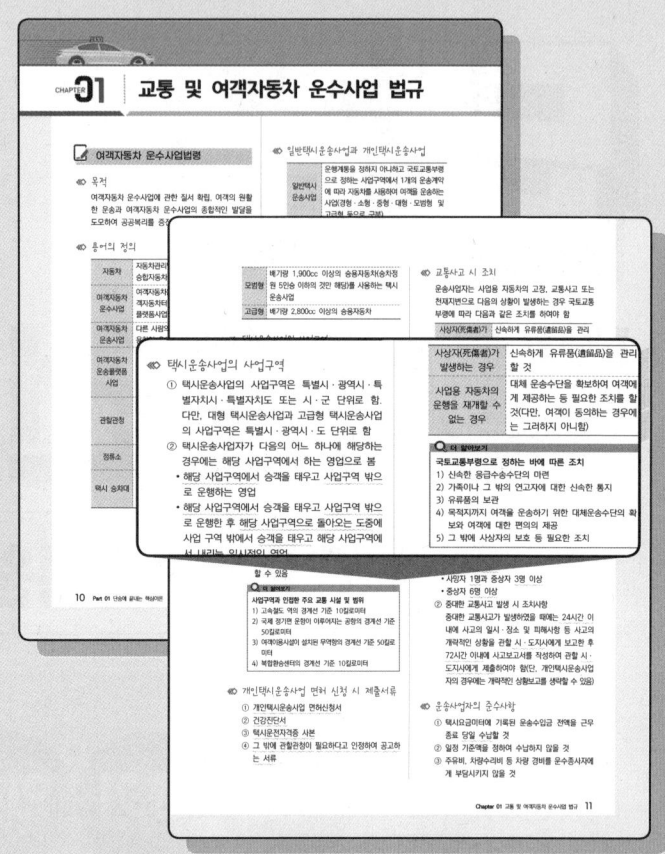

1 단숨에 끝내는 핵심이론

2 최신 CBT 기출복원문제

3 단끝 최빈출 기출 70제

☑ 핵심 학습포인트 정리
최근 시험에 자주 출제되는 중요 학습포인트만 완벽하게 정리하였습니다.

☑ 단숨에 실전 대비를 끝내는 요약
더 알아보기를 통해 문제해결력을 향상시키고 학습효과를 극대화할 수 있습니다.

STEP 2

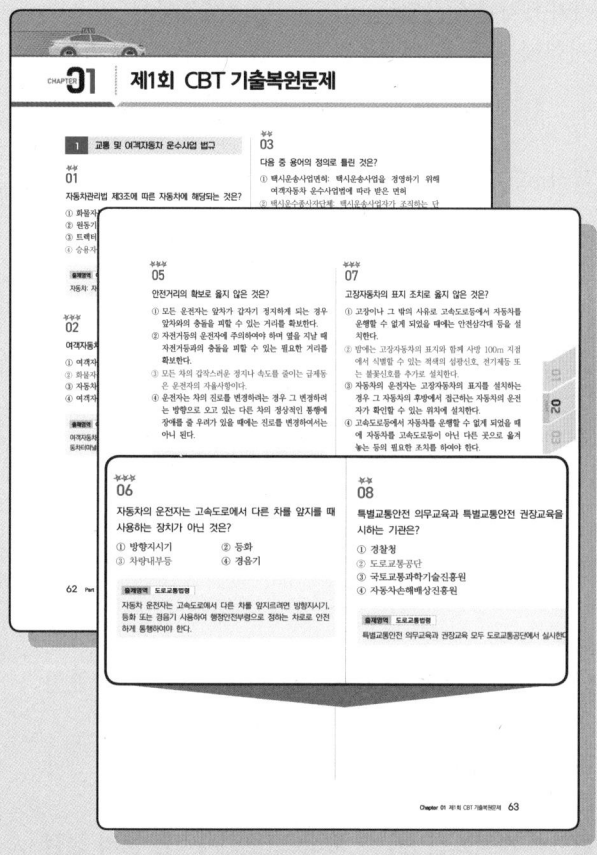

✅ 최신 CBT 기출복원문제
총 8회분의 CBT 기출복원문제를 통해 기출 유형부터 출제 경향까지 효과적으로 학습할 수 있습니다.

✅ 빈출중요도 표시 및 명확한 해설
문항별로 빈출중요도를 표시하였고 문제해결의 핵심 포인트를 공략한 명확한 해설을 통해 능률적인 학습이 가능합니다.

STEP 3

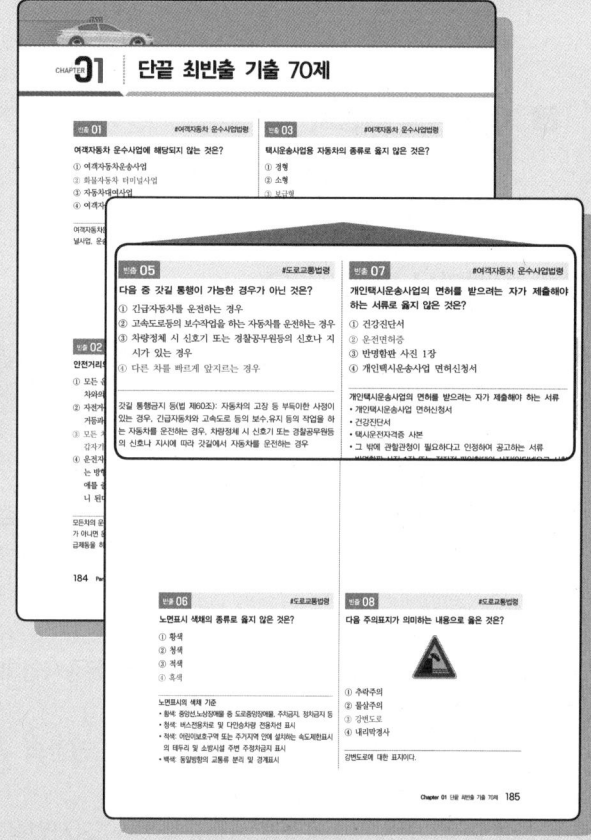

✅ 최빈출 기출 70문제 선별
실제 시험에 출제된 문제 중 출제 비율이 높은 70문제만 선별하여 합격이 보장되는 마무리 정리가 가능합니다.

✅ 시험 직전 최종 점검 문제
간단한 해설과 한눈에 보이는 정답으로 시험 직전 최종 점검용으로 활용할 수 있게 구성하였습니다.

GUIDE 이 책의 시험안내

택시운전 자격시험 안내

1 택시운전 자격시험이란
일반택시운송사업, 개인택시운송사업 및 수요응답형 여객자동차운송사업(승용자동차를 사용하는 경우만 해당)에 종사하려는 운전자는 택시운전자격제도에 의해 자격시험에 합격 후 택시운전자격증을 취득하여야 한다.

2 자격 취득 대상자
일반택시운송사업, 개인택시운송사업 및 수요응답형 여객자동차운송사업(승용자동차를 사용하는 경우만 해당한다)에 종사하고자 하는 사람

3 시험과목 및 합격기준

시험과목	교통 및 여객자동차 운수사업 법규	안전운행요령	운송서비스	지리
	20문항	20문항	20문항	10문항
합격기준	총점 100점 중 60점(총 70문제 중 42문제) 이상 획득 시 합격			

4 택시운전 자격시험 법적 근거
① **여객자동차운수사업법 제24조(여객자동차운송사업의 운전업무 종사자격)**: 택시운전 자격시험, 자격증의 취득 등 버스운전 자격요건 명시
② **여객자동차운수사업법 시행령 제38조(권한의 위탁)**: 택시운전 자격시험의 실시·관리 및 자격증 교부에 관한 업무를 한국교통안전공단에 위탁
③ **여객자동차운수사업법 시행규칙 제49조(사업용 자동차 운전자의 자격요건 등) ~ 제56조(운전자격증 등의 정정 및 재발급)**: 택시운전 자격시험의 실시·관리 및 자격증 교부에 관한 사항을 구체적으로 명시

택시운전 자격시험 응시자 수

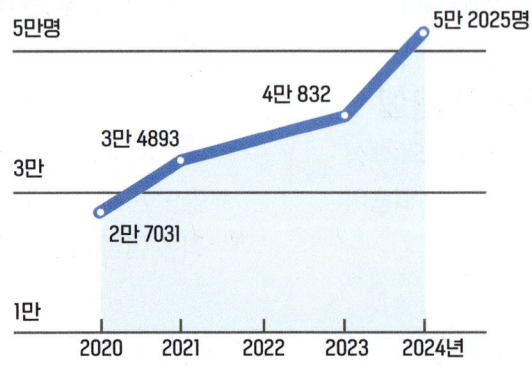

- 2020: 2만 7031
- 2021: 3만 4893
- 2022: 4만 832
- 2024년: 5만 2025명

(자료: 한국교통안전공단, 전국택시운송사업조합연합회)

5 자격취득 절차 안내

응시조건 및 시험 일정 확인

① **운전면허**: 사업용 자동차를 운전하기에 적합한 2종 보통 이상 운전면허 소지자
② **연령**: 만 20세 이상(시험 접수일 기준)
③ **운전경력**: 2종 보통 이상의 운전경력이 1년 이상(시험일 기준 운전면허 보유기간이며, 취소·정지기간 제외)
④ 여객자동차운수사업법 제24조 제3항 및 제4항의 결격사유에 해당되지 않는 사람
* 연간시험일정 확인(접수시간 및 시험일)

시험 접수

① **인터넷 접수**: 신청·조회 > 택시운전 > 예약접수 > 원서접수
  * 사진은 그림파일 JPG로 스캔하여 등록
② **방문접수**: 전국 19개 시험장
  * 다만, 현장 방문접수 시 응시인원 마감 등으로 시험 접수가 불가할 수도 있으므로 가급적 인터넷으로 시험 접수현황을 확인하시고 방문
③ **시험응시 수수료**: 11,500원
④ **준비물**: 운전면허증, 6개월 이내 촬영한 3.5 × 4.5cm 컬러사진(미제출자에 한함)

시험 응시

① **각 지역본부 시험장**: 시험 시작 20분 전까지 입실
② **시험과목**: 4과목, 회차별 70문제

1회차	2회차	3회차	4회차
09:20~10:30	11:00~12:10	14:00~15:10	16:00~17:10

* 지역본부에 따라 시험 횟수가 변경될 수 있음

자격증 교부

① **신청대상 및 기간**: 택시운전 자격시험 필기시험에 합격한 사람으로서 합격자[총점의 60% 이상(총 70문항 중 42문항 이상)을 얻은 사람] 발표일로부터 30일 이내
② **자격증 신청 방법**: 인터넷·방문신청
③ **자격증 교부 수수료**: 10,000원(인터넷의 경우 우편료를 포함하여 온라인 결제)
④ **신청 서류**: 택시운전자격증 발급신청서 1부(인터넷의 경우 생략)
⑤ **인터넷 신청**: 신청일로부터 5~10일 이내 수령가능(토·일요일, 공휴일 제외)
⑥ **방문 발급**: 한국교통안전공단 전국 19개 시험장 및 7개 검사소 방문·교부장소
⑦ **준비물**: 운전면허증, 운전경력증명서(전체기간), 수수료

GUIDE 이 책의 시험안내

6 CBT 시험안내

1. 접수기간
① **시험등록**: 시작 20분 전 / **시험시간**: 일반전형 70분, 특례전형(유공운전자표시장, 무사고운전자 표시장) 30분, 특례(타시도 택시자격증소지자)전형 10분
② **상시 CBT 필기시험일**(토요일, 공휴일 제외)

CBT 전용 상설시험장	정밀 검사장 활용 CBT 비상설 시험장

• 12개 지역: 서울구로, 경기남부(수원), 인천, 대전, 대구, 부산, 광주, 전북(전주), 울산, 경남(창원), 강원(춘천), 화성
• 매일 4회(오전 2회, 오후 2회)
  * 대전, 부산, 광주는 수요일 오후 항공 CBT 시행
	• 8개 지역: 서울성산, 서울노원, 서울송파, 경기북부(의정부), 충북(청주), 제주, 대구(상주), 대전(홍성)
	• 매주 화, 목 오후 2회
	  * 시험장 상황에 따라 변동 가능

– 접수인원 초과(선착순)로 접수 불가능 시 타 지역 또는 다음 차수 접수 가능

2. 접수방법

인터넷 접수	방문 접수
사진을 그림파일(JPG)로 스캔하여 등록하여야 접수 가능 (6개월 이내 촬영한 3.5 x 4.5cm 반명함 컬러사진)	전국 19개 자격시험장: 서울성산, 서울노원, 서울 구로, 서울송파, 경기남부(수원), 경기북부(의정부), 인천, 대전, 대구, 부산, 광주, 충북(청주), 전북(전주), 울산, 경남(창원), 강원(춘천), 제주, 상주, 화성

3. 시행방법
① **시험시간**: 컴퓨터에 의한 시험 시행 70분
  • 1회차: 09:20~10:30, 2회차: 11:00~12:10, 3회차: 14:00~15:10, 4회차: 16:00~17:10
  • 시험장 사정에 따라 시행 횟수는 변경될 수 있음
② **응시제한 및 부정행위 처리**
  • 시험 시작시간 이후에 시험장에 도착한 사람은 응시 불가
  • 시험 도중 무단으로 퇴장한 사람은 재입장 할 수 없으며 해당 시험 종료처리
  • 부정행위 또는 주의사항이나 시험감독의 지시에 따르지 아니하는 사람은 즉각 퇴장조치 및 무효처리하며, 향후 2년간 공단에서 시행하는 자격시험의 응시자격 정지

4. 합격자 발표
① **합격 판정**: 총점의 60% 이상을 획득해야 함
② **합격자 발표**: 시험 종료 후 시험 시행 장소에서 합격자 발표

구분	일반	특례(유공운전자 표시장, 무사고운전자 표시장)	특례(자격소지자)
총문항	70문항	30문항	10문항
합격문항	42문항	18문항	6문항

CONTENTS 차례

PART 01 단숨에 끝내는 핵심이론

Chapter 01 교통 및 여객자동차 운수사업 법규 … 10
Chapter 02 안전운행요령 … 33
Chapter 03 운송서비스 … 51
Chapter 04 지리(서울 · 경기 · 인천) … 60

PART 02 최신 CBT 기출복원문제

Chapter 01 제1회 CBT 기출복원문제 … 62
Chapter 02 제2회 CBT 기출복원문제 … 79
Chapter 03 제3회 CBT 기출복원문제 … 96
Chapter 04 제4회 CBT 기출복원문제 … 114
Chapter 05 제5회 CBT 기출복원문제 … 132
Chapter 06 제6회 CBT 기출복원문제 … 149
Chapter 07 제7회 CBT 기출복원문제 … 166

Chapter 08 제8회 CBT 기출복원문제
QR코드를 스캔하시면 제8회 CBT 기출복원문제를 풀어보실 수 있습니다.

PART 03 단끝 최빈출 기출 70제

단끝 최빈출 기출 70제 … 184

단숨에 끝내는 핵심이론

CHAPTER 01 | 교통 및 여객자동차 운수사업 법규

여객자동차 운수사업법령

목적

여객자동차 운수사업에 관한 질서 확립, 여객의 원활한 운송과 여객자동차 운수사업의 종합적인 발달을 도모하여 공공복리를 증진하는 것

용어의 정의

자동차	자동차관리법 제3조 기준에 따른 승용·승합자동차
여객자동차 운수사업	여객자동차운송사업, 자동차대여사업, 여객자동차터미널사업 및 여객자동차운송플랫폼사업
여객자동차 운송사업	다른 사람의 수요에 응하여 자동차를 사용하여 유상으로 여객을 운송하는 사업
여객자동차 운송플랫폼 사업	여객의 운송과 관련한 다른 사람의 수요에 응하여 이동통신단말장치, 인터넷 홈페이지 등에서 사용되는 응용프로그램(운송플랫폼)을 제공하는 사업
관할관청	관할이 정해지는 국토교통부장관, 대도시권광역교통위원회, 특별시장·광역시장·특별자치시장·도지사 또는 특별자치도지사
정류소	여객이 승차 또는 하차할 수 있도록 노선 사이에 설치한 장소
택시 승차대	택시운송사업용 자동차에 승객을 승차·하차시키거나 승객을 태우기 위하여 대기하는 장소 또는 구역

일반택시운송사업과 개인택시운송사업

일반택시 운송사업	운행계통을 정하지 아니하고 국토교통부령으로 정하는 사업구역에서 1개의 운송계약에 따라 자동차를 사용하여 여객을 운송하는 사업(경형·소형·중형·대형·모범형 및 고급형 등으로 구분)
개인택시 운송사업	운행계통을 정하지 아니하고 국토교통부령으로 정하는 사업구역에서 1개의 운송 계약에 따라 자동차 1대를 사업자가 직접 운전(질병 등 국토교통부령이 정하는 사유가 있는 경우 제외)하여 여객을 운송하는 사업(경형·소형·중형·대형·모범형 및 고급형 등으로 구분)

택시운송사업의 구분

경형	• 배기량 1,000cc 미만의 승용자동차(승차정원 5인승 이하의 것만 해당) • 길이 3.6m 이하이면서 너비 1.6m 이하인 승용자동차(승차정원 5인승 이하의 것만 해당)
소형	• 배기량 1,600cc 미만의 승용자동차(승차정원 5인승 이하의 것만 해당) • 길이 4.7m 이하이거나 너비 1.7m 이하인 승용자동차(승차정원 5인승 이하의 것만 해당)
중형	• 배기량 1,600cc 이상의 승용자동차(승차정원 5인승 이하의 것만 해당) • 길이 4.7m 초과이면서 너비 1.7m를 초과하는 승용자동차(승차정원 5인승 이하의 것만 해당)
대형	• 배기량이 2,000cc 이상인 승용자동차(승차정원 6인승 이상 10인승 이하의 것만 해당) • 배기량이 2,000cc 이상이고 승차정원이 13인승 이하인 승합자동차

모범형	배기량 1,900cc 이상의 승용자동차(승차정원 5인승 이하의 것만 해당)를 사용하는 택시운송사업
고급형	배기량 2,800cc 이상의 승용자동차

◈ 택시운송사업의 사업구역

① 택시운송사업의 사업구역은 특별시·광역시·특별자치시·특별자치도 또는 시·군 단위로 함. 다만, 대형 택시운송사업과 고급형 택시운송사업의 사업구역은 특별시·광역시·도 단위로 함
② 택시운송사업자가 다음의 어느 하나에 해당하는 경우에는 해당 사업구역에서 하는 영업으로 봄
- 해당 사업구역에서 승객을 태우고 사업구역 밖으로 운행하는 영업
- 해당 사업구역에서 승객을 태우고 사업구역 밖으로 운행한 후 해당 사업구역으로 돌아오는 도중에 사업 구역 밖에서 승객을 태우고 해당 사업구역에서 내리는 일시적인 영업
- 주요 교통 시설이 소속 사업구역과 인접하여 소속 사업구역에서 승차한 여객을 그 주요 교통 시설에 하차시킨 경우에는 주요 교통 시설 사업 시행자가 여객자동차운송사업의 사업구역을 표시한 승차대를 이용하여 소속 사업구역으로 가는 여객을 운송할 수 있음

> **더 알아보기**
> **사업구역과 인접한 주요 교통 시설 및 범위**
> 1) 고속철도 역의 경계선 기준 10킬로미터
> 2) 국제 정기편 운항이 이루어지는 공항의 경계선 기준 50킬로미터
> 3) 여객이용시설이 설치된 무역항의 경계선 기준 50킬로미터
> 4) 복합환승센터의 경계선 기준 10킬로미터

◈ 개인택시운송사업 면허 신청 시 제출서류

① 개인택시운송사업 면허신청서
② 건강진단서
③ 택시운전자격증 사본
④ 그 밖에 관할관청이 필요하다고 인정하여 공고하는 서류

◈ 교통사고 시 조치

운송사업자는 사업용 자동차의 고장, 교통사고 또는 천재지변으로 다음의 상황이 발생하는 경우 국토교통부령에 따라 다음과 같은 조치를 하여야 함

사상자(死傷者)가 발생하는 경우	신속하게 유류품(遺留品)을 관리할 것
사업용 자동차의 운행을 재개할 수 없는 경우	대체 운송수단을 확보하여 여객에게 제공하는 등 필요한 조치를 할 것(다만, 여객이 동의하는 경우에는 그러하지 아니함)

> **더 알아보기**
> **국토교통부령으로 정하는 바에 따른 조치**
> 1) 신속한 응급수송수단의 마련
> 2) 가족이나 그 밖의 연고자에 대한 신속한 통지
> 3) 유류품의 보관
> 4) 목적지까지 여객을 운송하기 위한 대체운송수단의 확보와 여객에 대한 편의의 제공
> 5) 그 밖에 사상자의 보호 등 필요한 조치

◈ 중대한 교통사고

① 중대한 교통사고
- 전복 사고
- 화재가 발생한 사고
- 사망자 2명 이상
- 사망자 1명과 중상자 3명 이상
- 중상자 6명 이상
② 중대한 교통사고 발생 시 조치사항
중대한 교통사고가 발생하였을 때에는 24시간 이내에 사고의 일시·장소 및 피해사항 등 사고의 개략적인 상황을 관할 시·도지사에게 보고한 후 72시간 이내에 사고보고서를 작성하여 관할 시·도지사에게 제출하여야 함(단, 개인택시운송사업자의 경우에는 개략적인 상황보고를 생략할 수 있음)

◈ 운송사업자의 준수사항

① 택시요금미터에 기록된 운송수입금 전액을 근무종료 당일 수납할 것
② 일정 기준액을 정하여 수납하지 않을 것
③ 주유비, 차량수리비 등 차량 경비를 운수종사자에게 부담시키지 않을 것

④ 운송기록출력장치를 갖추고 운송수입금 자료를 보관할 것(보관기간: 1년)
⑤ 운송수입금 수납 및 운송기록 허위 작성 금지
⑥ 법에 따른 운수종사자의 요건을 갖춘 자만 운전업무에 종사하게 하여야 함
⑦ 좌석안전띠 정상 작동 상태 유지
⑧ 좌석안전띠 착용 교육 실시
⑨ 호흡측정기 사용하여 음주 여부 확인, 확인 후 해당 운수종사자의 성명과 측정일시를 기록하여 3년 동안 보관·관리

운수종사자의 준수사항

① 정당한 사유 없이 여객의 승차(수요응답형 여객자동차운송사업의 경우 여객의 승차예약을 포함)를 거부하거나 여객을 중도에서 내리게 하는 행위 금지(구역 여객자동차운송사업 중 일반택시운송사업 및 개인택시운송사업은 제외)
② 부당한 운임 또는 요금을 받는 행위 금지(구역 여객자동차운송사업 중 일반택시운송사업 및 개인택시운송사업은 제외)
③ 일정한 장소에 오랜 시간 정차하여 여객을 유치하는 행위 금지
④ 문을 완전히 닫지 아니한 상태에서 자동차를 출발시키거나 운행하는 행위 금지
⑤ 여객이 승하차하기 전에 자동차를 출발시키거나 승하차할 여객이 있는데도 정차하지 아니하고 정류소를 지나치는 행위 금지
⑥ 안내방송을 하지 아니하는 행위 금지(국토교통부령으로 정하는 자동차 안내방송 시설이 설치되어 있는 경우만 해당)
⑦ 여객자동차운송사업용 자동차 안에서 흡연하는 행위 금지
⑧ 휴식시간을 준수하지 아니하고 운행하는 행위 금지
⑨ 운전 중 영상물을 시청하는 행위 금지(예외: 교통정보·후방화면 등)
⑩ 택시요금미터를 임의로 조작 또는 훼손하는 행위 금지
⑪ 그 밖에 안전운행과 여객의 편의를 위하여 운수종사자가 지키도록 국토교통부령으로 정하는 사항을 위반하는 행위 금지
⑫ 운송수입금 전액에 대한 다음과 같은 원칙 준수
- 1일 근무시간 동안 택시요금미터에 기록된 운송수입금의 전액을 운수종사자의 근무종료 당일 운송사업자에게 납부할 것
- 일정금액의 운송수입금 기준액을 정하여 납부하지 않을 것
⑬ 운수종사자는 차량의 출발 전에 여객이 좌석안전띠를 착용하도록 안내하여야 함

여객자동차운송사업의 운전업무 종사자격

① 기본 요건
- 해당 자동차 운전면허 소지
- 20세 이상 및 운전경력 1년 이상
- 국토교통부장관이 정하는 운전 적성 정밀검사 기준에 적합할 것
- 자격시험 합격 후 자격을 취득하거나 또는 교통안전체험교육 이수
- 시험의 실시, 교육의 이수 및 자격의 취득 등에 필요한 사항은 국토교통부령으로 정함

② 여객자동차운송사업의 운전자격을 취득할 수 없는 사람
- 다음 각 어느 하나에 해당하는 죄를 범하여 금고(禁錮) 이상의 실형을 선고받고 그 집행이 끝나거나(집행이 끝난 것으로 보는 경우 포함) 면제된 날부터 2년이 지나지 아니한 사람
  - 살인, 약취·유인 및 인신매매, 강간과 추행죄, 성폭력 범죄, 아동·청소년의 성보호 관련죄, 강도죄, 범죄 단체 등 조직
  - 약취·유인, 도주차량운전자, 상습강도·절도죄, 강도상해, 보복범죄, 위험운전 치사상
  - 마약류 관리에 관한 법률에 따른 죄, 형법에 따른 상습죄 또는 그 각 미수죄
- 위의 어느 하나에 해당하는 죄를 범하여 금고 이상의 형의 집행유예를 선고받고 그 집행유예 기간 중에 있는 사람

- 자격시험 전 5년간 다음에 해당하여 운전면허가 취소된 사람
  - 음주운전 또는 정당한 음주 측정 불응 금지 위반
  - 약물 복용 후 운전 금지 위반
  - 운전 중 고의 또는 과실로 3명 이상이 사망(사고 발생일부터 30일 내 사망한 경우 포함)하거나 20명 이상의 사상자가 발생한 교통사고를 일으킨 사람
  - 자격시험 전 3년간 음주운전, 공동 위험 행위 및 난폭운전에 해당하여 운전면허 정지처분을 받은 사람

③ 운전적성정밀검사의 대상

신규검사	• 신규 운전자 • 퇴직 후 3년 초과 재취업자(단, 무사고자 제외) • 검사 후 3년 이내 미취업자(단, 무사고자 제외)
특별검사	• 중상 이상의 사상 사고를 일으킨 자 • 과거 1년간 누산점수가 81점 이상인 자 • 질병, 과로, 그 밖의 사유로 안전운전을 할 수 없다고 인정되는 자인지 알기 위하여 운송사업자가 신청한 자
자격유지 검사	※ 자격유지검사는 검사 대상이 된 날부터 3개월 이내에 받아야 함 • 65세 이상 70세 미만(자격유지검사의 적합판정을 받고 3년이 지나지 아니한 사람은 제외) • 70세 이상(자격유지검사의 적합판정을 받고 1년이 지나지 아니한 사람은 제외)

≪ 택시운전자격의 취득

시험과목	법규, 안전운행, 운송서비스, 지리 ⇨ 총점의 60% 이상 득점 시 합격
응시서류	운전면허증, 운전경력증명서, 운전적성 정밀검사 수검사실증명서(운전자격취소 후 1년 미경과 응시불가(단, 정기적성검사 미이행 사유 제외)
특례	다음에 해당하는 자는 필기시험 일부 과목을 면제받을 수 있음(응시원서에 이를 증명할 수 있는 서류를 첨부하여 한국교통안전공단에 제출해야 함) • 택시운전자격을 취득한 자가 운전자격증명을 발급한 일반택시운송사업조합의 관할구역 밖의 지역에서 택시운전업무에 종사하려고 운전자격시험에 다시 응시하는 자 • 시험일 기준 최근 4년간, 사업용 자동차를 3년 이상 무사고 운전한 자 • 무사고운전자 또는 유공운전자 표시장을 받은 자

≪ 택시운전자격의 게시 및 관리

① 운수종사자는 운전자격증명을 승객이 쉽게 볼 수 있는 위치에 게시
② 퇴직 시, 운수종사자는 운전자격증명을 운송사업자에게 반납, 운송사업자는 지체없이 해당 운전자격증명 발급기관에 그 운전자격증명을 제출
③ 관할관청은 다음 사유 발생 시 운전자격증명을 회수·폐기 후 발급기관에 지체없이 통보
- 대리운전을 시킨 사람의 대리운전이 끝난 경우에는 그 대리운전자(개인택시운송사업자만 해당)
- 사업 양도·양수인가를 받은 경우에는 그 양도자
- 사업을 폐업한 경우에는 그 폐업허가를 받은 사람
- 운전자격이 취소된 경우에는 그 취소처분을 받은 사람

택시운전자격의 취소 등 처분기준

위반 행위	처분기준 1차 위반	처분기준 2차 이상 위반
택시운전자격의 결격사유에 해당하게 된 경우	자격취소	–
부정한 방법으로 택시운전자격을 취득한 경우	자격취소	–
일반택시운송사업 또는 개인택시운송사업의 운전자격을 취득할 수 없는 경우에 해당하게 된 경우	자격취소	–
다음의 행위로 과태료 처분을 받은 사람이 1년 이내에 같은 위반 행위를 한 경우 ① 정당한 이유 없이 여객의 승차를 거부하거나 여객을 중도에서 내리게 하는 행위 ② 신고하지 않거나 미터기에 의하지 않은 부당한 요금을 요구하거나 받는 행위 ③ 일정한 장소에서 장시간 정차하여 여객을 유치하는 행위	자격정지 10일	자격정지 20일
운송수입금 납입 의무를 위반하여 운송수입금 전액을 내지 아니하여 과태료 처분을 받은 사람이 그 과태료 처분을 받은 날부터 1년 이내에 같은 위반 행위를 세 번 한 경우	자격정지 20일	자격정지 20일
운송수입금 전액을 내지 아니하여 과태료처분을 받은 사람이 그 과태료처분을 받은 날부터 1년 이내에 같은 위반행위를 네 번 이상 한 경우	자격정지 50일	자격정지 50일
다음의 금지행위 중 다음의 어느 하나에 해당하는 행위로 과태료 처분을 받은 사람이 1년 이내에 같은 위반행위를 한 경우 ① 정당한 이유 없이 여객을 중도에서 내리게 하는 행위 ② 신고한 운임 또는 요금이 아닌 부당한 운임 또는 요금을 받거나 요구하는 행위 ③ 일정한 장소에서 장시간 정차하거나 배회하면서 여객을 유치하는 행위 ④ 여객의 요구에도 불구하고 영수증 발급 또는 신용카드 결제에 응하지 않은 행위	자격정지 10일 자격정지 10일 자격정지 10일 자격정지 10일	자격정지 20일 자격정지 20일 자격정지 20일 자격정지 10일
중대한 교통사고로 다음의 어느 하나에 해당하는 수의 사상자를 발생하게 한 경우 ① 사망자 2명 이상 ② 사망자 1명 및 중상자 3명 이상 ③ 중상자 6명 이상	자격정지 60일 자격정지 50일 자격정지 40일	자격정지 60일 자격정지 50일 자격정지 40일
교통사고와 관련하여 거짓이나 그 밖의 부정한 방법으로 보험금을 청구하여 금고 이상의 형을 선고받고 그 형이 확정된 경우	자격취소	–
운전업무와 관련하여 다음의 어느 하나에 해당하는 부정 또는 비위 사실이 있는 경우 ① 택시운전자격증을 타인에게 대여한 경우 ② 개인택시운송사업자가 불법으로 타인으로 하여금 대리운전을 하게 한 경우	자격취소 자격정지 30일	– 자격정지 30일
택시운전자격정지의 처분 기간 중에 택시운송사업 또는 플랫폼운송사업을 위한 운전 업무에 종사한 경우	자격취소	–
도로교통법 위반으로 사업용 자동차를 운전할 수 있는 운전면허가 취소된 경우	자격취소	–
정당한 사유 없이 교육 과정을 마치지 않은 경우	자격정지 5일	자격정지 5일

≪ 주요 위반내용에 따른 과징금 부과기준

위반내용	위반횟수	과징금 액수(만원) 일반택시	과징금 액수(만원) 개인택시
면허·허가를 받거나 등록한 업종의 범위를 벗어나 사업을 한 경우	1차 2차 3차 이상	180 360 540	180 360 540
면허를 받은 사업구역 외의 행정구역에서 사업을 한 경우	1차 2차 3차 이상	40 80 160	40 80 160
면허·허가를 받거나 등록한 차고를 이용하지 않고 차고지가 아닌 곳에서 밤샘 주차를 한 경우	1차 2차	10 15	10 15
신고를 하지 않거나 거짓으로 신고를 하고 개인택시를 대리운전하게 한 경우	1차 2차	– –	120 240
운임 및 요금에 대한 신고 또는 변경 신고를 하지 않고 운송을 개시한 경우	1차 2차 3차 이상	40 80 160	20 40 80
미터기를 부착하지 않거나 사용하지 않고 여객을 운송한 경우(구간 운임제 시행지역은 제외)	1차 2차 3차 이상	40 80 160	40 80 160
차령 또는 운행 거리를 초과하여 운행한 경우	1차 2차	180 360	180 360
1년에 3회 이상 사업용 자동차의 표시를 하지 않은 경우		10	10
택시운송사업자가 차내에 운전자격증명을 항상 게시하지 않은 경우		10	10
자동차 안에 게시해야 할 사항을 게시하지 않은 경우	1차 2차	20 40	20 40
운수종사자의 자격요건을 갖추지 않은 사람을 운전업무에 종사하게 한 경우	1차 2차	360 720	360 720
운수종사자의 교육에 필요한 조치를 하지 않은 경우	1차 2차 3차 이상	30 60 90	

≪ 주요 위반행위별 과태료 부과기준

위반행위	처분기준(만원) 1회	2회	3회 이상
사고 시의 조치를 하지 않은 경우			
운수종사자 취업 현황을 알리지 않거나 거짓으로 알린 경우	50	75	100
운수종사자의 요건을 갖추지 않고 여객자동차 운송사업 또는 플랫폼 운송사업의 운전 업무에 종사한 경우	50	50	50
중대한 교통사고 발생에 따른 보고를 하지 않거나 거짓 보고를 한 경우			
여객이 착용하는 좌석 안전띠가 정상적으로 작동될 수 있는 상태를 유지하지 않은 경우	20	30	50
운수종사자에게 여객의 좌석 안전띠 착용에 관한 교육을 실시하지 않은 경우			
정당한 사유 없이 여객을 중도에서 내리게 하는 경우			
부당한 운임 또는 요금을 받거나 요구하는 경우	20	20	20
일정한 장소에 오랜 시간 정차하거나 배회하면서 여객을 유치하는 경우			
여객의 요구에도 불구하고 영수증 발급 또는 신용카드 결제에 응하지 않는 경우	20	20	20
문을 완전히 닫지 않은 상태 또는 여객에 승하차하기전에 자동차를 출발시키는 경우			
사업용 자동차의 표시를 하지 않은 경우	10	15	20
자동차 안에서 흡연하는 경우	10	10	10
차량의 출발 전에 여객이 좌석 안전띠를 착용하도록 안내하지 않은 경우	3	5	10

택시 운송사업 발전 법령

목적 및 정의

① 목적
택시운송사업의 발전에 관한 사항을 규정함으로써 택시운송사업의 건전한 발전 도모, 운송사업자의 복지 증진과 국민의 교통편의 제고에 이바지

② 정의

택시운송 사업	여객자동차운수사업법에 따른 일반택시운송사업과 개인택시운송사업
택시운송 사업면허	택시운송사업을 경영하기 위하여 여객자동차운수사업법에 따라 받은 면허
택시운송 사업자	택시운송사업면허를 받아 택시운송사업을 경영하는 자
택시운수 종사자	여객자동차운수사업법에 따른 운전 업무 종사 자격을 갖추고 택시운송사업의 운전 업무에 종사하는 사람
택시공영 차고지	택시운송사업에 제공되는 차고지로서 특별시장·광역시장·특별자치시장·도지사·특별자치도지사 또는 시장·군수·구청장(자치구의 구청장)이 설치한 것
택시공동 차고지	택시운송사업에 제공되는 차고지로서 2인 이상의 일반택시운송사업자가 공동으로 설치 또는 임차하거나 조합 또는 연합회가 설치 또는 임차한 차고지

③ 국가 등의 책무
국가 및 지방자치단체는 택시운송사업의 발전과 국민 교통편의 증진을 위한 정책을 수립·시행하여야 함

택시정책심의위원회

설치목적 및 소속	택시운송사업의 중요 정책 등에 관한 사항의 심의를 위하여 국토교통부장관 소속으로 위원회를 둠
심의 사항	• 택시운송사업의 면허 제도에 관한 중요 사항 • 사업구역별 택시 총량에 관한 사항 • 사업구역 조정 정책에 관한 사항 • 택시운수종사자의 근로 여건 개선에 관한 중요 사항 • 택시운송사업의 서비스 향상에 관한 중요 사항 • 이 법 또는 다른 법률에서 위원회의 심의를 거치도록 한 사항 • 그 밖에 택시운송사업에 관한 중요한 사항으로서 위원장이 회의에 부치는 사항
위원회의 구성	위원장 1명 포함, 10명 이내의 위원으로 구성
위원의 위촉	다음의 어느 하나에 해당하는 사람 중에서 전문분야와 성별 등을 고려하여 국토교통부장관이 위촉 • 택시운송사업 5년 이상 종사자 • 교통관련 업무에 공무원으로 2년 이상 근무한 경력이 있는 자 • 택시운송사업 분야에 관한 학식과 경험이 풍부한 자
위원의 임기	2년

> **더 알아보기**
>
> **택시운송사업 발전 기본 계획의 수립**
> 국토교통부장관은 택시운송사업을 체계적으로 육성·지원하고 국민의 교통편의 증진을 위하여 관계 중앙행정기관의 장 및 시·도지사의 의견을 들어 5년 단위의 택시운송 사업 발전 기본 계획을 5년마다 수립하여야 함

택시운수종사자의 준수사항 등

① 정당한 사유 없이 여객의 승차를 거부하거나 여객을 중도에서 내리게 하는 행위를 하면 안됨
② 부당한 운임 또는 요금을 받는 행위를 하면 안됨
③ 여객을 합승하도록 하는 행위를 하면 안됨
④ 여객의 요구에도 불구하고 영수증 발급 또는 신용카드 결제에 응하지 않는 행위(영수증발급기 및 신용카드결제기가 설치되어 있는 경우 한정)를 하면 안됨

≪ 택시발전법상 과태료의 부과기준

위반행위	과태료 금액(만원)		
	1회 위반	2회 위반	3회 위반 이상
운송비용 전가 금지 조항에 해당하는 비용을 택시운수종사자에게 전가시킨 경우	500	1,000	1,000
택시운수종사자 준수사항을 위반한 경우	20	40	60
보조금의 사용내역 등에 관한 보고를 하지 않거나 거짓으로 한 경우	25	50	50
보조금의 사용내역 등에 관한 서류 제출을 하지 않거나 거짓 서류를 제출한 경우	50	75	100
택시운송사업자등의 장부·서류, 그 밖의 물건에 관한 검사를 정당한 사유 없이 거부·방해 또는 기피한 경우	50	75	100

도로교통법령

≪ 도로교통법령 용어의 정의

도로	• 도로법에 따른 도로 • 유료도로법에 따른 유료도로 • 농어촌도로정비법에 따른 농어촌 도로 • 그 밖에 현실적으로 불특정 다수의 사람 또는 통행할 수 있도록 공개된 장소로서 안전하고 원활한 교통을 확보할 필요가 있는 장소
자동차 전용도로	자동차만 다닐 수 있도록 설치된 도로
고속도로	자동차의 고속 운행만을 사용하기 위해 지정된 도로
차도	연석선(차도와 보도를 구분하는 돌 등으로 이어진 선), 안전표지 또는 그와 비슷한 인공 구조물을 이용하여 경계를 표시하여 모든 차가 통행할 수 있도록 설치된 도로의 부분
중앙선	차마의 통행 방향을 명확히 구분하기 위하여 도로에 황색 실선이나 황색 점선 등의 안전표지로 표시한 선 또는 중앙 분리대나 울타리 등으로 설치한 시설물 (다만, 가변차로가 설치된 경우에는 신호기가 지시하는 진행 방향의 가장 왼쪽에 있는 황색 점선)
차로	차마가 한 줄로 도로의 정하여진 부분을 통행하도록 차선으로 구분한 차도의 부분
차선	차로와 차로를 구분하기 위하여 그 경계지점을 안전표지로 표시한 선
자전거 도로	안전표지, 위험 방지용 울타리나 그와 비슷한 구조물로 경계를 표시하여 자전거 및 개인형 이동 장치가 통행할 수 있도록 설치된 자전거 전용도로, 자전거 보행자 겸용도로, 자전거 전용차로, 자전거 우선 도로를 말한다.
자전거 횡단도	자전거가 일반도로를 횡단할 수 있도록 안전표지로 표시한 도로의 부분

보도	연석선, 안전표지나 그와 비슷한 인공 구조물로 경계를 표시하여 보행자 (유모차, 보행보조용 의자차, 수동 휠체어, 전동 휠체어, 의료용 스쿠터, 노약자용 보행기 등 행정안전부령으로 정하는 기구·장치를 이용하여 통행하는 사람 및 실외 이동 로봇을 포함)가 통행할 수 있도록 한 도로의 부분
길가장자리구역	보도와 차도가 구분되지 아니한 도로에서 보행자의 안전을 확보하기 위하여 안전표지 등으로 경계를 표시한 도로의 가장자리 부분
횡단보도	보행자가 도로를 횡단할 수 있도록 안전표지로 표시한 도로의 부분
교차로	십자로, T자로나 그 밖에 둘 이상의 도로(보도와 차도가 구분되어 있는 도로에서는 차도)가 교차하는 부분

차로에 따른 통행구분

도로	차로 구분	통행할 수 있는 차종
고속도로 외의 도로	왼쪽 차로	승용 자동차 및 경형·소형·중형 승합 자동차
	오른쪽 차로	대형 승합 자동차, 화물 자동차, 특수 자동차, 건설기계, 이륜자동차, 원동기 장치 자전거(개인형 이동장치는 제외)
고속도로	편도 2차로	1차로	앞지르기를 하려는 모든 자동차. 다만, 차량 통행량 증가 등 도로 상황으로 인하여 부득이하게 시속 80킬로미터 미만으로 통행할 수밖에 없는 경우에는 앞지르기를 하는 경우가 아니라도 통행할 수 있음
		2차로	모든 자동차
	편도 3차로 이상	1차로	앞지르기를 하려는 승용 자동차 및 앞지르기를 하려는 경형·소형·중형 승합자동차. 다만, 차량 통행량 증가 등 도로 상황으로 인하여 부득이하게 시속 80킬로미터 미만으로 통행할 수밖에 없는 경우에는 앞지르기를 하는 경우가 아니라도 통행할 수 있음
		왼쪽 차로	승용 자동차 및 경형·소형·중형 승합 자동차
		오른쪽 차로	대형 승합자동차, 화물 자동차, 특수 자동차, 건설기계

안전거리의 확보 등

① 모든 차의 운전자는 같은 방향으로 가고 있는 앞차의 뒤를 따르는 경우에는 앞차가 갑자기 정지하게 되는 경우 그 앞차와의 충돌을 피할 수 있는 필요한 거리를 확보하여야 함
② 자동차 등의 운전자는 같은 방향으로 가고 있는 자전거 등의 운전자에 주의하여야 하며, 그 옆을 지날 때에는 자전거 등과의 충돌을 피할 수 있는 필요한 거리를 확보
③ 모든 차의 운전자는 차의 진로를 변경하려는 경우에 그 변경하려는 방향으로 오고 있는 다른 차의 정상적인 통행에 장애를 줄 우려가 있을 때에는 진로를 변경하여서는 안됨
④ 모든 차의 운전자는 위험 방지를 위한 경우와 그 밖의 부득이한 경우가 아니면 운전하는 차를 갑자기 정지시키거나 속도를 줄이는 등의 급제동을 하여서는 안됨

앞지르기 금지 장소

모든 차의 운전자는 다음의 어느 하나에 해당하는 곳에서는 다른 차를 앞지르지 못함
- 교차로, 터널 안, 다리 위
- 도로의 구부러진 곳, 비탈길의 고갯마루 부근 또는 가파른 비탈길의 내리막 등 시·도 경찰청장이 도로에서의 위험을 방지하고 교통의 안전과 원활한 소통을 확보하기 위하여 필요하다고 인정하는 곳으로서 안전표지로 지정한 곳

긴급 자동차의 우선 통행 등

① 긴급 자동차의 우선 통행
긴급 자동차는 긴급하고 부득이한 경우에는 다음과 같이 통행할 수 있음
- 도로의 중앙이나 좌측 부분을 통행
- 정지하여야 하는 경우에는 불구하고 긴급하고 부득이한 경우에는 정지하지 않을 수 있음. 이 경우 교통의 안전에 특히 주의하면서 통행
② 긴급 자동차에 대한 특례
긴급 자동차에 대하여는 다음의 상황을 적용하지 아니함

- 자동차 등의 속도제한. 다만, 긴급 자동차에 대해 속도를 규정한 경우 적용
- 앞지르기의 금지, 끼어들기의 금지

③ 긴급 자동차가 접근할 때의 피양 방법
- 교차로나 그 부근에서 긴급 자동차가 접근하는 경우에는 교차로를 피하여 일시정지
- 교차로나 그 부근 외의 곳에서 긴급 자동차가 접근한 경우 긴급자동차가 우선통행할 수 있도록 진로를 양보
- 긴급 자동차의 운전자는 긴급 자동차를 그 본래의 긴급한 용도로 운행하지 아니하는 경우에는 경광등을 켜거나, 사이렌을 작동해서는 안됨. 다만, 범죄 및 화재 예방 등을 위한 순찰·훈련 등을 실시하는 경우에는 그러하지 아니함

서행 또는 일시정지할 장소

서행할 장소	• 교통정리를 하고 있지 않은 교차로, 도로가 구부러진 부근 • 비탈길 고갯마루 부근, 가파른 비탈길 내리막 • 시·도 경찰청장이 도로에서의 위험을 방지하고 교통의 안전과 원활한 소통을 확보하기 위해 필요하다고 인정하여 안전표지로 지정한 곳
일시 정지할 장소	• 교통정리를 하고 있지 않고 좌우를 확인할 수 없거나 교통이 빈번한 교차로 • 시·도 경찰청장이 도로에서 위험을 방지하고 교통의 안전과 원활한 소통을 확보하기 위해 필요하다고 인정하여 안전표지로 지정한 곳

정차 및 주차

정차 및 주차 금지 장소	모든 차의 운전자는 다음의 어느 하나에 해당하는 곳에서는 차를 정차하거나 주차해서는 안됨. 다만, 법에 따른 명령 또는 경찰 공무원의 지시에 따르는 경우와 위험 방지를 위하여 일시정지 하는 경우에는 그렇지 않음.
	• 교차로·횡단보도·건널목이나 보도와 차도가 구분된 도로의 보도(주차장법에 따라 차도와 보도에 걸쳐서 설치된 노상 주차장 제외)
	• 교차로의 가장자리 또는 도로의 모퉁이로부터 5m 이내인 곳
	• 안전지대가 설치된 도로에서는 안전지대의 사방으로부터 각각 10m 이내인 곳
	• 버스 여객 자동차의 정류지임을 표시하는 기둥이나 표지판 또는 선이 설치된 곳으로부터 10m 이내인 곳. 다만, 버스 여객 자동차의 운전자가 그 버스 여객 자동차의 운행 시간 중에 운행 노선에 따르는 정류장에서 승객을 태우거나 내리기 위하여 차를 정차하거나 주차하는 경우에는 그렇지 않음
	• 건널목의 가장자리 또는 횡단보도로부터 10m 이내인 곳
	• 다음의 각 장소로부터 5m 이내인 곳
	  - 소방용수시설 또는 비상 소화 장치가 설치된 곳
	  - 소방시설로서 대통령령으로 정하는 시설이 설치된 곳
	• 시·도 경찰청장이 도로에서의 위험을 방지하고 교통의 안전과 원활한 소통을 확보하기 위하여 필요하다고 인정하여 지정한 곳
	• 시장 등이 어린이 보호구역으로 지정한 곳

주차 금지 장소	모든 차의 운전자는 다음의 어느 하나에 해당하는 곳에서 차를 주차해서는 안됨
	• 터널 안 및 다리 위
	• 다음의 각 장소로부터 5m 이내의 곳
	  - 도로공사를 하고 있는 경우에는 그 공사 구역 양쪽 가장자리
	  - 다중이용업소의 영업장이 속한 건축물로 소방본부장의 요청에 의하여 시·도 경찰청장이 지정한 곳
	• 시·도 경찰청장이 도로에서의 위험을 방지하고 교통의 안전과 원활한 소통을 확보하기 위하여 필요하다고 인정하여 지정한 곳

◈ 운전 등의 금지

① 무면허운전 등의 금지
② 술에 취한 상태에서의 운전금지
   음주운전이 금지되는 술에 취한 상태의 기준은 운전자 혈중알코올농도 0.03% 이상
③ 과로한 때의 운전금지
④ 공동 위험행위 금지
⑤ 난폭운전 금지

◈ 운전자 준수사항 등

① 자동차의 앞면 창유리와 운전석 좌우 옆면 창유리의 가시광선의 투과율이 대통령령으로 정하는 기준보다 낮아 교통안전 등에 지장을 줄 수 있는 차를 운전하지 않을 것(요인 경호용, 구급용 및 장의용 자동차 제외)

> **🔍 더 알아보기**
> **대통령령이 정하는 자동차 창유리 가시광선 투과율의 금지 기준**
> 1) 앞면 창유리: 70% 미만
> 2) 운전석 좌우 옆면 창유리: 40% 미만

② 교통 단속용 장비의 기능을 방해하는 장치를 한 차나 그 밖에 안전 운전에 지장을 줄 수 있는 것으로서 행정안전부령으로 정하는 기준에 적합하지 않은 장치를 한 차를 운전하지 아니할 것(다만 자율 주행 자동차의 신기술 개발을 위한 장치를 장착하는 경우 제외)

> **🔍 더 알아보기**
> **행정안전부령이 정하는 기준에 적합하지 않은 장치**
> 1) 경찰관서에서 사용하는 무전기와 동일한 주파수의 무전기
> 2) 긴급 자동차가 아닌 자동차에 부착된 경광등, 사이렌 또는 비상등
> 3) 자동차 및 자동차 부품의 성능과 기준에 관한 규칙에서 정하지 아니한 것으로서 안전 운전에 현저히 장애가 될 정도의 장치

③ 운전자는 자동차 등 또는 노면 전차의 운전 중에는 휴대용 전화(자동차용 전화 포함)를 사용하지 아니할 것. 다만, 다음의 어느 하나에 해당하는 경우에는 그렇지 않음
   • 자동차 등 또는 노면 전차가 정지하고 있는 경우
   • 긴급 자동차를 운전하는 경우
   • 각종 범죄 및 재해 신고 등 긴급한 필요가 있는 경우
   • 안전 운전에 장애를 주지 아니하는 장치로서 손으로 잡지 아니하고도 휴대용 전화(자동차용 전화 포함)를 사용할 수 있도록 해주는 장치를 이용하는 경우

◈ 사고 발생 시의 조치

① 차 또는 노면 전차의 운전 등 교통으로 인하여 사람을 사상하거나 물건을 손괴한 경우에는 그 차 또는 노면 전차의 운전자나 그 밖의 승무원은 즉시 정차하여 다음의 각 조치를 해야 함
   • 사상자를 구호하는 등 필요한 조치
   • 피해자에게 인적 사항(성명 · 전화번호 · 주소 등) 제공

◈ 갓길 통행 금지 등

① 자동차의 운전자는 고속도로 등(고속도로 또는 자동차 전용도로)에서 자동차의 고장 등 부득이한 사정이 있는 경우를 제외하고는 행정안전부령으로 정하는 차로에 따라 통행하여야 하며, 갓길(길어깨)로 통행하여서는 안됨. 다만, 다음의 어느 하나에 해당하는 경우에는 그러하지 아니함
   • 긴급 자동차와 고속도로 등의 보수 · 유지 등의 작업을 하는 자동차를 운전하는 경우
   • 차량 정체 시 신호기 또는 경찰 공무원 등의 신호나 지시에 따라 갓길에서 자동차를 운전하는 경우
② 자동차의 운전자는 고속도로에서 다른 차를 앞지르려면 방향 지시기, 등화 또는 경음기를 사용하여 행정안전부령으로 정하는 차로로 안전하게 통행하여야 함

◈ 고장자동차의 표지

① 안전 삼각대
② 사방 500m 지점에서 식별할 수 있는 적색의 섬광 신호 · 전기제등 또는 불꽃 신호. 다만, 밤에 고장이나 그 밖의 사유로 고속도로 등에서 자동차를 운행할 수 없게 되었을 때로 한정한다.

교통안전교육

운전면허를 받으려는 사람은 운전면허시험(자동차 등 및 법령시험, 자동차 관리방법 및 안전운전에 필요한 점검) 전까지 운전자가 갖추어야 할 기본예절 등에 관한 교통안전교육을 1시간 받아야 함. 다만, 다음의 경우에는 제외
① 특별안전교육 의무교육을 받은 사람
② 자동차 운전 전문학원에서 학과교육을 수료한 사람

특별 교통안전 의무 교육

① 특별 교통안전 의무 교육 및 특별 교통안전 권장 교육은 다음의 각 사항에 대하여 강의·시청각 교육 또는 현장 체험 교육 등의 방법으로 3시간 이상 48시간 이하로 각각 실시
- 교통질서
- 교통사고와 그 예방
- 안전운전의 기초
- 교통법규와 안전
- 운전면허 및 자동차관리
- 그 밖에 교통안전의 확보를 위하여 필요한 사항

> **더 알아보기**
> **특별 교통안전 의무 교육**
> 1) 음주운전 교육
>   - 최근 5년간 최초 위반자: 12시간(4시간 3회)
>   - 최근 5년간 2회 위반자: 16시간(4시간 4회)
>   - 최근 5년간 3회 위반자: 48시간(4시간 12회)
> 2) 배려운전 교육 및 법규준수 교육: 6시간

② 특별 교통안전 의무 교육 및 특별 교통안전 권장 교육은 도로교통공단에서 실시

특별 교통안전 권장 교육

다음의 어느 하나에 해당하는 사람이 시·도 경찰청장에게 신청하는 경우에는 특별 교통안전 권장 교육을 받을 수 있음. 이 경우 권장 교육을 받기 전 1년 이내에 해당 교육을 받지 않은 사람에 한정
① 교통법규 위반 등 사유 외의 사유로 인하여 운전면허효력정지 처분을 받게 되거나 받은 사람
② 교통법규 위반 등으로 인하여 운전면허효력정지 처분을 받을 가능성이 있는 사람
③ 특별 교통안전 의무 교육을 받은 사람
④ 운전면허를 받은 사람 중 교육을 받으려는 날에 65세 이상인 사람

> **더 알아보기**
> **특별 교통안전 권장 교육**
> 1) 법규준수교육: 6시간
> 2) 벌점감점교육: 4시간
> 3) 현장참여교육: 8시간
> 4) 고령운전교육: 3시간

긴급자동차 운전업무 종사자의 교통안전교육

① 긴급자동차 교통안전교육의 종류

신규 교통안전교육	최초로 긴급자동차를 운전하려는 사람을 대상으로 실시하는 교육
정기 교통안전교육	긴급자동차를 운전하는 사람을 대상으로 3년마다 정기적으로 실시하는 교육. 이 경우 직전 교육을 받은 날부터 기산하여 3년이 되는 날이 속하는 해의 1월 1일부터 12월 31일 사이에 교육을 받을 수 있음

② 긴급자동차 교통안전교육은 강의·시청각 교육 등의 방법으로 실시하며, 신규 교통안전교육은 3시간 이상, 정기 교통안전교육은 2시간 이상 실시

75세 이상 교통안전교육

75세 이상인 사람으로서 운전면허를 받으려는 사람은 운전면허시험에 응시하기 전에, 운전면허증 갱신일에 75세 이상인 사람은 운전면허증 갱신기간 이내에 각각 다음의 사항에 관한 교통안전교육 2시간을 받아야 함
① 노화와 안전운전에 관한 사항
② 약물과 운전에 관한 사항
③ 기억력과 판단능력 등 인지능력별 대처에 관한 사항
④ 교통관련 법령 이해에 관한 사항

≪ 운전면허 종별에 따라 운전할 수 있는 차량

운전면허 종별	구분	운전할 수 있는 차량
제1종	대형면허	• 승용자동차 • 승합자동차 • 화물자동차 • 건설기계 　- 덤프트럭, 아스팔트살포기, 노상안정기 　- 콘크리트믹서트럭, 콘크리트펌프, 천공기(트럭 적재식) 　- 콘크리트믹서트레일러, 아스팔트콘크리트재생기 　- 도로보수트럭, 3톤 미만의 지게차, 트럭지게차 • 특수자동차[대형견인차, 소형견인차 및 구난차(이하 "구난차등"이라 한다)는 제외한다] • 원동기장치자전거
제1종	보통면허	• 승용자동차 • 승차정원 15명 이하의 승합자동차 • 적재중량 12톤 미만의 화물자동차 • 건설기계(도로를 운행하는 3톤 미만의 지게차로 한정한다) • 총중량 10톤 미만의 특수자동차(구난차등은 제외한다) • 원동기장치자전거
제1종	소형면허	• 3륜화물자동차 • 3륜승용자동차 • 원동기장치자전거
제1종	특수면허 / 대형견인차	• 견인형 특수자동차 • 제2종 보통면허로 운전할 수 있는 차량
제1종	특수면허 / 소형견인차	• 총중량 3.5톤 이하의 견인형 특수자동차 • 제2종 보통면허로 운전할 수 있는 차량
제1종	특수면허 / 구난차	• 구난형 특수자동차 • 제2종 보통면허로 운전할 수 있는 차량
제2종	보통면허	• 승용자동차 • 승차정원 10명 이하의 승합자동차 • 적재중량 4톤 이하의 화물자동차 • 총중량 3.5톤 이하의 특수자동차(구난차등은 제외한다) • 원동기장치자전거
제2종	소형면허	• 이륜자동차(운반차를 포함한다) • 원동기장치자전거
제2종	원동기장치자전거면허	원동기장치자전거
연습면허	제1종 보통	• 승용자동차 • 승차정원 15명 이하의 승합자동차 • 적재중량 12톤 미만의 화물자동차
연습면허	제2종 보통	• 승용자동차 • 승차정원 10명 이하의 승합자동차 • 적재중량 4톤 이하의 화물자동차

≪ 운전면허를 받을 수 없는 사람

① 18세 미만(원동기 장치 자전거의 경우에는 16세 미만)인 사람
② 교통상의 위험과 장해를 일으킬 수 있는 정신 질환자 또는 뇌전증 환자로서 대통령령으로 정하는 사람

> **더 알아보기**
> **대통령령으로 정하는 정신 질환자 또는 뇌전증 환자**
> 치매, 조현병, 조현정동장애, 양극성 정동장애(조울증), 재발성 우울장애 등의 정신질환 또는 정신 발육지연, 뇌전증 등으로 인하여 정상적인 운전을 할 수 없다고 해당 분야 전문의가 인정하는 사람

③ 듣지 못하는 사람(제1종 운전면허 중 대형 면허 · 특수 면허만 해당), 앞을 보지 못하는 사람(한쪽 눈만 보지 못하는 사람의 경우에는 제1종 운전면허 중 대형 면허 · 특수 면허만 해당)이나 그 밖에 대통령령으로 정하는 신체장애인

> **더 알아보기**
> **대통령령으로 정하는 신체장애인**
> 다리, 머리, 척추, 그 밖의 신체의 장애로 인하여 앉아 있을 수 없는 사람. 다만, 신체장애 정도에 적합하게 제작·승인된 자동차를 사용하여 정상적인 운전을 할 수 있는 경우 제외

④ 양쪽 팔의 팔꿈치관절 이상을 잃은 사람이나 양쪽 팔을 전혀 쓸 수 없는 사람. 다만, 본인의 신체장애 정도에 적합하게 제작된 자동차를 이용하여 정상적인 운전을 할 수 있는 경우에는 그렇지 않음
⑤ 교통상의 위험과 장해를 일으킬 수 있는 마약·대마·항정신성 의약품 또는 알코올 중독자로서 대통령령으로 정하는 사람

> **더 알아보기**
>
> **대통령령으로 정하는 마약·대마·항정신성 의약품 또는 알코올 중독자**
> 마약·대마·항정신성 의약품 또는 알코올 관련 장애 등으로 인하여 정상적인 운전을 할 수 없다고 해당 분야 전문의가 인정하는 사람

⑥ 제1종 대형 면허 또는 제1종 특수 면허를 받으려는 경우로서 19세 미만이거나 자동차(이륜자동차는 제외)의 운전 경험이 1년 미만인 사람
⑦ 대한민국의 국적을 가지지 않은 사람 중 외국인 등록을 하지 않은 사람(외국인 등록이 면제된 사람은 제외)이나 국내 거소 신고를 하지 않은 사람

≪ 운전면허취득 응시기간의 제한

제한 기간	사유
5년	• 주취 중 운전, 과로 운전, 공동 위험 행위 운전(무면허 운전 또는 운전면허 결격 기간 중 운전 위반 포함)으로 사람을 사상한 후 구호 및 신고 조치를 하지 않아 취소된 경우 • 주취 중 운전(무면허 운전 또는 운전면허 결격 기간 중 운전 포함)으로 사람을 사망에 이르게 하여 취소된 경우
4년	무면허 운전, 주취중 운전, 과로 운전, 공동 위험 행위 운전 외의 다른 사유로 사람을 사상한 후 구호 및 신고 조치를 하지 않아 취소된 경우
3년	• 주취 중 운전(무면허 운전 또는 운전면허 결격 기간 중 운전을 위반한 경우 포함)을 하다가 2회 이상 교통사고를 일으켜 운전면허가 취소된 경우) • 자동차를 이용하여 범죄 행위를 하거나 다른 사람의 자동차를 훔치거나 빼앗은 사람이 무면허로 그 자동차를 운전한 경우
2년	• 주취 중 운전 또는 주취 중 음주운전 불응 2회 이상(무면허운전 또는 운전면허 결격 기간 중 운전을 위반한 경우 포함) 위반하여 취소된 경우 • 위의 경우로 교통사고를 일으킨 경우 • 공동 위험 행위 금지 2회 이상 위반(무면허 운전 또는 운전면허 결격 기간 중 운전 포함) • 무자격자 면허 취득, 거짓이나 부정 면허 취득, 운전면허 효력정지 기간 중 운전면허증 또는 운전면허증을 갈음하는 증명서를 발급받아 운전을 하다가 취소된 경우 • 다른 사람의 자동차 등을 훔치거나 빼앗아 운전면허가 취소된 경우 • 운전면허 시험에 대신 응시하여 운전면허가 취소된 경우
1년	상기 경우가 아닌 다른 사유로 면허가 취소된 경우(원동기 장치 자전거 면허를 받으려는 경우는 6개월로 하되, 공동 위험 행위 운전 위반으로 취소된 경우에는 1년)

≪ 벌점·누산점수 초과로 인한 운전면허의 취소·정지

① 벌점·누산점수 초과로 인한 면허취소
1회의 위반·사고로 인한 벌점 또는 연간 누산 점수가 다음의 벌점 또는 누산 점수에 도달한 때에는 그 운전면허를 취소

기간	벌점 또는 누산점수
1년간	121점 이상
2년간	201점 이상
3년간	271점 이상

② 벌점·처분벌점 초과로 인한 면허정지
운전면허정지 처분은 1회의 위반·사고로 인한 벌점 또는 처분 벌점이 40점 이상이 된 때부터 결정하여 집행하되, 원칙적으로 1점을 1일로 계산하여 집행

운전면허 취소처분 개별기준

① 교통사고로 사람을 죽게 하거나 다치게 하고, 구호조치를 하지 아니한 때
② 술에 취한 상태에서 운전한 다음의 경우
   - 술에 취한 상태의 기준(혈중알코올농도 0.03퍼센트 이상)을 넘어서 운전을 하다가 교통사고로 사람을 죽게 하거나 다치게 한 때
   - 혈중알코올농도 0.08퍼센트 이상의 상태에서 운전한 때
   - 술에 취한 상태의 기준을 넘어 운전한 사람, 술에 취한 상태의 측정에 불응한 사람 또는 음주측정방해행위를 한 사람이 다시 술에 취한 상태(혈중알코올농도 0.03퍼센트 이상)에서 운전한 때
③ 술에 취한 상태에서 운전하거나 술에 취한 상태에서 운전하였다고 인정할 만한 상당한 이유가 있음에도 불구하고 경찰공무원의 측정 요구에 불응한 때
④ 운전면허증을 부정하게 사용할 목적으로 다른 사람에게 운전면허증을 대여한 경우
   - 면허증 소지자가 부정하게 사용할 목적으로 다른 사람에게 면허증을 빌려준 경우
   - 면허 취득자가 부정하게 사용할 목적으로 다른 사람의 면허증을 빌려서 사용한 경우
⑤ 운전면허 결격사유에 해당된 때
⑥ 약물(마약·대마·향정신성 의약품 및 환각물질)의 투약·흡연·섭취·주사 등으로 정상적인 운전을 하지 못할 염려가 있는 상태에서 자동차등을 운전한 때
⑦ 공동위험행위로 구속된 때
⑧ 난폭운전으로 구속된 때
⑨ 정기적성검사에 불합격하거나 적성검사기간 만료일 다음 날부터 적성검사를 받지 아니하고 1년을 초과한 때
⑩ 수시적성검사에 불합격하거나 수시적성검사 기간을 초과한 때
⑪ 운전면허 행정처분 기간중에 운전한 때
⑫ 허위·부정한 수단으로 운전면허를 받은 다음의 경우
   - 허위부정한 수단으로 운전면허를 받은 때
   - 결격사유에 해당하여 운전면허를 받을 자격이 없는 사람이 운전 면허를 받은 때
   - 운전면허 효력의 정지기간중에 면허증 또는 운전면허증에 갈음하는 증명서를 교부받은 사실이 드러난 때
⑬ 등록되지 아니하거나 임시운행 허가를 받지 아니한 자동차(이륜자동차를 제외)를 운전한 때
⑭ 자동차 등을 이용하여 형법상 특수상해, 특수폭행, 특수협박, 특수손괴를 행하여 구속된 때
⑮ 운전면허를 가진 사람이 다른 사람을 부정하게 합격시키기 위하여 운전면허 시험에 응시한 때
⑯ 단속하는 경찰공무원 등 및 시·군·구 공무원을 폭행하여 형사입건된 때
⑰ 제1종 보통 및 제2종 보통면허를 받기 이전에 연습면허의 취소사유가 있었던 때(연습면허에 대한 취소절차 진행 중 제1종 보통 및 제2종 보통면허를 받은 경우 포함)

운전면허 정지처분 개별기준

위반사항	벌점
• 속도위반(100km/h 초과) • 술에 취한 상태의 기준을 넘어서 운전한 때(혈중알코올농도 0.03퍼센트 이상 0.08퍼센트 미만) • 자동차등을 이용하여 형법상 특수상해 등(보복운전)을 하여 입건된 때	100
• 속도위반(80km/h 초과 100km/h 이하)	80
• 속도위반(60km/h 초과 80km/h 이하)	60
• 정차·주차위반에 대한 조치불응(단체에 소속되거나 다수인에 포함되어 경찰공무원의 3회 이상의 이동명령에 따르지 아니하고 교통을 방해한 경우에 한한다) • 공동위험행위로 형사입건된 때 • 난폭운전으로 형사입건된 때 • 안전운전의무위반(단체에 소속되거나 다수인에 포함되어 경찰공무원의 3회 이상의 안전운전 지시에 따르지 아니하고 타인에게 위험과 장해를 주는 속도나 방법으로 운전한 경우에 한함) • 승객의 차내 소란행위 방치운전 • 출석기간 또는 범칙금 납부기간 만료일부터 60일이 경과될 때까지 즉결심판을 받지 아니한 때	40

위반 내용	벌점
• 통행구분 위반(중앙선 침범에 한함) • 속도위반(40km/h 초과 60km/h 이하) • 철길건널목 통과방법위반 • 회전교차로 통행방법 위반(통행 방향 위반에 한정) • 어린이통학버스 특별보호 위반 • 어린이통학버스 운전자의 의무위반(좌석안전띠를 매도록 하지 아니한 운전자는 제외) • 고속도로 · 자동차전용도로 갓길통행 • 고속도로 버스전용차로 · 다인승전용차로 통행위반 • 운전면허증 등의 제시의무위반 또는 운전자 신원확인을 위한 경찰공무원의 질문에 불응	30
• 신호 · 지시위반 • 속도위반(20km/h 초과 40km/h 이하) • 속도위반(어린이보호구역 안에서 오전 8시부터 오후 8시까지 사이에 제한속도를 20km/h 이내에서 초과한 경우에 한정) • 앞지르기 금지시기 · 장소위반 • 적재 제한 위반 또는 적재물 추락 방지 위반 • 운전 중 휴대용 전화 사용 • 운전 중 운전자가 볼 수 있는 위치에 영상 표시 • 운전 중 영상표시장치 조작 • 운행기록계 미설치 자동차 운전금지 등의 위반	15
• 통행구분 위반(보도침범, 보도 횡단방법 위반) • 차로통행 준수의무 위반, 지정차로 통행위반(진로변경 금지장소에서의 진로변경 포함) • 일반도로 전용차로 통행위반 • 안전거리 미확보(진로변경 방법위반 포함) • 앞지르기 방법위반 • 보행자 보호 불이행(정지선위반 포함) • 승객 또는 승하차자 추락방지조치위반 • 안전운전 의무 위반 • 노상 시비 · 다툼 등으로 차마의 통행 방해행위 • 자율주행자동차 운전자의 준수사항 위반 • 돌 · 유리병 · 쇳조각이나 그 밖에 도로에 있는 사람이나 차마를 손상시킬 우려가 있는 물건을 던지거나 발사하는 행위 • 도로를 통행하고 있는 차마에서 밖으로 물건을 던지는 행위	10

인적피해 교통사고 결과에 따른 벌점기준

구분	벌점	내용
사망 1명마다	90	사고발생 시부터 72시간 이내에 사망한 때
중상 1명마다	15	3주 이상의 치료를 요하는 의사의 진단이 있는 사고
경상 1명마다	5	3주 미만 5일 이상의 치료를 요하는 의사의 진단이 있는 사고
부상신고 1명마다	2	5일 미만의 치료를 요하는 의사의 진단이 있는 사고

교통사고 야기 시 조치 등 불이행에 따른 벌점기준

내용	벌점
• 물적 피해가 발생한 교통사고를 일으킨 후 도주한 때 • 교통사고를 일으킨 즉시(그때, 그 자리에서 곧) 사상자를 구호하는 등의 조치를 하지 아니하였으나 그 후 자진신고를 한 때	15
• 고속도로, 특별시 · 광역시 및 시의 관할구역과 군(광역시의 군을 제외한다)의 관할구역 중 경찰관서가 위치하는 리 또는 동 지역에서 3시간(그 밖의 지역에서는 12시간) 이내에 자진신고를 한 때	30
• 벌점 30점 규정에 의한 시간 후 48시간 이내에 자진신고를 한 때	60

범칙 행위 및 범칙 금액

범칙행위	차종별 범칙금액	
	승합자동차 등	승용자동차 등
• 속도위반(60km/h 초과) • 어린이통학버스 운전자의 의무 위반(좌석안전띠를 매도록 하지 않은 경우는 제외) • 인적 사항 제공의무 위반(주·정차된 차만 손괴한 것이 분명한 경우에 한정)	13만원	12만원
• 속도위반(40km/h 초과 60km/h 이하) • 승객의 차 안 소란행위 방치 운전 • 어린이통학버스 특별보호 위반	10만원	9만원
안전표지가 설치된 곳에서의 정차·주차 금지 위반	9만원	8만원
• 신호·지시 위반 • 중앙선 침범, 통행구분 위반 • 자전거횡단도 앞 일시정지의무 위반 • 속도위반(20km/h 초과 40km/h 이하) • 횡단·유턴·후진 위반 • 앞지르기 방법 위반 • 앞지르기 금지 시기·장소 위반 • 철길건널목 통과방법 위반 • 긴급자동차에 대한 양보·일시정지 위반 • 횡단보도 보행자 횡단 방해(신호 또는 지시에 따라 도로를 횡단하는 보행자의 통행 방해와 어린이 보호구역에서의 일시정지 위반을 포함) • 보행자전용도로 통행 위반(보행자전용도로 통행방법 위반을 포함) • 긴급한 용도나 그 밖에 허용된 사항 외에 경광등이나 사이렌 사용 • 승차 인원 초과, 승객 또는 승하차자 추락 방지조치 위반 • 어린이·앞을 보지 못하는 사람 등의 보호 위반 • 운전 중 휴대용 전화 사용 • 운전 중 운전자가 볼 수 있는 위치에 영상 표시	7만원	6만원
• 운전 중 영상표시장치 조작 • 운행기록계 미설치 자동차 운전 금지 등의 위반 • 고속도로·자동차전용도로 갓길 통행 • 고속도로버스전용차로·다인승전용차로 통행 위반	7만원	6만원
• 혼잡 완화조치 위반 • 차로통행 준수의무 위반, 지정차로 통행 위반, 차로 너비보다 넓은 차 통행 금지 위반(진로 변경 금지 장소에서의 진로 변경을 포함) • 속도위반(20km/h 이하) • 진로 변경방법 위반 • 급제동 금지 위반 • 끼어들기 금지 위반 • 서행의무 위반 • 일시정지 위반 • 방향전환·진로변경 및 회전교차로 진입·진출 시 신호 불이행 • 운전석 이탈 시 안전 확보 불이행 • 동승자 등의 안전을 위한 조치 위반 • 시·도경찰청 지정·공고 사항 위반 • 좌석안전띠 미착용 • 이륜자동차·원동기장치자전거(개인형 이동장치는 제외) 인명보호 장구 미착용 • 등화점등 불이행·발광장치 미착용(자전거 운전자는 제외) • 어린이통학버스와 비슷한 도색·표지 금지 위반	3만원	3만원
• 최저속도 위반 • 일반도로 안전거리 미확보 • 등화 점등·조작 불이행(안개가 끼거나 비 또는 눈이 올 때는 제외) • 불법부착장치 차 운전(교통단속용 장비의 기능을 방해하는 장치를 한 차의 운전은 제외) • 사업용 승합자동차 또는 노면전차의 승차 거부 • 택시의 합승(장기 주차·정차하여 승객을 유치하는 경우로 한정)·승차거부·부당요금징수행위 • 운전이 금지된 위험한 자전거등의 운전	2만원	2만원

범칙행위		
• 돌, 유리병, 쇳조각, 그 밖에 도로에 있는 사람이나 차마를 손상시킬 우려가 있는 물건을 던지거나 발사하는 행위 • 도로를 통행하고 있는 차마에서 밖으로 물건을 던지는 행위	5만원	5만원
• 특별교통안전교육의 미이수 가. 과거 5년 이내에 법 제44조를 1회 이상 위반하였던 사람으로서 다시 같은 조를 위반하여 운전면허력 정지처분을 받게 되거나 받은 사람이 그 처분기간이 끝나기 전에 특별교통안전교육을 받지 않은 경우	15만원	15만원
나. 가목 외의 경우	10만원	10만원
경찰관의 실효된 면허증 회수에 대한 거부 또는 방해	3만원	3만원

≪ 어린이보호구역 및 노인·장애인보호구역에서의 과태료 부과기준

범칙행위	과태료	
	승합자동차 등	승용자동차 등
신호 또는 지시를 따르지 않은 차 또는 노면전차의 고용주 등	14만원	13만원
제한속도를 준수하지 않은 차 또는 노면전차의 고용주등 • 60km/h 초과	17만원	16만원
• 40km/h 초과 60km/h 이하	14만원	13만원
• 20km/h 초과 40km/h 이하	11만원	10만원
• 20km/h 이하	7만원	7만원
다음의 규정을 위반하여 정차 또는 주차를 한 차의 고용주등 • 정차 및 주차의 금지 • 주차금지의 장소 • 정차 또는 주차의 방법 및 시간의 제한 / 어린이보호구역	13만원 (14만원)	12만원 (13만원)
노인·장애인보호구역	9만원 (10만원)	8만원 (9만원)

※ 과태료 금액에서 괄호 안의 금액은 같은 장소에서 2시간 이상 정차 또는 주차위반을 하는 경우에 적용한다.

≪ 어린이보호구역 및 노인·장애인보호구역에서의 범칙금액 부과기준

범칙행위	범칙금액	
	승합자동차 등	승용자동차 등
• 신호·지시 위반 • 횡단보도 보행자 횡단 방해	13만원	12만원
• 60km/h 초과 속도위반	16만원	15만원
• 40km/h 초과 60km/h 이하 속도위반	13만원	12만원
• 20km/h 초과 40km/h 이하 속도위반	10만원	9만원
• 20km/h 이하 속도위반	6만원	6만원
• 통행 금지·제한 위반 • 보행자 통행 방해 또는 보호 불이행	9만원	8만원
• 정차·주차금지 위반 • 주차금지 위반 / 어린이보호구역	13만원	12만원
• 정차·주차방법 위반 • 정차·주차 위반에 대한 조치 불응 / 노인·장애인보호구역	9만원	8만원

교통사고처리특례법령

≪ 교통사고 처벌의 특례 적용

피해자와 합의하거나 종합 보험 또는 공제에 가입한 경우, 다음의 죄에는 특례를 적용을 받아 형사 처벌을 하지 않음(공소권 없음)
① 업무상 과실 치상죄
② 중과실 치상죄
③ 다른 사람의 건조물이나 그 밖의 재물을 손괴한 경우

> **더 알아보기**
> 보험 또는 공제에 가입된 사실은 보험 회사 또는 공제 사업자가 작성한 서면에 의하여 증명되어야 함

> **더 알아보기**
>
> **중상해 범위**
> 1) 생명에 대한 위험: 뇌 또는 주요 장기에 중대한 손상
> 2) 불구: 사지 절단 등 또는 시각 · 청각 · 언어 · 생식 기능 등 중요한 신체 기능의 영구적 상실
> 3) 불치나 난치의 질병: 중증의 정신 장애 · 하반신 마비 등 중대 질병

사고 운전자 가중 처벌

① 사고운전자가 피해자를 구호하는 등의 조치를 하지 아니하고 도주한 경우
- 피해자를 사망에 이르게 하고 도주하거나, 도주 후에 피해자가 사망한 경우: 무기 또는 5년 이상의 징역
- 피해자를 상해에 이르게 한 경우: 1년 이상의 유기징역 또는 500만원 이상 3천만원 이하의 벌금

② 사고 운전자가 피해자를 사고 장소로부터 옮겨 유기하고 도주한 경우
- 피해자를 사망에 이르게 하고 도주하거나, 도주 후에 피해자가 사망한 경우: 사형, 무기 또는 5년 이상의 징역
- 피해자를 상해에 이르게 한 경우: 3년 이상의 유기 징역

> **더 알아보기**
>
> **위험 운전 치 · 사상의 경우**
> 1) 음주 또는 약물의 영향으로 정상적인 운전이 곤란한 상태에서 자동차(원동기 장치 자전거 포함)를 운전하여 사람을 사망에 이르게 한 경우: 무기 또는 3년 이상의 징역
> 2) 사람을 상해에 이르게 한 경우: 1년 이상 15년 이하의 징역 또는 1천만원 이상 3천만원 이하의 벌금

사망 사고

① 사망 사고의 정의
교통사고에 의한 사망은 교통사고가 주된 원인이 되어 교통사고 발생 시부터 30일 이내에 사람이 사망한 사고

② 사망 사고 성립요건

항목	내용	예외사항
장소적 요건	모든 장소(도로교통법 —도로상으로 한정) (교통사고처리특례법 —모든장소로 확대)	-
운전자 과실	운전자로서 요구되는 업무상 주의의무를 소홀히 한 과실	• 자동차 본래의 운행목적이 아닌 작업 중 과실로 피해자가 사망한 경우(안전사고) • 운전자의 과실을 논할 수 없는 경우
피해자 요건	운행 중인 자동차에 충격되어 사망한 경우	• 피해자의 자살 등 고의 사고 • 운행목적이 아닌 작업 과실로 피해자가 사망한 경우(안전사고)

도주(뺑소니) 사고

① 피해자 사상 사실을 인식하거나 예견됨에도 가버린 경우
② 피해자를 사고 현장에 방치한 채 가버린 경우
③ 현장에 도착한 경찰관에게 거짓으로 진술한 경우
④ 사고 운전자를 바꿔치고 신고 및 연락처를 거짓 신고한 경우
⑤ 자신의 의사를 제대로 표시하지 못한 나이 어린 피해자가 '괜찮다'라고 하여 조치 없이 가버린 경우
⑥ 피해자가 이미 사망하였다고 사체 안치 후송 등의 조치 없이 가버린 경우
⑦ 피해자를 병원까지만 후송하고 계속 치료를 받을 수 있는 조치 없이 가버린 경우
⑧ 쌍방 업무상 과실이 있는 경우에 발생한 사고로 과실이 적은 차량이 도주한 경우

신호 · 지시 위반 사고 사례

① 신호가 변경되기 전에 출발하여 인적 피해를 야기한 경우
② 황색 주의 신호에 교차로에 진입하여 인적 피해를 야기한 경우

③ 신호 내용을 위반하고 진행하여 인적 피해를 야기한 경우
④ 적색 차량 신호에 진행하다 정지선과 횡단보도 사이에서 보행자를 충격한 경우

≪ 속도에 대한 정의

규제 속도	법정 속도(도로 교통법에 따른 도로별 최고·최저 속도)와 제한 속도(시·도 경찰청장에 의한 지정 속도)
설계 속도	도로 설계의 기초가 되는 자동차의 속도
주행 속도	정지 시간을 제외한 실제 주행 거리의 평균 주행 속도
구간 속도	정지 시간을 포함한 주행 거리의 평균 주행 속도

≪ 앞지르기 방법·금지 위반 사고

① 앞지르기 방법
모든 차의 운전자는 다른 차를 앞지르고자 하는 때에는 앞차의 좌측으로 통행하여야 한다.

② 앞지르기가 금지되는 경우 및 장소
- 앞차의 좌측에 다른 차가 앞차와 나란히 가고 있는 경우
- 앞차가 다른 차를 앞지르고 있거나 앞지르고자 하는 경우
- 경찰 공무원의 지시를 따르거나 위험을 방지하기 위하여 정지하거나 서행하고 있는 경우
- 교차로, 터널 안, 다리 위
- 도로의 구부러진 곳, 비탈길의 고갯마루 부근 또는 가파른 비탈길의 내리막 등 시·도 경찰청장이 필요하다고 인정하여 안전표지로 지정한 곳

③ 끼어들기의 금지
모든 차의 운전자는 도로 교통법에 의한 명령 또는 경찰 공무원의 지시에 따르거나, 위험 방지를 위하여 정지 또는 서행하고 있는 다른 차 앞에 끼어들지 못함

≪ 철길 건널목 통과 방법 위반 사고

① 철길 건널목의 종류

제1종 건널목	차단기, 건널목 경보기 및 교통안전 표지가 설치되어 있는 경우
제2종 건널목	건널목 경보기 및 교통안전 표지가 설치되어 있는 경우
제3종 건널목	교통안전 표지만 설치되어 있는 경우

② 철길건널목 통과방법위반 사고의 성립요건

항목	내용	예외사항
장소적 요건	철길건널목	역 구내의 철길건널목
피해자 요건	철길건널목 통과방법 위반 사고로 인적피해를 입은 경우	철길건널목 통과방법 위반 사고로 대물피해만 입은 경우
운전자 과실	• 철길건널목 통과방법 위반 과실 - 철길건널목 전에 일시정지 불이행 - 안전미확인 통행 중 사고 - 차량이 고장난 경우 승객 대피, 차량이동 조치 불이행 • 철길건널목 진입금지 - 차단기가 내려져 있는 경우 - 차단기가 내려지려고 하는 경우 - 경보기가 울리고 있는 경우	• 철길건널목 신호기·경보기 등의 고장으로 일어난 사고 * 신호기 등이 표시하는 신호에 따르는 때에는 일시정지하지 않고 통과할 수 있음

> **더 알아보기**
> 철길 건널목 통과 위반 사고 시 행정 처분(범칙금, 벌점)
> 승합자동차 - 7만원, 승용자동차 - 6만원, 벌점 30점

보행자 보호 의무 위반 사고

① 보행자로 인정되는 경우와 아닌 경우

횡단보도 보행자로 인정되는 경우	• 횡단보도를 걸어가는 사람 • 횡단보도에서 원동기 장치 자전거를 끌고 가는 사람 • 횡단보도에서 원동기 장치 자전거나 자전거를 타고 가다 이를 세우고 한발은 페달에 다른 한발은 지면에 서 있는 사람 • 세발자전거를 타고 횡단보도를 건너는 어린이 • 손수레를 끌고 횡단보도를 건너는 사람
횡단보도 보행자로 인정되지 않는 경우	• 횡단보도에서 원동기 장치 자전거나 자전거를 타고 가는 사람 • 횡단보도에 누워있거나, 앉아있거나, 엎드려있는 사람 • 횡단보도 내에서 교통정리를 하고 있는 사람과 택시를 잡고있는 사람 • 횡단보도 내에서 화물 하역작업을 하고 있는 사람 • 보도에 서 있다가 횡단보도 내로 넘어진 사람

② 횡단보도로 인정되는 경우와 아닌 경우
- 횡단보도 노면표시가 있으나 횡단보도 표지판이 설치되지 않은 경우에도 인정
- 횡단보도 노면표시가 포장공사로 반은 지워졌으나, 반이 남아있는 경우에도 인정
- 횡단보도 노면표시가 완전히 지워지거나, 포장공사로 덮여졌다면 횡단보도 효력 상실

③ 보행자 보호의무위반 사고의 성립요건

항목	내용	예외사항
장소적 요건	횡단보도 내	보행신호가 적색등화일 때의 횡단보도
피해자 요건	횡단보도를 횡단하고 있는 보행자가 충돌되어 인적피해를 입은 경우	• 보행신호가 적색등화일 때 횡단을 시작한 보행자를 충돌한 경우 • 횡단보도를 건너는 것이 아니라 횡단보도 내에 누워있거나, 교통정리를 하거나, 싸우고 있거나, 택시를 잡고 있거나 등 보행의 경우가 아닌 때에 충돌한 경우
운전자 과실	• 횡단보도를 건너고 있는 보행자를 충돌한 경우 • 횡단보도 전에 정지한 차량을 추돌하여 추돌된 차량이 밀려나가 보행자를 충돌한 경우 • 보행신호가 녹색등화일 때 횡단보도를 진입하여 건너고 있는 보행자를 보행신호가 녹색등화의 점멸 또는 적색등화로 변경된 상태에서 충돌한 경우	• 적색등화에 횡단보도를 진입하여 건너고 있는 보행자를 충돌한 경우 • 횡단보도를 건너다가 신호가 변경되어 중앙선에 서 있는 보행자를 충돌한 경우 • 횡단보도를 건너고 있을 때 보행신호가 적색등화로 변경되어 되돌아가고 있는 보행자를 충돌한 경우 • 녹색등화가 점멸되고 있는 횡단보도를 진입하여 건너고 있는 보행자를 적색등화에 충돌한 경우

무면허 운전의 개념

① 무면허 운전의 정의: 도로에서 운전면허를 받지 아니하고 자동차를 운전하는 행위

② 무면허 운전의 유형
- 운전면허를 취득하지 아니하고 운전하는 행위
- 운전면허 취소처분을 받은 후에 운전하는 행위
- 운전면허 정지 기간 중에 운전하는 행위
- 운전면허시험에 합격한 후 운전면허증을 발급받기 전에 운전하는 행위
- 운전면허 적성검사기간 만료일로부터 1년간의 취소유예기간이 지난 면허증으로 운전하는 행위
- 제1종 대형면허로 특수면허를 필요로 하는 자동차를 운전하는 행위
- 제2종 운전면허로 제1종 운전면허를 필요로 하는 자동차를 운전하는 행위

주취·약물 복용 운전 중 사고

① 음주 운전인 경우와 아닌 경우
- 불특정 다수인이 이용하는 도로와 특정인이 이용하는 주차장 또는 학교 경내 등에서의 음주 운전도 형사 처벌 대상(단, 특정인만이 이용하는 장소에서의 음주 운전으로 인한 운전면허 행정 처분은 불가)

- 공개되지 않은 통행로에서의 음주 운전도 처벌 대상: 공장이나 관공서, 학교, 사기업 등의 정문 안쪽 통행로와 같이 문 차단기에 의해 도로와 차단되고 별도로 관리되는 장소의 통행로에서의 음주 운전도 처벌 대상
- 술을 마시고 주차장(주차선 안 포함)에서 음주 운전하여도 처벌 대상
- 호텔, 백화점, 고층 건물, 아파트 내 주차장 안의 통행로뿐만 아니라 주차선 안에서 음주 운전하여도 처벌 대상
• 혈중 알코올 농도 0.03% 미만에서의 음주 운전은 처벌 불가

보도침범, 보도횡단방법위반 사고의 성립요건

항목	내용	예외사항
장소적 요건	보도와 차도가 구분된 도로에서 보도 내 사고	보도와 차도의 구분이 없는 도로는 제외
피해자 요건	보도 내에서 보행 중 사고	피해자가 자전거 또는 원동기 장치자전거를 타고 가던 중 사고는 재차로 간주되어 적용 제외
운전자 과실	• 고의적 과실 • 의도적 과실 • 현저한 부주의 과실	• 불가항력적 과실 • 만부득이한 과실 • 단순 부주의 과실
시설물 설치 요건	보도설치권한이 있는 행정관서에서 설치하여 관리하는 보도	학교 · 아파트 단지 등 특정구역 내부의 소통과 안전을 목적으로 설치된 보도

승객추락방지의무위반 사고

승객추락방지의무에 해당하는 경우	• 문을 연 상태에서 출발하여 타고 있는 승객이 추락한 경우 • 승객이 타거나 또는 내리고 있을 때 갑자기 문을 닫아서 문에 충격된 승객이 추락한 경우 • 버스 운전자가 개 · 폐 안전장치인 전자감응장치가 고장난 상태에서 운행 중에 승객이 내리고 있을 때 출발하여 승객이 추락한 경우
승객추락방지의무에 해당하지 않는 경우	• 승객이 임의로 차문을 열고 상체를 내밀어 차 밖으로 추락한 경우 • 운전자가 사고방지를 위해 취한 급제동으로 승객이 차 밖으로 추락한 경우 • 화물자동차 적재함에 사람을 태우고 운행 중에 운전자의 급가속 또는 급제동으로 피해자가 추락한 경우

어린이 보호구역 내 어린이 보호의무위반 사고

① 어린이 보호구역으로 지정될 수 있는 장소
- 유아교육법에 따른 유치원, 초 · 중등교육법에 따른 초등학교 또는 특수학교
- 영유아보육법에 따른 보육시설 중 정원 100명 이상의 보육시설(관할 경찰서장과 협의된 경우에는 정원이 100명 미만의 보육시설 주변도로에 대해서도 지정 가능)
- 학원의 설립 · 운영 및 과외교습에 관한 법률에 따른 학원 중 학원 수강생이 100명 이상인 학원(관할 경찰서장과 협의된 경우에는 정원이 100명 미만의 학원 주변도로에 대해서도 지정 가능)

② 어린이 보호의무위반 사고의 성립요건

항목	내용	예외사항
장소적 요건	어린이 보호구역으로 지정된 장소	어린이 보호구역이 아닌 장소
피해자 요건	어린이가 상해를 입은 경우	성인이 상해를 입은 경우
운전자 과실	어린이에게 상해를 입힌 경우	성인에게 상해를 입힌 경우

교통사고 조사규칙의 용어 정의

교통	차를 운전하여 사람 또는 화물을 이동시키거나 운반하는 등 차를 그 본래의 용법에 따라 사용하는 것
교통사고	차의 교통으로 인하여 사람을 사상하거나 물건을 손괴한 것
대형사고	3명 이상이 사망(교통사고 발생일부터 30일 이내에 사망한 것을 말함)하거나 20명 이상의 사상자가 발생한 것

교통조사관	교통사고 조사업무를 처리하는 경찰공무원	
스키드 마크 (Skid mark)	차의 급제동으로 인하여 타이어의 회전이 정지된 상태에서 노면에 미끄러져 생긴 타이어 마모흔적 또는 활주흔적	
요마크 (Yaw mark)	급핸들 등으로 인하여 차의 바퀴가 돌면서 차축과 평행하게 옆으로 미끄러진 마모흔적	
충돌	차가 반대방향 또는 측방에서 진입하여 그 차의 정면으로 다른 차의 정면 또는 측면을 충격한 것	
추돌	2대 이상의 차가 동일방향으로 주행 중 뒤차가 앞차의 후면을 충격한 것	
접촉	차가 추월, 교행 등을 하려다가 차의 좌·우측면을 서로 스친 것	
전도	차가 주행 중 도로 또는 도로 이외의 장소에 차체의 측면이 지면에 접하고 있는 상태(좌측면이 지면에 접해있으면 좌전도, 우측면이 지면에 접해있으면 우전도)를 말한다.	
전복	차가 주행 중 도로 또는 도로 이외의 장소에 뒤집혀 넘어진 것	
추락	차가 도로변 절벽 또는 교량 등 높은 곳에서 떨어진 것	
뺑소니	교통사고를 야기한 차의 운전자가 피해자를 구호하는 등 도로교통법에 따른 조치를 취하지 아니하고 도주한 것	

 안전표지

안전표지의 종류

주의표지		도로상태가 위험하거나 도로 또는 그 부근에 위험물이 있는 경우에 필요한 안전조치를 할 수 있도록 이를 도로사용자에게 알리는 표지
규제표지		도로교통의 안전을 위하여 각종 제한·금지 등의 규제를 하는 경우에 이를 도로사용자에게 알리는 표지
지시표지		도로의 통행방법·통행구분 등 도로교통의 안전을 위하여 필요한 지시를 하는 경우에 도로사용자가 이를 따르도록 알리는 표지
보조표지		주의표지·규제표지 또는 지시표지의 주기능을 보충하여 도로사용자에게 알리는 표지
노면표시	황색	중앙선표시, 노상장애물 중 도로중앙장애물표시, 주차금지표시, 정차·주차금지표시 및 안전지대표시(반대방향의 교통류분리 또는 도로이용의 제한 및 지시)
	청색	버스전용차로표시 및 다인승차량 전용차선표시(지정방향 교통류 분리 표시)
	적색	어린이보호구역 또는 주거지역 안에 설치하는 속도제한표시의 테두리선 및 소방시설 주변 정차·주차금지표시
	백색	황색, 청색, 적색에서 지정된 외의 표시 (동일방향의 교통류 분리 및 경계표시)

CHAPTER 02 안전운행요령

📝 자동차 관리

≪ 예방정비

① 예방정비의 개념
자동차 및 부품의 수명감축이나 정비비용 손실을 예방하기 위한 사전에 미리 고장개소를 찾아내어 일상적, 정기적인 정비관리함을 말함
② 예방정비의 종류: 운행 전 점검, 운행 후 점검, 정기점검 등
③ 자동차여객운수사업에 있어 예방정비는 운수종사자의 필수 의무사항

≪ 일상점검

① 일상점검의 개념
자동차를 운행하는 사람이 매일 자동차를 운행하기 전 점검하는 것
② 주의사항
- 점검 장소는 평탄한 곳에서 실시
- 변속레버는 주차(P)에 놓고, 주차 브레이크 작동
- 엔진 시동 상태에서 점검해야 할 사항이 아니면 시동을 끄고 점검
- 점검은 환기가 잘 되는 장소에서 실시
- 엔진 점검 시 가급적 엔진을 끄고, 식은 다음에 실시(화상예방)
- 연료장치나 배터리 부근에서는 불꽃을 멀리 한다(화재예방)
- 배터리, 전기 배선을 만질 때에는 미리 배터리의 ⊖단자를 분리(감전예방)
③ 일상점검 항목 및 내용

점검 항목		점검 내용
엔진룸 내부	엔진	• 엔진오일, 냉각수 • 브레이크 오일 • 배터리액 • 윈도 워셔액 • 팬벨트 장력
엔진룸 내부	변속기	• 변속기 오일 • 누유 여부
	기타	• 라디에이터 상태 • 엔진룸 오염 정도
자동차 외관	완충 스프링	• 스프링 연결 부위 손상 또는 균열 확인
	타이어	• 타이어 공기압 • 타이어의 균열/마모 정도 • 타이어 홈 깊이 • 휠 볼트 및 너트의 조임 정도
	램프	• 라이트의 점등 상황
	등록 번호판	• 번호판 손상 여부 • 번호판 식별 가능 여부
	배기 가스	• 배기가스의 색깔
운전석	엔진	• 엔진의 시동 상태 • 이상 소리 확인
	브레이크(풋/주차)	• 브레이크 페달의 밟히는 정도 • 브레이크의 작동 상태 • 주차 브레이크의 작동 상태
	변속기	• 클러치의 자유 간극 적정 여부 • 변속 레버의 정상 조작 여부 • 변속 시 반발력 확인
	후사경	• 운전자 입장에서 시야 정상 확보 여부
	경음기	• 정상 작동 여부
	와이퍼	• 정상 작동 여부 • 워셔액 적정량
	각종 계기	• 오작동 신호 확인

운행 전 자동차 점검

① 운전석에서 점검
- 연료 게이지량
- 브레이크 페달 유격 및 작동 상태
- 룸미러 각도, 경음기 작동 상태, 계기 점등 상태
- 와이퍼 작동 상태
- 스티어링 휠(핸들) 및 운전석 조정

② 엔진점검
- 엔진 오일의 양과 상태(적당량 및 불순물)
- 냉각수의 양과 상태(적당량 및 변색)
- 각종 벨트의 장력 상태(손상)
- 배선 정리 상태와 누전 여부 확인

> **더 알아보기**
>
> **외관점검**
> 유리 상태 / 차체 굴곡 및 후드(보닛) 고정 상태 / 타이어 공기압력 마모 상태 / 차체 기울기 상태 / 후사경 위치 및 상태 / 차체 외관상 상태 / 반사기 및 번호판 오염 및 손상 상태 / 휠 너트의 조임 상태 / 파워스티어링 오일 및 브레이크 액의 양과 상태 / 차체에서 오일이나 연료, 냉각수 등 누수 상태 및 라디에이터 캡과 연료탱크 캡의 상태 / 각종 등화 작동 상태

③ 경고등 · 표시등 확인

명칭	경고등 및 표시등	내용
주행빔(상향등) 작동 표시등		전조등이 주행빔(상향등)일 때 점등
안전벨트 미착용 경고등		시동키 ON 했을 때 안전벨트를 착용하지 않으면 점등
연료잔량 경고등		연료의 잔류량이 적을 때 점등
엔진오일 압력 경고등	OIL	엔진오일이 부족하거나 유압이 낮아지면 점등
ABS (Anti-Lock Brake System) 표시등	ASR ABS	• 키 ON하면 약 3초간 점등된 후 소등되면 정상 • 차량 속도가 5~7km/h에 도달하여 소등되면 정상
브레이크 에어 경고등	BRAKE AIR	키가 ON 상태에서 AOH 브레이크 장착 차량의 에어 탱크에 공기압이 4.5 + -0.5kg/cm² 이하가 되면 점등
비상경고 표시등	⇦⇨	비상경고등 스위치 누르면 점멸
배터리 충전 경고등		벨트가 끊어졌을 때나 충전장치 고장 시 점등
주차 브레이크 경고등	PARKING	주차 브레이크 작동 시 점등
엔진 정비 지시등	CHECK ENGINE	• 키를 ON 하면 약 2~3초간 점등 후 소등 • 엔진의 전자 제어 장치나 배기가스 제어에 관계되는 각종 센서에 이상 시 점등
엔진 예열작동 표시등		엔진 예열상태에서 점등되고 예열 완료 시 소등
냉각수 경고등	WATER	냉각수 규정 이하일 경우 점등

※ 자동차에 따라 다를 수 있음

운행 후 자동차 점검(외관점검)

① 차체 굴곡이나 손상된 곳 등 확인
② 타이어 공기압 차이에 의한 기울어짐 확인
③ 보닛의 고리 빠짐 여부 확인
④ 주차 후 바닥에 오일/냉각수 보이는지 확인

주행 전 안전 수칙

① 안전벨트의 착용
② 안전운전을 위한 청결 유지
③ 올바른 운전 자세
④ 핸들, 후사경, 룸 미러 등의 확인
⑤ 주행 전 건강 체크

혈중알코올농도에 따른 행동적 증후

마신 양	혈중알코올농도 (%)	취한 상태	취하는 기간 구분
2잔	0.02~0.04	기분이 상쾌해짐, 피부가 빨갛게 됨, 판단 흐려짐	초기
3~5잔	0.05~0.10	체온상승, 맥박 빨라짐	중기, 손상 가능기
6~7잔	0.11~0.15	상당히 큰소리를 냄, 화를 자주 냄	완취기
8~14잔	0.16~0.30	갈지자걸음, 같은 말 반복, 호흡 빨라짐	구토, 만취기
15~20잔	0.31~0.40	똑바로 서지 못함, 같은 말 반복	혼수상태
21잔 이상	0.41~0.50	흔들어도 일어나지 않음, 호흡을 천천히 깊게 함	사망 가능

피로가 운전에 미치는 영향

구분		피로현상	운전과정에 미치는 영향
정신적	주의력	• 주의가 산만 • 집중력이 저하	교통표지를 간과하거나, 보행자를 알아보지 못함
	사고력, 판단력	• 정신활동이 둔화 • 사고 및 판단력이 저하	긴급 상황에 필요한 조치를 제대로 하지 못함
	지구력	긴장이나 주의력이 감소	운전에 필요한 몸과 마음상태를 유지할 수 없음
	감정조절 능력	사소한 일에도 필요 이상의 신경질적인 반응을 보임	• 사소한 일에도 당황하며, 판단을 잘못하기 쉬움 • 준법정신의 결여로 법규를 위반하게 됨
	의지력	자발적인 행동이 감소	• 당연히 해야 할 일을 태만하게 됨 • 방향지시등을 작동하지 않고 회전하게 됨
신체적	감각능력	빛에 민감하고, 작은 소음에도 과민반응	교통신호를 잘못 보거나 위험신호를 제대로 파악하지 못함
	운동능력	손 또는 눈꺼풀이 떨리고, 근육이 경직	필요할 때에 손과 발이 제대로 움직이지 못해 신속성이 결여
	졸음	시계변화가 없는 단조로운 도로를 운행하면 졸게 됨	평상시보다 운전능력이 현저하게 저하, 심하면 졸음운전 하게 됨

타이어 마모에 영향을 주는 요소

타이어 공기압 / 차의 하중 / 차의 속도 / 커브, 브레이크 / 노면 / 기타(정비불량, 기온, 운전습관 등)

자동차용 LPG 성분의 특성

① LPG 주성분: 부탄과 프로판의 혼합체(LPG는 쉽게 기화 및 발화하기 쉬우므로 취급 주의)
② 화학적으로 순수한 LPG는 상온과 상압하에서 무색무취의 가스, 독특한 냄새가 남
③ LPG 충전은 과충전 방지 장치가 내장되어 85% 이상 충전되지 않고 약 80%가 적당

LPG 자동차의 장단점

장점	• 연료비가 적게 들어 경제적 • 유해가스 배출량이 줄어듦 • 연료의 옥탄가가 높아 노킹 현상이 거의 발생하지 않음 • 가솔린 자동차에 비해 엔진 소음이 적음 • 엔진 관련 부품의 수명이 상대적으로 길어 경제적
단점	• LPG 충전소가 적어 연료 충전 불편 • 겨울철 시동이 잘 걸리지 않음 • 가스 누출 시 폭발 위험성 있음

≪◇≫ LPG 연료탱크의 구성

충전 밸브(녹색)	• LPG 연료 충전 시 사용 • 과충전 방지 밸브와 일체형으로 구성 • 연료가 과충전 되는 것을 방지
연료 차단 밸브(적색)	• 연료를 수동으로 강제 차단 • 정비 시나 비상시에 차단

≪◇≫ 자동차의 브레이크 종류

풋 브레이크	주행 중 발을 이용하여 조작하는 주 제동 장치
주차 브레이크	자동차를 주차 또는 정차시킬 때 사용하는 제동 장치
ABS(Anti-lock Brake System)	제동 시에 바퀴를 잠그지 않음으로써 브레이크가 작동하는 동안에도 조향이 용이하고 제동 거리를 짧게 하는 제동 장치
엔진 브레이크	저단 기어로 바꾸거나 가속 페달에서 발을 놓으면 엔진 브레이크가 작동되어 감속

≪◇≫ 브레이크의 이상 현상

베이퍼 록(Vaper Lock) 현상	연료 회로 또는 브레이크 장치 유압 회로 내에 브레이크액이 온도 상승으로 인하여 기화되어 압력 전달이 원활하게 이루어지지 않아 제동 기능이 저하되는 현상
페이드(Fade) 현상	운행 중에 계속해서 브레이크를 사용함으로써 온도 상승으로 인해 제동 마찰제의 기능이 저하되어 마찰력이 약해지는 현상(일정 시간 경과 후 온도가 내려가면 정상적으로 회복)
모닝 록(Morning Lock) 현상	장마철이나 습도가 높은 날, 장시간 주차 후 브레이크 드럼 등에 미세한 녹이 발생하는 현상

≪◇≫ 선회 특성과 방향 안정성

언더 스티어 (Under steer)	• 코너링 상태에서 구동력이 원심력보다 작아 타이어가 그립의 한계를 넘어서 핸들을 돌린 각도만큼 라인을 타지 못하고 코너 바깥쪽으로 밀려 나가는 현상 • 언더 스티어 현상은 흔히 전륜구동 차량에서 주로 발생 • 핸들을 지나치게 꺾거나 과속, 브레이크 잠김 등이 원인이 되어 발생 • 타이어 그립이 더 떨어질수록 언더 스티어가 심하고(바깥쪽으로 밀려날수록) 경우에 따라선 스핀이나 그와 유사한 사고를 초래 • 커브길을 돌 때에 속도가 너무 높거나, 가속이 진행되는 동안에는 원심력을 극복할 수 있는 충분한 마찰력 발생 어려움 • 앞바퀴와 노면과의 마찰력 감소에 의해 슬립각이 커지면 언더 스티어 현상이 발생할 수 있으므로 앞바퀴의 마찰력을 유지하기 위해 커브길 진입 전에 가속페달에서 발을 떼거나 브레이크를 밟아 감속한 후 진입하면 앞바퀴의 마찰력이 증대되어 언더 스티어 현상을 방지
오버 스티어 (Over steer)	• 코너링 시 핸들을 꺾었을 때 그 꺾은 범위보다 차량 앞쪽이 진행 방향의 안쪽(코너 안쪽)으로 더 돌아가려고 하는 현상 • 오버 스티어 현상은 흔히 후륜구동 차량에서 주로 발생 • 구동력을 가진 뒷 타이어는 계속 앞으로 나아가려 하고 차량 앞은 이미 꺾인 핸들 각도로 인해 그 꺾인 쪽으로 빠르게 진행하게 되므로 코너 안쪽으로 말려들어오게 되는 현상 • 오버 스티어 예방을 위해서는 커브길 진입 전에 충분히 감속하여야 함. 오버 스티어 현상이 발생할 때는 가속페달을 살짝 밟아 뒷바퀴의 구동력을 유지하면서 동시에 감은 핸들을 살짝 풀어줌으로써 방향을 유지

◈ 전조등

① 전조등 스위치 조절

1단계	차폭등, 미등, 번호판 등, 계기판등
2단계	차폭등, 미등, 번호판 등, 계기판등, 전조등

② 전조등 사용 시기

변환빔(하향)	마주 오는 차가 있거나 앞차를 따라갈 경우
주행빔(상향)	야간 및 안갯길 운행 시 시야 확보를 위한 경우
상향 점멸	중앙선을 침범하는 상대 차량 등 다른 차의 주의를 환기시키는 경우

◈ 와이퍼(Wiper)

① 워셔액 탱크가 비어 있을 경우 와이퍼를 작동시키면 와이퍼 모터가 손상
② 겨울철에 와이퍼가 얼어붙어 있는 경우, 와이퍼를 작동시키면 와이퍼 링크가 이탈하거나 모터가 손상
③ 겨울철에 워셔액을 사용하면 유리창에 워셔액이 얼어붙어 시야를 가려 안전 운전에 치명적일 수 있음

자동차 응급조치요령

◈ 엔진의 점화 장치의 응급조치

① 주행 시작 전 특이한 진동이 느껴질 때
② 엔진에서의 고장이 주요 원인
③ 플러그 배선의 빠짐 여부와 플러그 불량 확인

◈ 완충(현가) 장치의 응급조치

① 비포장도로의 울퉁불퉁하고 험한 노면을 달릴 때 '딱각딱각'하는 소리 발생
② '쿵쿵'하는 소리 발생
③ 충격 완충 장치인 쇽업소버의 고장 확인

◈ 냄새와 열이 날 때의 점검사항

전기 장치	• 고무 같은 것이 타는 냄새 발생 • 가급적 빨리 차를 세움 • 엔진실 내의 전기 배선 등의 피복이 벗겨져 합선에 의해 전선이 타는지 확인 • 보닛을 열고 잘 살펴보면 그 부위를 발견할 수 있음
바퀴 부분	• 각 바퀴의 드럼에 손을 대보았을 때 어느 한쪽만 뜨거울 경우 • 브레이크 라이닝 간격이 좁아 브레이크가 끌리는지 확인
브레이크 부분	• 치과에서 이를 갈아낼 때 나는 냄새가 나는 경우 • 풋브레이크가 너무 좁지는 않는지 확인 • 주차 브레이크를 당겼다 풀었으나 완전히 풀리지 않는지 확인 • 긴 언덕길을 내려갈 때 계속 풋브레이크를 밟았을 경우 현상이 발생

◈ 배출 가스에 의한 점검사항

무색	완전 연소 시 정상 배출 가스의 색은 무색 또는 약간 엷은 청색
검은색	• 농후한 혼합 가스가 들어가 불완전하게 연소되는 경우 • 초크 고장이나 에어 클리너 엘리먼트의 막힘, 연료 장치 고장 등을 확인
백색	• 엔진 안에서 다량의 엔진 오일이 실린더 위로 올라와 연소되는 경우 • 헤드 개스킷 파손, 밸브의 오일 씰 노후 또는 피스톤 링의 마모 등 확인

◈ 엔진 시동이 걸리지 않는 경우 대처·점검 사항

① 동승자 또는 주위의 도움을 받아 차를 안전한 장소로 이동
② 철길 건널목에서 엔진 시동이 꺼지고 차가 움직이지 않을 경우 즉시 동승자를 피난시키고 비상사태를 알림

③ 시동 모터가 회전하지 않을 경우: 배터리의 방전 상태, 배터리 단자의 연결 상태 확인
④ 시동 모터는 회전하나 시동이 걸리지 않을 경우: 연료의 유무 확인
⑤ 배터리가 방전되어 있을 경우
- 주차 브레이크를 작동시켜 차량이 움직이지 않도록 함
- 변속기는 '중립'에 위치
- 보조 배터리를 사용하는 경우 점프 케이블을 연결한 후 시동
- 타 차량의 배터리에 점프 케이블을 연결하여 시동을 거는 경우에는 타 차량의 시동을 먼저 건 후 방전된 차량의 시동을 걺
- 시동이 걸린 후 배터리가 일부 충전되면 먼저 점프 케이블의 '-' 단자를 분리한 후 '+' 단자를 분리
- 방전된 배터리가 충분히 충전되도록 일정 시간 시동을 걸어둠
- 주의 사항: 점프 케이블의 양극(+)과 음극(-)이 서로 닿는 경우 불꽃이 발생하여 위험하므로 서로 닿지 않도록 함. 방전된 배터리가 얼었거나 배터리액이 부족한 경우 점프 도중에 배터리의 파열 및 폭발이 발생할 수 있음
⑥ 전기 장치에 고장이 있는 경우
- 퓨즈의 단선 여부 확인, 규정된 용량의 퓨즈만을 사용하여 교체
- 높은 용량의 퓨즈로 교체한 경우에는 전기 배선 손상 및 화재 발생의 원인

엔진 오버히트가 발생하는 경우 점검사항

① 오버히트가 발생하는 경우
- 냉각수의 부족 여부 확인
- 엔진 내부가 얼어 냉각수가 순환하지 않는 경우인지 확인
② 엔진 오버히트가 발생할 때의 징후
- 운행 중 수온계가 H 부분을 가리키는 경우
- 엔진 출력이 갑자기 떨어지는 경우
- 노킹 소리가 들리는 경우

> **더 알아보기**
> **노킹(Knocking)**
> 압축된 공기와 연료 혼합물의 일부가 내연 기관의 실린더에서 비정상적으로 폭발할 때 나는 날카로운 소리

타이어 펑크 시 조치사항

① 운행 중 타이어 펑크 시 핸들이 돌아가지 않도록 견고하게 잡고, 비상 경고등 작동
② 가속 페달에서 발을 떼어 속도를 서서히 감속시키면서 길 가장자리로 이동
③ 브레이크를 밟아 차를 도로 옆 평탄하고 안전한 장소에 주차한 후 주차 브레이크를 당겨 놓음
④ 자동차의 운전자가 고장난 자동차의 표지를 직접 설치하는 경우 그 자동차의 후방에서 접근하는 차량들의 운전자들이 확인할 수 있는 위치에 설치, 밤에는 사방 500m 지점에서 식별할 수 있는 적색의 섬광 신호, 전기제등 또는 불꽃 신호를 추가로 설치
⑤ 잭을 사용하여 차체를 들어 올릴 때 자동차가 밀려 나가는 현상을 방지하기 위해 교환할 타이어의 대각선에 위치한 타이어에 고임목을 설치

> **더 알아보기**
> **잭 사용 시 주의 사항**
> 1) 잭을 사용할 때에는 평탄하고 안전한 장소에서 사용
> 2) 잭을 사용하는 동안에 시동을 걸면 위험
> 3) 잭으로 차량을 올린 상태에서 차량 하부로 들어가면 위험
> 4) 잭을 사용할 때에 후륜의 경우에는 리어 액슬 아래 부분에 설치

교통사고 발생 시 조치사항

① LPG 스위치를 끈 후 엔진을 정지
② 동행 승객을 빨리 대피시킴
③ 트렁크 안에 있는 용기의 연료 출구 밸브(황색, 적색) 2개를 모두 잠금
④ 누출 부위에 불이 붙었을 경우 신속하게 소화기 또는 물로 불을 끔

엔진 계통 응급조치요령

유형	추정원인	조치사항
시동모터가 작동되나 시동이 걸리지 않는 경우	• 연료가 떨어짐 • 예열작동이 불충분 • 연료 필터가 막혀 있음	• 연료를 보충한 후 공기빼기를 함 • 예열시스템을 점검 • 연료 필터를 교환
시동모터가 작동되지 않거나 천천히 회전하는 경우	• 배터리가 방전 • 배터리 단자의 부식, 이완, 빠짐 현상 • 접지 케이블이 이완 • 엔진 오일의 점도가 너무 높음	• 배터리를 충전하거나 교환 • 배터리 단자의 부식된 부분을 깨끗하게 처리하고 단단하게 고정 • 접지 케이블을 단단하게 고정 • 적정 점도의 오일로 교환
저속 회전하면 엔진이 쉽게 꺼지는 경우	• 공회전 속도가 낮음 • 에어 클리너 필터가 오염 • 연료 필터가 막혀 있음 • 밸브 간극이 비정상	• 공회전 속도를 조절 • 에어 클리너 필터를 청소 또는 교환 • 연료 필터를 교환 • 밸브 간극을 조정
엔진 오일의 소비량이 많음	• 사용하는 오일이 부적당 • 엔진 오일이 누유	• 규정에 맞는 엔진 오일로 교환 • 오일 계통을 점검하여 풀려 있는 부분은 다시 조임
연료 소비량이 많음	• 연료 누출 • 타이어 공기압이 부족 • 클러치가 미끄러짐 • 브레이크가 제동된 상태	• 연료 계통을 점검하고 누출 부위를 정비 • 적정 공기압으로 조정 • 클러치의 간극을 조정하거나 클러치 디스크를 교환 • 브레이크 라이닝 간극을 조정
배기가스의 색이 검음	• 에어 클리너 필터가 오염 • 밸브 간극이 비정상	• 에어 클리너 필터를 청소 또는 교환 • 밸브 간극을 조정
오버히트 됨(엔진 과열)	• 냉각수가 부족하거나 누수 • 팬벨트의 장력이 지나치게 슨(워터펌프 작동이 원활하지 않아 냉각수의 순환이 불량해지고 엔진이 과열) • 냉각팬이 작동되지 않음 • 라디에이터 캡의 장착이 불완전 • 서모스탯(온도조절기: themrmostat)이 정상 작동하지 않음	• 냉각수를 보충하거나 누수 부위를 수리 • 팬벨트 장력을 조정 • 냉각팬, 전기배선 등을 수리 • 라디에이터 캡을 확실하게 장착 • 서모스탯을 교환

조향 계통 응급조치요령

유형	추정원인	조치사항
핸들이 무거움	• 앞바퀴의 공기압이 부족 • 파워스티어링 오일이 부족	• 적정 공기압으로 조정 • 파워스티어링 오일을 보충
스티어링 휠(핸들)이 떨림	• 타이어의 무게 중심이 맞지 않음 • 휠 너트(허브 너트)가 풀려 있음 • 타이어의 공기압이 타이어마다 다름 • 타이어가 편마모되어 있음	• 타이어를 점검하여 무게중심을 조정 • 규정 토크(주어진 회전축을 중심으로 회전시키는 능력)로 조임 • 적정 공기압으로 조정 • 편마모된 타이어를 교환

제동 계통 응급조치요령

유형	추정원인	조치사항
브레이크의 제동 효과가 나쁨	• 공기압이 과다 • 공기누설(타이어 공기가 빠져나가는 현상)이 있음 • 라이닝 간극 과다 또는 마모상태가 심함 • 타이어 마모가 심함	• 적정 공기압으로 조정 • 브레이크 계통을 점검하여 풀려 있는 부분은 다시 조임 • 라이닝 간극을 조정 또는 라이닝을 교환 • 타이어를 교환
브레이크가 편제동됨	• 좌우 타이어 공기압이 다름 • 타이어가 편마모되어 있음 • 좌우 라이닝 간극이 다름	• 적정 공기압으로 조정 • 편마모된 타이어를 교환 • 라이닝 간극을 조정

전기 계통 응급조치요령

유형	추정원인	조치사항
배터리가 자주 방전됨	• 배터리 단자의 벗겨짐, 풀림, 부식 • 팬벨트가 느슨하게 되어있음 • 배터리액이 부족 • 배터리의 수명이 다 되었음	• 배터리 단자의 부식 부분을 제거하고 조임 • 팬벨트의 장력을 조정 • 배터리액을 보충 • 배터리를 교환

자동차 구조 및 특성

동력전달장치

동력발생장치(엔진)는 자동차의 주행과 주행에 필요한 보조 장치들을 작동시키기 위한 동력을 발생시키는 장치

클러치

클러치는 수동 변속기 자동차에 적용되는 구조로서 엔진의 동력을 변속기에 전달하거나 차단하는 역할

> **더 알아보기**
>
> **클러치의 구비조건**
> 1) 냉각이 잘 되어 과열하지 않아야 함
> 2) 구조가 간단하고, 다루기 쉬우며 고장이 적어야 함
> 3) 회전력 단속 작용이 확실하며, 조작이 쉬워야 함
> 4) 회전부분의 평형이 좋아야 함
> 5) 회전관성이 적어야 함

클러치가 미끄러지는 경우 등

출발 또는 주행 중 가속을 하였을 때 엔진의 회전속도는 상승하지만 출발이 잘 안되거나 주행속도가 올라가지 않는 경우

구분	내용
클러치가 미끄러지는 원인	• 클러치 페달의 자유간극(유격)이 없음 • 클러치 디스크의 마멸이 심함 • 클러치 디스크에 오일이 묻어 있음 • 클러치 스프링의 장력이 약함
클러치가 미끄러질 때의 영향	• 연료 소비량이 증가 • 엔진이 과열 • 등판능력이 감소 • 구동력이 감소하여 출발이 어렵고, 증속이 잘 되지 않음
클러치 차단이 잘 안되는 원인	• 클러치 페달의 자유간극이 큼 • 릴리스 베어링이 손상되었거나 파손 • 클러치 디스크의 흔들림이 큼 • 유압장치에 공기가 혼입 • 클러치 구성부품이 심하게 마멸

수동 변속기

변속기는 도로의 상태, 주행속도, 적재 하중 등에 따라 변하는 구동력에 대응하기 위해 엔진과 추진축 사이에 설치되어 엔진의 출력을 자동차 주행속도에 알맞게 회전력과 속도로 바꾸어서 구동바퀴에 전달하는 장치

> **더 알아보기**
> **변속기의 구비조건**
> 1) 가볍고, 단단하며, 다루기 쉬워야 함
> 2) 조작이 쉽고, 신속·확실하며, 작동 시 소음이 적어야 함
> 3) 연속적으로 또는 자동적으로 변속이 되어야 함
> 4) 동력전달 효율이 좋아야 함

자동변속기

클러치와 변속기의 작동이 자동차의 주행속도나 부하에 따라 자동적으로 이루어지는 장치

① 장점과 단점

장점	• 기어변속이 자동으로 이루어져 운전이 편리 • 발진과 가·감속이 원활하여 승차감이 좋음 • 조작 미숙으로 인한 시동 꺼짐이 없음 • 유체가 댐퍼 역할을 하기 때문에 충격이나 진동이 적음
단점	• 구조가 복잡하고 가격이 비쌈 • 차를 밀거나 끌어서 시동을 걸 수 없음 • 연료소비율이 약 10% 정도 많아짐

② 자동변속기의 오일 색깔

정상	투명도가 높은 붉은 색
갈색	가혹한 상태에서 사용되거나, 장시간 사용한 경우
투명도가 없어지고 검은색을 띨 때	자동변속기 내부의 클러치 디스크의 마멸분말에 의한 오손, 기어가 마멸된 경우
니스 모양으로 된 경우	오일이 매우 높은 고온에 노출된 경우
백색	오일에 수분이 다량으로 유입된 경우

③ 구성 부품과 기능

토크 컨버터	기관의 회전력을 변속기에 전달
클러치 및 브레이크	운전자의 선택레버 위치에 따라 유압 작동하여 입력축의 구동력을 유성기어에 전달
유성기어	클러치 및 브레이크에 작동 요소에 의하여 구동되며 1-4단 및 후진 변속하여 바퀴로 회전력 전달
전자제어 장치	운행 상태에 알맞은 정보를 TCU로 입력하여 솔레노이드 밸브 구동하여 클러치 및 브레이크에 들어가는 유압조절

> **더 알아보기**
> **토크 컨버터**
> 1) 역할: 유체 커플링 역할 및 토크 증대
> 2) 구성: 펌프(구동축), 터빈(피동축), 스테이터

타이어

① 타이어의 종류

튜브리스 타이어 (튜브 없는 타이어)	• 튜브 타이어에 비해 공기압을 유지하는 성능이 좋음 • 못에 찔려도 공기가 급격히 새지 않음 • 타이어 내부의 공기가 직접 림에 접촉하고 있기 때문에 주행 중에 발생하는 열의 발산이 좋아 발열이 적음 • 튜브 물림 등 튜브로 인한 고장이 없음 • 튜브 조립이 없으므로 펑크 수리가 간단하고, 작업능률이 향상 • 림이 변형되면 타이어와의 밀착이 불량하여 공기가 새기 쉬움 • 유리 조각 등에 의해 손상되면 수리하기가 어려움
바이어스 타이어	• 오랜 연구기간의 연구 성과에 의해 전반적으로 안정된 성능을 발휘 • 현재는 타이어의 주류에서 서서히 그 자리를 레디얼 타이어에게 물려주고 있음

레디얼 타이어	• 접지면적이 크고, 타이어 수명이 긺 • 트레드가 하중에 의한 변형이 적음 • 회전할 때에 구심력이 좋음 • 스탠딩웨이브 현상이 잘 일어나지 않음 • 고속으로 주행할 때에는 안전성이 큼 • 충격을 흡수하는 강도가 적어 승차감이 좋지 않음 • 저속으로 주행할 때에는 조향 핸들이 다소 무거움
스노 타이어	• 눈길에서 미끄러짐이 적게 주행할 수 있도록 제작된 타이어로 바퀴가 고정되면 제동거리가 길어짐 • 스핀을 일으키면 견인력이 감소하므로 출발을 천천히 해야 함 • 구동 바퀴에 걸리는 하중을 크게 해야 함 • 트레드 부가 50% 이상 마멸되면 제 기능을 발휘하지 못함

② 타이어의 특성
- 스탠딩 웨이브 현상(Standing Wave): 타이어가 회전하면 이에 따라 타이어의 원주에서는 변형과 복원을 반복하는데, 타이어의 회전속도가 빨라지면 접지부에서 받은 타이어의 변형(주름)이 다음 접지 시점까지도 복원되지 않고 접지의 뒤쪽에 진동의 물결이 일어나는 현상
- 수막 현상(Hydroplaning): 자동차가 물이 고인 노면을 고속으로 주행할 때 타이어는 요철용 무늬 사이에 있는 물을 배수하는 기능이 감소되어 물의 저항에 의해 노면으로부터 떠올라 물위를 미끄러지게 되는 현상
  - 60km/h까지 주행할 경우에는 수막 현상이 일어나지 않음
  - 80km/h로 주행시 타이어의 옆면으로 물이 파고들기 시작하여 부분적으로 수막 현상을 일으킴
  - 100km/h로 주행할 경우 노면과 타이어가 분리되어 수막 현상을 일으킴

> **더 알아보기**
> 수막현상 방지법
> 1) 저속 주행
> 2) 마모된 타이어를 사용하지 않을 것
> 3) 공기압을 조금 높게 할 것
> 4) 배수효과가 좋은 타이어를 사용할 것(리브형)

현가장치의 역할
주행 중 노면으로부터 발생하는 진동이나 충격을 완화시켜 자동차를 보호, 화물의 손상 방지, 승차감과 자동차의 주행 안전성을 향상

현가장치의 주요기능
① 적정한 자동차의 높이를 유지
② 상·하 방향이 유연하여 차체가 노면에서 받는 충격을 완화
③ 올바른 휠 밸런스(wheel alignment) 유지
④ 차체의 무게를 지탱
⑤ 타이어의 접지상태를 유지
⑥ 주행방향을 일부 조정

현가장치의 구성
① 스프링
차체와 차축사이에 설치되어 주행 중 노면에서의 충격이나 진동을 흡수하여 차체에 전달되지 않게 하는 것

판 스프링	• 판 스프링은 적당히 구부린 띠 모양의 스프링 강을 몇 장 겹쳐 그 중심에서 볼트로 조인 것 (버스나 화물차에 사용) • 스프링 자체의 강성으로 차축을 정해진 위치에 지지할 수 있어 구조가 간단 • 판간 마찰에 의한 진동의 억제작용이 큼 • 내구성이 큼 • 판간 마찰이 있기 때문에 작은 진동은 흡수가 곤란
코일 스프링	• 코일 스프링은 스프링 강을 코일 모양으로 감아서 제작한 것으로 외부의 힘을 받으면 비틀려짐 • 코일 스프링은 판 스프링과 같이 판간 마찰작용이 없기 때문에 진동에 대한 감쇠 작용을 못하며, 옆 방향 작용력에 대한 저항력도 없음 • 차축을 지지할 때는 링크기구나 속업소버를 필요로 하고 구조가 복잡. 그러나 단위중량당 에너지 흡수율이 판 스프링보다 크고 유연하기 때문에 승용차에 많이 사용

토션바 스프링	• 토션바 스프링은 비틀었을 때 탄성에 의해 원위치하려는 성질을 이용한 스프링강의 막대 • 스프링의 힘은 바의 길이와 단면적에 따라 결정되며 코일 스프링과 같이 진동의 감쇠작용이 없어 쇽업소버를 병용하며 구조가 간단
공기 스프링	• 공기의 탄성을 이용한 스프링으로 다른 스프링에 비해 유연한 탄성을 얻을 수 있고, 노면으로부터의 작은 진동도 흡수 • 승차감이 우수하기 때문에 장거리 주행 자동차 및 대형버스에 사용 • 차량무게의 증감에 관계없이 언제나 차체의 높이를 일정하게 유지 • 스프링의 세기가 하중에 거의 비례해서 변화하기 때문에 짐을 실었을 때나 비었을 때의 승차감에는 차이가 없음 • 구조가 복잡하고 제작비가 비쌈

② 쇽업소버(스프링 진동 감압시켜 진폭을 줄이는 기능)
노면에서 발생한 스프링의 진동을 재빨리 흡수(승차감 향상, 스프링 피로 감소)

③ 스태빌라이저
좌우 바퀴가 동시에 상하 운동을 할 때에는 작용을 하지 않으나 좌우 바퀴가 서로 다르게 상·하 운동을 할 때 작용하여 차체의 기울기를 감소시켜 주는 장치

조향장치

자동차의 진행 방향을 운전자가 의도하는 바에 따라서 임의로 조작할 수 있는 장치

조향장치의 구비조건

① 조향 조작이 주행 중의 충격에 영향을 받지 않아야 함
② 조작이 쉽고, 방향 전환이 원활하게 이루어져야 함
③ 진행방향을 바꿀 때 섀시 및 바디 각 부에 무리한 힘이 작용하지 않아야 함
④ 고속주행에서도 조향 조작이 안정적이어야 함
⑤ 조향 핸들의 회전과 바퀴 선회 차이가 크지 않아야 함
⑥ 수명이 길고 정비하기 쉬워야 함

조향장치의 고장 원인

조향 핸들이 무거운 원인	• 타이어의 공기압이 부족 • 조향기어의 톱니바퀴가 마모 • 조향기어 박스 내의 오일이 부족 • 앞바퀴의 정렬 상태가 불량 • 타이어의 마멸이 과다
조향 핸들이 한 쪽으로 쏠리는 원인	• 타이어의 공기압이 불균일 • 앞바퀴의 정렬 상태가 불량 • 쇽업소버의 작동 상태가 불량 • 허브 베어링의 마멸이 과다

동력조향장치

가볍고 원활한 조향조작을 위해 엔진의 동력으로 오일펌프를 구동시켜 발생한 유압을 이용하여 조향핸들의 조작력을 경감시키는 장치

장점	• 조향 조작력이 작아도 됨 • 노면에서 발생한 충격 및 진동을 흡수 • 앞바퀴의 시미 현상(바퀴가 좌·우로 흔들리는 현상)을 방지 • 조향조작이 신속하고 경쾌 • 앞바퀴가 펑크 났을 때 조향핸들이 갑자기 꺾이지 않아 위험도가 낮음
단점	• 기계식에 비해 구조가 복잡하고 값이 비쌈 • 고장이 발생한 경우에는 정비가 어려움 • 오일펌프 구동에 엔진의 출력이 일부 소비

휠 얼라인먼트

① 휠 얼라인먼트: 자동차의 앞부분을 지지하는 앞바퀴는 어떤 기하학적인 각도 관계를 가지고 설치되어 있으며, 여기에는 캠버, 캐스터, 토인, 조향축(킹핀) 경사각 등이 있음. 충격이나 사고, 부품 마모, 하체 부품의 교환 등에 따라 이들 각도가 변화하게 되면 주행 중에 각종 문제를 야기할 수 있는데 이러한 각도를 수정하는 일련의 작업을 휠 얼라인먼트(차륜 정렬)라 함

② 휠 얼라인먼트의 역할
• 조향핸들의 조작을 확실하게 하고 안전성을 줌: 캐스터의 작용

- 조향핸들에 복원성을 부여: 캐스터와 조향축(킹핀) 경사각의 작용
- 조향핸들의 조작을 가볍게 함: 캠버와 조향축(킹핀) 경사각의 작용
- 타이어 마멸을 최소로 함: 토인의 작용

③ 휠 얼라인먼트가 필요한 시기
- 자동차 하체가 충격을 받았거나 사고가 발생한 경우
- 타이어를 교환한 경우
- 핸들의 중심이 어긋난 경우
- 타이어 편마모가 발생한 경우
- 자동차가 한쪽으로 쏠림현상이 발생한 경우
- 자동차에서 롤링(좌·우 진동)이 발생한 경우
- 핸들이나 자동차의 떨림이 발생한 경우

④ 캠버, 캐스터, 토인

캠버 (Camber)	• 자동차를 앞에서 보았을 때 앞바퀴가 수직선에 대해 어떤 각도를 두고 설치되어 있는 것 • 바퀴의 윗부분이 바깥쪽으로 기울어진 상태를 '정의 캠버', 바퀴의 중심선이 수직일 때를 '0의 캠버', 바퀴의 윗부분이 안쪽으로 기울어진 상태를 '부의 캠버'라 한다. • 캠버는 조향축(킹핀) 경사각과 함께 조향핸들의 조작을 가볍게 하고, 수직 방향 하중에 의한 앞 차축의 휨을 방지하며, 하중을 받았을 때 앞바퀴의 아래쪽이 벌어지는 것(부의 캠버)을 방지 • 캠버가 틀어지는 경우는 전면 추돌사고 시나 오래된 자동차로 현가장치의 구조 장치가 마모된 경우
캐스터 (Caster)	• 자동차 앞바퀴를 옆에서 보았을 때 앞 차축을 고정하는 조향축(킹핀)이 수직선과 어떤 각도를 두고 설치되어 있는 것 • 조향축 윗부분이 자동차의 뒤쪽으로 기울어진 상태를 '정의 캐스터', 조향축의 중심선이 수직선과 일치된 상태를 '0의 캐스터', 조향축의 윗부분이 앞쪽으로 기울어진 상태를 '부의 캐스터'라 함 • 주행 중 조향바퀴에 방향성을 부여, 조향하였을 때에는 직진 방향으로의 복원력을 줌
토인 (Toe-in)	• 자동차 앞바퀴를 위에서 내려다보면 양쪽 바퀴의 중심선 사이의 거리가 앞쪽(A)이 뒤쪽(B)보다 약간 작게 되어 있는 것 • 앞바퀴를 평행하게 회전시키며, 앞바퀴가 옆 방향으로 미끄러지는 것과 타이어 마멸을 방지하고 조향 링키지의 마멸에 의해 토아웃(Toe-out) 되는 것을 방지 • 토인이 틀어지는 경우는 조향장치 드래그 링크의 휨, 타이로드 앤드의 볼 마모, 추돌 사고 등으로 결함이 발생하는 것이며 타이어의 안쪽이나 바깥쪽 편 마모로 나타남

⑤ 조향축(킹핀) 경사각
- 캠버와 함께 조향핸들의 조작을 가볍게 함
- 캐스터와 함께 앞바퀴에 복원성을 부여하여 직진 방향으로 쉽게 되돌아가게 함
- 앞바퀴가 시미 현상(바퀴가 좌우로 흔들리는 현상)을 일으키지 않도록 함

제동장치

주행 자동차를 감속 또는 정지시키고 동시에 주차상태를 유지하기 위해 사용하는 자동차구조 장치

제동장치의 구성

① 유압 배력식 제동장치
② 마스터 실린더(master cyclinder)
③ 휠 실린더(wheel cylinder)
④ 디스크 브레이크(disk brake)
⑤ 드럼식 브레이크
⑥ 라이닝 간극 자동 조정 장치

ABS

기계와 노면의 환경에 따른 제동 시 바퀴의 잠김 순간을 컴퓨터로 제어해 1초에 10여 차례 이상을 브레이크 유압으로 바퀴가 잠기기 직전 풀고 잠기고를 반복하는 기능

> **더 알아보기**
>
> **ABS의 특징**
> 1) 바퀴의 미끄러짐이 없는 제동 효과
> 2) 자동차의 방향 안정성, 조종성능을 확보
> 3) 앞바퀴의 고착에 의한 조향 능력 상실을 방지
> 4) 노면이 비에 젖더라도 우수한 제동효과

자동차 검사 및 보험

자동차검사의 필요성

① 자동차 결함으로 인한 교통사고 예방으로 국민의 생명보호
② 자동차 배출가스로 인한 대기환경 개선
③ 불법튜닝 등 안전기준 위반 차량 색출로 운행질서 및 거래질서 확립
④ 자동차보험 미가입 자동차의 교통사고로부터 국민 피해 예방

자동차 종합검사(배출가스 검사 + 안전도 검사)

① 개념: 자동차 정기검사와 배출가스 정밀검사 또는 특정경유자동차 배출가스 검사의 검사 항목을 하나의 검사로 통합하고 검사 시기를 자동차 정기검사 시기로 통합하여 한 번의 검사로 모든 검사가 완료되도록 하는 검사
  • 자동차 안전검사
  • 자동차 배출가스 정밀검사
② 자동차 종합검사 유효기간
  • 자동차 종합검사 유효기간의 마지막 날(검사 유효기간을 연장하거나 검사를 유예한 경우에는 그 연장 또는 유예된 기간의 마지막 날) 전후 각각 31일 이내에 받아야 함
  • 소유권 변동 또는 사용본거지 변경 등의 사유로 자동차 종합검사의 대상이 된 자동차 중 자동차 정기검사의 기간 중에 있거나 자동차 정기검사의 기간이 지난 자동차는 변경등록을 한 날부터 62일 이내에 자동차 종합검사를 받아야 함

③ 자동차 검사 유효기간

검사 대상		적용 차령	검사 유효기간
승용 자동차	비사업용	차령이 4년 초과인 자동차	2년
	사업용	차령이 2년 초과인 자동차	1년
경형·소형의 승합 및 화물 자동차	비사업용	차령이 3년 초과인 자동차	1년
	사업용	차령이 2년 초과인 자동차	1년
사업용 대형화물자동차		차령이 2년 초과인 자동차	6개월
사업용 대형승합자동차		차령이 2년 초과인 자동차	차령 8년까지는 1년, 이후부터는 6개월
중형 승합자동차	비사업용	차령이 3년 초과인 자동차	차령 8년까지는 1년, 이후부터는 6개월
	사업용	차령이 2년 초과인 자동차	차령 8년까지는 1년, 이후부터는 6개월
그 밖의 자동차	비사업용	차령이 3년 초과인 자동차	차령 5년까지는 1년, 이후부터는 6개월
	사업용	차령이 2년 초과인 자동차	차령 5년까지는 1년, 이후부터는 6개월

④ 자동차 종합검사 재검사기간
  • 자동차 종합검사기간 내에 종합검사를 신청한 경우: 부적합 판정을 받은 날부터 자동차 종합검사 기간 만료 후 10일까지
  • 부적합 판정을 받은 날부터 10일 이내 재검사 적용

⑤ 자동차 종합검사 미필시 과태료 부과기준
- 자동차 종합검사를 받아야 하는 기간만료일부터 30일 이내인 경우: 4만원
- 자동차 종합검사를 받아야 하는 기간만료일부터 30일을 초과 114일 이내인 경우: 4만원에 31일째부터 계산하여 3일 초과 시마다 2만원을 더한 금액
- 자동차 종합검사를 받아야 하는 기간만료일부터 115일 이상인 경우: 60만원

⑥ 자동차 종합검사 유효기간 연장
- 검사 유효기간 연장사유에 해당하는 경우
  - 전시·사변 또는 이에 준하는 비상사태로 인하여 관할지역에서 자동차 종합검사 업무수행 할 수 없다고 판단되는 경우(대상 자동차, 유예기간 및 대상 지역 등이 공고된 경우만 해당)
  - 자동차를 도난당한 경우, 사고발생으로 인하여 자동차를 장기간 정비할 필요가 있는 경우, 형사소송법 등에 따라 자동차가 압수되어 운행할 수 없는 경우, 운전면허 취소 등으로 인하여 자동차를 운행할 수 없는 경우 및 그 밖에 부득이한 사유로 자동차를 운행할 수 없다고 인정되는 경우
  - 자동차 소유자가 폐차를 하려는 경우

자동차 정기검사(안전도 검사)

① 개념: 자동차관리법에 따라 종합검사 시행지역 외 지역에 대하여 안전도 분야에 대한 검사를 시행, 배출가스 검사는 공회전상태에서 배출가스 측정
② 검사방법 및 항목: 종합검사의 안전도 검사 분야의 검사방법 및 검사항목과 동일하게 시행
③ 정기검사 미시행에 따른 과태료
- 정기검사를 받아야 하는 기간만료일부터 30일 이내인 경우: 4만원
- 정기검사를 받아야 하는 기간만료일부터 30일을 초과 114일 이내인 경우: 4만원에 31일째부터 계산하여 3일 초과 시마다 2만원을 더한 금액
- 정기검사를 받아야 하는 기간만료일부터 115일 이상인 경우: 60만원

④ 검사유효기간

구분		검사유효기간
비사업용 승용자동차 및 피견인자동차		2년(신조차로서 신규검사를 받은 것으로 보는 자동차의 최초 검사유효기간은 4년)
사업용 승용자동차		1년(신조차로서 신규검사를 받은 것으로 보는 자동차의 최초 검사유효기간은 2년)
경형·소형의 승합 및 화물자동차		1년
사업용 대형화물 자동차	차령이 2년 이하인 경우	1년
	차령이 2년 초과인 경우	6월
그 밖의 자동차	차령이 5년 이하인 경우	1년
	차령이 5년 초과인 경우	6월

튜닝검사

튜닝의 승인을 받은 날부터 45일 이내에 한국교통안전공단 자동차검사소에서 안전기준 적합여부 및 승인받은 내용대로 변경하였는가에 대하여 검사를 받아야 하는 일련의 행정절차

신규검사

① 개념: 신규등록을 하고자 할 때 받는 검사
② 신규검사를 받아야 하는 경우
- 여객자동차 운수사업법에 의하여 면허, 등록, 인가 또는 신고가 실효하거나 취소되어 말소한 경우
- 자동차를 교육·연구목적으로 사용하는 등 대통령령이 정하는 사유에 해당하는 경우
  - 자동차 자기인증을 하기 위해 등록한 자
  - 국가 간 상호인증 성능시험을 대행할 수 있도록 지정된 자
  - 자동차 연구개발 목적의 기업부설연구소를 보유한 자
  - 해외자동차업체와 계약을 체결하여 부품개발 등의 개발업무를 수행하는 자

- 전기자동차 등 친환경·첨단미래형 자동차의 개발·보급을 위하여 필요하다고 국토교통부장관이 인정하는 자
- 자동차의 차대번호가 등록원부상의 차대번호와 달라 직권 말소된 자동차
- 속임수나 그 밖의 부정한 방법으로 등록되어 말소된 자동차
- 수출을 위해 말소한 자동차
- 도난당한 자동차를 회수한 경우

> **Q 더 알아보기**
>
> **신규검사 신청서류**
> 1) 신규검사 신청서
> 2) 출처증명서류(말소사실증명서 또는 수입신고서, 자기인증 면제확인서)
> 3) 제원표(이미 자기인증된 자동차와 같은 제원의 자동차인 경우 제원표를 첨부 생략가능)

안전운전의 기술

시가지 안전운전

시가지에서의 시인성, 시간, 공간의 관리: 시인성 다루기 / 시간 다루기 / 공간 다루기

> **Q 더 알아보기**
>
> **공간 다루기 방법**
> 1) 교통체증으로 서로 근접하는 상황이라도 앞차와는 2초 정도의 거리를 둠
> 2) 다른 차 뒤에 멈출 때 앞차의 6~9m 뒤에 멈추도록 함
> 3) 다른 차로에 진입할 공간의 여지를 남겨둠
> 4) 항상 앞차가 앞으로 나간 다음에 자신의 차를 앞으로 움직임
> 5) 주차한 차와는 가능한 한 여유 공간을 넓게 유지
> 6) 다차로 도로에서 다른 차의 바로 옆 사각으로 주행하는 것을 피함
> 7) 대향차선의 차와 자신의 차 사이에는 가능한 한 많은 공간을 유지

교차로에서의 방어운전(어린이 보호구역)

어린이 보호구역에서는 시속 30킬로미터 이하로 운전

철길 건널목 방어운전

① 철길건널목에 접근할 때에는 속도를 줄여 접근
② 일시정지 후에는 철도 좌우의 안전을 확인
③ 건널목을 통과할 때에는 기어를 변속하지 않음
④ 건널목 건너편 여유 공간을 확인한 후에 통과

> **Q 더 알아보기**
>
> **철길 건널목 통과 중에 시동이 꺼졌을 때의 조치방법**
> 1) 즉시 동승자를 대피시키고, 차를 건널목 밖으로 이동시키기 위해 노력
> 2) 철도공무원, 건널목 관리원이나 경찰에게 알리고 지시에 따름
> 3) 건널목 내에서 움직일 수 없을 때에는 열차가 오고 있는 방향으로 뛰어가면서 옷을 벗어 흔드는 등 기관사에게 위급상황을 알려 열차가 정지할 수 있도록 안전조치를 취함

고속도로 안전운전

① 고속도로 진입부에서의 안전운전
- 본선 진입의도를 다른 차량에게 방향지시등으로 알림
- 본선 진입 전 충분히 가속하여 본선 차량의 교통흐름을 방해하지 않도록 함
- 진입을 위한 가속차로 끝부분에서 감속하지 않도록 주의
- 고속도로 본선을 저속으로 진입하거나 진입 시기를 잘못 맞추면 추돌사고 등 교통사고가 발생할 수 있음

② 고속도로 진출부에서의 안전운전
- 본선 진출의도를 다른 차량에게 방향지시등으로 알림
- 진출부 진입 전에 본선 차량에게 영향을 주지 않도록 주의
  - 본선 차로에서 천천히 진출부로 진입하여 출구로 이동

③ 고속도로의 제한속도

도로구분			최고속도	최저속도
고속도로	편도 1차로		매시 80km	매시 50km
	편도 2차로 이상	모든 고속도로	매시 100km (적재중량 1.5톤을 초과하는 화물자동차, 특수자동차, 위험물운반자동차, 건설기계는 매시 80km)	매시 50km
		지정·고시한 노선 또는 구간의 도로	매시 120km 이내 (적재중량 1.5톤을 초과하는 화물자동차, 특수자동차, 위험물운반자동차, 건설기계는 매시 90km)	매시 50km

④ 지정차로

도로	차로구분		통행할 수 있는 차종
고속도로	편도 2차로	1차로	앞지르기를 하려는 모든 자동차. 다만, 차량통행량 증가 등 도로상황으로 인하여 부득이하게 시속 80킬로미터 미만으로 통행할 수밖에 없는 경우에는 앞지르기를 하는 경우가 아니라도 통행할 수 있음
		2차로	모든 자동차
	편도 3차로 이상	1차로	앞지르기를 하려는 승용자동차 및 앞지르기를 하려는 경형·소형·중형 승합자동차. 다만, 차량통행량 증가 등 도로상황으로 인하여 부득이하게 시속 80킬로미터 미만으로 통행할 수밖에 없는 경우에는 앞지르기를 하는 경우가 아니라도 통행할 수 있음
		왼쪽 차로	승용자동차 및 경형·소형·중형 승합자동차
		오른쪽 차로	대형 승합자동차, 화물자동차, 특수자동차, 건설기계

⑤ 고속도로 안전운전 방법
- 전방 주시하며 진입은 안전하게 천천히, 진입 후 가속은 빠르게
- 주변 교통흐름에 따라 적정속도 유지하며 주행차로로 주행
- 전 좌석 안전띠 착용

⑥ 교통사고 및 고장 발생 시 대처 요령
- 2차사고의 방지
  - 2차 사고는 선행 사고나 고장으로 정차한 차량 또는 사람(선행차량 탑승자 또는 사고 처리자)을 후방에서 접근하는 차량이 재차 충돌하는 사고를 말함
  - 고속도로는 차량이 고속으로 주행하는 특성 상 2차사고 발생 시 사망사고로 이어질 가능성이 매우 높음(고속도로 2차사고 치사율은 일반사고 보다 6배 높음)
  - 2차사고 예방 안전행동요령
    1) 신속히 비상등을 켜고 갓길로 차량을 이동(트렁크를 열어 위험을 알리는 것도 좋은 방법). 만일, 차량이동이 어려운 경우 탑승자들은 안전조치 후 신속하고 안전하게 가드레일 바깥 등의 안전한 장소로 대피
    2) 후방에서 접근하는 차량의 운전자가 쉽게 확인할 수 있도록 고장자동차의 표지(안전삼각대)를 함. 야간에는 적색 섬광신호·전기제등 또는 불꽃신호를 추가로 설치(시인성 확보를 위한 안전조끼 착용 권장)
    3) 운전자와 탑승자가 차량 내 또는 주변에 있는 것은 매우 위험, 가드레일(방호벽) 밖 등 안전한 장소로 대피
    4) 경찰관서(112), 소방관서(119) 또는 한국도로공사콜센터(1588-2504)로 연락하여 도움을 요청

⑦ 부상자의 구호
- 사고 현장에 의사, 구급차 등이 도착할 때까지 부상자에게는 가제나 깨끗한 손수건으로 지혈하는 등 응급조치를 함
- 함부로 부상자를 움직여서는 안 되며, 특히 두부에 상처를 입었을 때에는 움직이지 말아야 함. 단, 2차사고의 우려가 있을 경우에는 안전한 장소로 이동시킴

- 경찰공무원등에게 신고
  - 사고를 낸 운전자는 사고 발생 장소, 사상자 수, 부상정도, 그 밖의 조치상황을 경찰공무원이 현장에 있을 때에는 경찰 공무원에게, 경찰공무원이 없을 때에는 가장 가까운 경찰관서에 신고
  - 사고발생 신고 후 사고 차량의 운전자는 경찰공무원이 말하는 부상자 구호와 교통안전 상 필요한 사항을 지켜야 함

> **더 알아보기**
>
> **고속도로 2504 긴급견인 서비스(1588-2504, 한국도로공사 콜센터)**
> 1) 고속도로 본선, 갓길에 멈춰 2차사고가 우려되는 소형차량을 안전지대(휴게소, 영업소, 쉼터 등) 까지 견인하는 제도로서 한국도로공사에서 비용을 부담하는 무료서비스
> 2) 대상차량: 승용차, 16인 이하 승합차, 1.4톤 이하 화물차

《 도로 터널구간 안전운전 수칙

구분	내용
(터널 표지)	터널 진입 전 입구 주변에 표시된 도로 정보를 확인
(교통방송주파수 FM/AM 000Hz)	터널 진입 시 라디오를 켬
(라이트를 켜시오 Turn on Light)	선글라스를 벗고 라이트를 켬
(신호등 표지)	교통신호를 확인
(안전거리 표지)	안전거리를 유지
(차선변경 금지)	차선을 바꾸지 않음
(비상주차대)	비상시를 대비하여 피난연결통로, 비상주차대 위치를 확인

《 야간운전의 위험성

야간에는 시야가 전조등의 불빛으로 식별할 수 있는 범위로 제한됨에 따라 노면과 앞차의 후미 등 전방만을 보게 되므로 가시거리가 100m 이내인 경우에는 최고속도를 50% 정도 감속하여 운행

《 악천후 시의 안전운전

① 안개길 안전운전: 가시거리 100m 이내인 경우 최고속도를 50% 정도 감속하여 운행
② 빗길 안전운전
  - 비가 내려 노면이 젖어있는 경우에는 최고속도의 20%를 줄인 속도로 운행
  - 폭우로 가시거리가 100m 이내인 경우에는 최고속도의 50%를 줄인 속도로 운행

《 경제운전의 개념과 효과

연료 소모율을 낮추고, 공해배출을 최소화하며, 방어운전으로 도로환경의 변화에 즉시 대처할 수 있는 급가속, 급제동, 급감속 등 위험운전을 하지 않음으로 안전운전의 효과를 가져오는 운전방식(에코드라이빙)
① 경제운전의 기본적인 방법
  - 급가속(가속 페달은 부드럽게), 급제동을 피함, 급한 운전을 피함
  - 불필요한 공회전을 피하고 일정한 차량속도(정속주행)를 유지
② 경제운전의 효과
  - 연비의 고효율(경제운전)
  - 차량 구조장치 내구성 증가(차량관리비, 고장수리비, 타이어 교체비 등의 감소)
  - 고장수리 작업 및 유지관리 작업 등의 시간 손실 감소효과
  - 공해배출 등 환경문제의 감소효과, 방어운전 효과
  - 운전자 및 승객의 스트레스 감소 효과

《 경제운전에 영향을 미치는 요인

도심 교통상황에 따른 요인, 도로조건, 기상조건

◈ 경제운전 실천요령

① 시동을 걸때 클러치를 반드시 밟음
② 시동을 걸 때 가속페달을 밟지 않음
③ 시동 직후 급가속이나 급출발 하지 않음
③ 급출발, 급제동 삼가고 교차로 선행신호등 주지
④ 경제속도로 정속주행
⑤ 적절한 시기에 변속
⑥ 올바른 운전습관을 가져야 함
⑦ 타이어 공기압력을 적절히 유지
⑧ 정기적으로 엔진을 점검
⑨ 경제적인 주행코스(내비게이션) 정보를 선택

◈ 주행방법에 따른 경제운전

① 속도: 가능한 한 일정 속도로 주행하는 것이 매우 중요
② 기어변속: 엔진회전속도가 2000~3000RPM 상태에서 고단 기어 변속이 바람직
③ 제동과 관성 주행: 교차로에 접근하든가 할 때 가속페달에서 발을 떼고 관성으로 차를 움직이게 할 수 있을 때는 제동을 피하는 것이 좋음
④ 교통류에의 합류와 분류: 지선에서 차량속도가 높은 본선으로 합류할 때는 강한 가속이 필수적
⑤ 위험예측운전: 자신의 운전행동을 도로 및 교통조건에 맞추어 나가는 것

◈ 계절별 자동차 관리

봄철	• 세차 • 월동장비 정리 • 배터리 및 오일류 점검 • 기타 점검(배선 및 부식된 부분 점검, 부동액 샜는지 확인, 에어컨 작동 확인)
여름철	• 냉각장치 점검 • 와이퍼의 작동상태 점검 • 타이어 마모상태 점검 • 차량 내부의 습기 제거 • 에어컨 관리 • 기타(브레이크 점검, 전기 배선 점검, 세차)
가을철	• 세차 및 곰팡이 제거 • 히터 및 서리제거 장치 점검 • 타이어 점검(공기압, 파손, 예비타이어) • 각종 램프 작동 여부 점검(전조등, 각종 램프) • 고장이나 점검에 필요한 휴대용 작업등 예비부품 등을 준비
겨울철	• 월동장비 점검 • 냉각장치 점검 • 정온기(온도조절기, thermostat) 상태 점검

CHAPTER 03 운송서비스

📝 여객운수종사자의 기본자세

서비스의 정의
① 한 당사자가 다른 당사자에게 소유권 변동 없이 제공할 수 있는 무형의 행위 또는 활동을 의미
② 여객운송업에서의 서비스는 긍정적 마음을 행동으로 표현하여 승객을 편안하고 안전하게 목적지까지 이동시키는 것
③ 서비스의 본질은 봉사하는 마음, 친절, 적극적 태도, 신뢰로 승객을 만족시키고, 이를 통해 보람과 성취를 느끼는 것
④ 서비스는 말이나 이론이 아닌 감정과 행동이 수반되는 응대로 완성

> **🔍 더 알아보기**
> **여객운송서비스**
> 택시를 이용하여 승객을 출발지에서 최종목적지까지 이동시키는 상업적 행위를 말하며, 택시를 이용하여 승객이 원하는 구간으로 이동시키는 서비스를 제공하는 행위 그 자체를 의미

서비스 제공을 위한 5요소
① 단정한 용모 및 복장
② 밝은 표정
③ 공손한 인사
④ 친근한 말
⑤ 따뜻한 응대

서비스의 특징

무형성	보이지 않음
동시성	생산과 소비가 동시에 발생하므로 재고가 발생하지 않음
인적 의존성	사람에 의존
소멸성	즉시 사라짐
무소유권	가질 수 없음
변동성	운송서비스의 소비활동은 상황의 발생 정도에 따라 시간, 요일 및 계절별로 변동성을 가질 수 있음
다양성	승객 욕구의 다양함, 감정의 변화, 서비스 제공자에 따라 상대적이며, 승객의 평가가 주관적이라 표준화된 서비스 질을 유지하기 어려움

승객만족의 개념
승객의 욕구와 불만을 파악하고, 승객의 기대에 맞춘 서비스를 제공함으로써 만족감을 느끼게 하는 것

> **🔍 더 알아보기**
> **승객만족의 중요성**
> 1) 100명의 운수종사자 중 99명의 운수 종사자가 바람직한 서비스를 제공한다 하더라도 승객이 접해본 단 한 명이 불만족스러웠다면 승객은 그 한 명을 통하여 회사 전체를 평가하게 됨
> 2) 한 업체에 대해 고객이 거래를 중단하는 이유: 종사자의 불친절(68%), 제품 불만(14%), 경쟁사의 회유(9%), 가격 및 기타(9%)

일반적인 승객의 욕구
① 환영받고 싶어 함
② 편안해지고 싶어 함
③ 중요한 사람으로 인식되고 싶어 함
④ 존중받고 싶어 함
⑤ 자신의 기대와 욕구를 수용하고 인정받고 싶어 함

승객만족을 위한 기본 예절

① 승객을 환영
② 자신의 입장에서만 생각하는 태도는 만족의 저해 요소
③ 약간의 어려움을 감수하는 것은 지속적인 고객을 위한 투자
④ 예의란 인간관계에서 지켜야 할 도리
⑤ 연장자는 사회의 선배로서 존중하고, 공·사를 구분하여 예우
⑥ 상대가 불쾌, 불편해하는 말은 하지 않음
⑦ 승객에게 관심을 갖는 것은 좋은 이미지를 갖게 함
⑧ 관심을 가짐으로써 승객과의 관계는 친숙해질 수 있음
⑨ 승객의 입장을 이해하고 존중
⑩ 승객의 여건, 능력, 개인차를 수용하고 배려
⑪ 승객을 존중하는 것은 승객을 접대하는 효과가 있음
⑫ 모든 인간관계는 성실을 바탕으로 함
⑬ 한결같은 마음으로 진정성 있게 승객을 대함

이미지 관리

① 이미지: 외모와 마음가짐이 드러나는 태도 등에 대해 상대방이 받아들이는 느낌
② 이미지는 본인에 의해 결정되는 것이 아니라, 상대방의 인식에 의해 결정

> **더 알아보기**
>
> **긍정적 이미지를 만들기 위한 5요소**
> 1) 시선처리(눈빛)
> 2) 음성관리(목소리)
> 3) 표정관리(미소)
> 4) 용모복장(단정한 용모)
> 5) 제스쳐(손짓, 자세)

인사의 중요성

① 애사심, 존경심, 우애, 자신의 교양 및 인격의 표현
② 서비스의 주요 기법 중 하나
③ 승객과 만나는 첫걸음
④ 승객에 대한 마음가짐의 표현
⑤ 승객에 대한 서비스 진정성을 위한 표시

잘못된 인사

① 턱을 쳐들거나 눈을 치켜뜨고 하는 인사
② 망설이다 하는 인사
③ 말로만 하는 인사
④ 무표정한 인사
⑤ 급히 하는 인사
⑥ 뒷짐, 호주머니에 손을 넣은 채 하는 인사
⑦ 상대방의 눈을 보지 않고 하는 인사
⑧ 자세가 흐트러진 인사
⑨ 머리만 까닥거리는 인사
⑩ 고개를 옆으로 돌리고 하는 인사

올바른 인사

표정	밝고 부드러운 미소를 지음
고개	반듯하게 들되, 턱을 내밀지 않고 자연스럽게 당김
시선	인사 전·후에 상대방의 눈을 정면으로 바라보며 진심으로 존중하는 마음을 눈빛에 담아 인사
머리와 상체	일직선이 되도록 하며 천천히 숙임
입	미소를 지음
손	남자는 가볍게 쥔 주먹을 바지 재봉 선에 자연스럽게 붙이고, 주머니에 넣고 하는 일이 없도록 함
음성	적당한 크기와 속도로 자연스럽고 부드럽게 말함
인사	본 사람이 먼저 하는 것이 좋으며, 상대방이 먼저 인사한 경우에는 "네, 안녕하십니까"로 응대

구분	인사 각도	의미
가벼운 인사 (목례)	15°	기본적인 예의 표현
보통 인사 (보통례)	30°	승객 앞에 섰을때
정중한 인사 (정중례)	45°	정중한 인사 표현

표정 및 시선관리

표정	마음속의 감정이나 정서 따위의 심리 상태가 얼굴에 나타난 모습으로 다양하게 표현
고개	반듯하게 들되, 턱을 내밀지 않고 자연스럽게 당김
시선	자연스럽고 부드러운 시선으로 상대를 보며, 눈동자는 항상 중앙에 위치하고 승객의 눈높이와 맞춤

승객 응대 마음가짐 10가지

① 사명감
② 승객의 입장에서 생각
③ 편안하게 대함
④ 항상 긍정적으로 생각
⑤ 승객이 호감을 갖도록 함
⑥ 공사를 구분하고 공평하게 대함
⑦ 승객의 니즈 파악
⑧ 예의를 지키며 겸손
⑨ 자신감을 갖고 행동
⑩ 개선할 사항은 변명보다 수용의 자세를 통해 개선

악수

① 악수는 상대방과의 신체접촉을 통한 친밀감을 표현하는 행위로 바른 동작 필요
② 상대방이 악수를 청할 경우 먼저 가볍게 목례를 한 후 오른손을 내밂
③ 악수하는 손을 흔들거나, 꽉 잡거나, 손끝만 잡는 것은 좋은 태도가 아님
④ 악수 중 시선을 피하거나 다른 곳을 응시하여서는 아니 됨

용모 및 복장

① 단정한 용모와 복장의 중요성
- 승객이 받는 첫인상 결정
- 회사의 이미지를 좌우
- 하는 일의 성과에 영향
- 활기찬 직장 분위기 조성에 영향

② 복장의 기본 원칙
- 깨끗하게
- 단정하게
- 품위 있게
- 규정에 맞게
- 통일감 있게
- 계절에 맞게
- 편한 신발을 신되, 샌들이나 슬리퍼는 삼가야 함

> **더 알아보기**
>
> **승객에게 불쾌감을 주는 몸가짐**
> 1) 충혈 되어 있는 눈
> 2) 잠잔 흔적이 남아 있는 머릿결
> 3) 정리되지 않은 덥수룩한 수염
> 4) 길게 자란 코털
> 5) 지저분한 손톱
> 6) 무표정한 얼굴 등

대화의 4원칙

① 밝고 적극적으로 말함
② 공손하게 말함
③ 명료하게 말함
④ 품위 있게 말함
⑤ 상대방의 입장을 고려해 말함

대화할 때의 주의사항

듣는 입장	• 무관심한 태도를 취하지 않아야 함 • 불가피한 경우를 제외하고 가급적 논쟁을 피해야 함 • 말을 중간에 끊거나 참견을 하지 않아야 함 • 다른 곳을 바라보면서 대화하지 않아야 함 • 팔짱을 끼고 손장난을 치지 않아야 함
말하는 입장	• 불평불만을 함부로 말하지 않아야 함 • 전문적인 용어나 외래어를 남용하지 않아야 함 • 욕설, 독설, 험담, 과장된 몸짓은 하지 않아야 함 • 남을 중상모략하는 언동은 조심해야 함 • 쉽게 흥분하거나 감정에 치우지지 않아야 함 • 손아랫사람이라 할지라도 농담은 조심스럽게 함 • 함부로 단정하고 말하지 않아야 함 • 상대방의 약점을 잡아 말하는 것은 피해야 함 • 일부를 보고, 전체를 속단하여 말하지 않아야 함 • 도전적으로 말하는 태도나 버릇은 조심해야 함 • 자기 이야기만 일방적으로 말하는 행위는 조심해야 함

> **더 알아보기**
>
> **승객에 대한 호칭과 지칭**
> 1) '고객'보다는 '승객'이나 '손님'을 사용
> 2) 나이가 드신 분들은 '어르신' 또는 '선생님'을 사용
> 3) '아줌마', '아저씨', '아가씨'는 사용하지 않음
> 4) 초등학생과 미취학 어린이에게는 '어린이/학생'을 사용하고, 중고등학생은 '승객'이나 '손님'을 사용

흡연예절

① 금연해야 하는 장소
- 택시 안
- 보행중인 도로
- 승객대기실 또는 승강장
- 금연식당 및 공공장소
- 다른 사람에게 간접흡연의 영향을 줄 수 있는 장소
- 사무실 내

② 담배꽁초를 처리하는 경우에 주의해야 할 사항
- 반드시 재떨이에 버려야 함
- 차창 밖으로 버리지 않아야 함
- 화장실 변기에 버리지 않아야 함
- 바닥에다 버리지 않으며, 발로 비벼 끄지 않아야 함
- 꽁초를 손가락으로 튕겨 버리지 않아야 함

직업의 의미

경제적 의미	일할 기회 제공, 본인과 가족의 경제생활 영위, 노동의 대가(소득측면)
사회적 의미	사회적 역할 수행, 기능 분업, 사회 기여 및 공헌, 사회발전 및 유지에 도움
심리적 의미	보람, 자아실현, 사명감, 잠재능력 및 소질과 적성 계발, 인격의 완성

바람직한 직업관과 잘못된 직업관

바람직한 직업관	• 소명의식을 지닌 직업관 • 사회구성원으로서의 역할 지향적 직업관 • 미래 지향적 전문능력 중심의 직업관
잘못된 직업관	• 생계유지 수단적 직업관 • 지위 지향적 직업관 • 귀속적 직업관 • 차별적 직업관 • 폐쇄적 직업관

올바른 직업윤리

① 소명의식　　② 천직의식
③ 직분의식　　④ 봉사정신
⑤ 전문의식　　⑥ 책임의식

직업의 가치

내재적 가치	• 자신에게 있어서 직업 그 자체에 가치를 둠 • 자신의 능력을 최대한 발휘하길 원하며, 그로 인한 사회적인 헌신과 인간관계를 중시 • 자기표현이 충분히 되어야 하고, 자신의 이상을 실현하는데 그 목적과 의미를 둠
외재적 가치	• 직업을 도구적인 면에 가치를 둠 • 권력을 추구하고자 하는 수단을 중시하는데 의미를 둠 • 직업이 주는 사회 인식에 초점을 맞추려는 경향을 가짐

운송사업자 및 운수종사자 준수사항

운송사업자 준수사항

① 운송사업자는 노약자·장애인 등에 대해서는 특별한 편의를 제공
② 운송사업자는 여객에 대한 서비스의 향상 등을 위하여 관할관청이 필요하다고 인정하는 경우에는 운수종사자로 하여금 단정한 복장 및 모자를 착용하게 해야 함
③ 자동차를 항상 깨끗하게 유지하여야 하며 관할관청, 관할관청과 조합이 합동으로 실시하는 청결상태 등의 검사에 대한 확인을 받아야 함
④ 운송사업자(대형(승합자동차 사용 한정) 및 고급형 택시운송사업자 제외)는 다음의 사항을 승객이 자동차 안에서 쉽게 볼 수 있는 위치에 게시하여야 한다. 이 경우 택시운송사업자는 앞좌석의 승객과 뒷좌석의 승객이 각각 볼 수 있도록 2곳 이상에 게시하여야 함
 - 회사명(개인택시 제외), 자동차번호, 운전자 성명, 불편사항 연락처 및 차고지 등을 적은 표지판
⑤ 운송사업자는 운수종사자로 하여금 여객을 운송할 때 다음의 사항을 성실하게 지키도록 하고, 이를 항시 지도·감독해야 함
 - 정류소 또는 택시승차대에서 주차 또는 정차할 때에는 질서를 문란하게 하는 일이 없도록 할 것
 - 정비가 불량한 사업용자동차 운행 금지
 - 위험방지를 위한 운송사업자·경찰공무원 또는 도로관리청 등의 조치에 응할 것
 - 교통사고를 일으켰을 때에는 긴급조치 및 신고의 의무를 충실하게 이행할 것
 - 자동차의 차체가 헐었거나 망가진 상태로 운행하지 않도록 할 것
⑥ 운송사업자는 운행기록계가 장착된 운송사업용 자동차를 해당 장치 또는 기기가 정상적으로 작동되는 상태에서 운행되도록 해야 함
⑦ 택시운송사업자(대형(승합자동차 사용 한정) 및 고급형 택시운송사업자 제외)는 차량의 입·출고 내역, 영업거리 및 시간 등 택시미터기에서 생성되는 택시운송사업용 자동차의 운행정보를 1년 이상 보존하여야 함
 ⇨ 일반택시운송사업자는 소속 운수종사자가 아닌 자에게 법령상 허용되는 경우를 제외하고는 운송사업용 자동차를 제공하여서는 아니 됨
⑧ 운송사업자(개인택시운송사업자 및 특수여객자동차운송사업자 제외)는 차량 운행 전에 운수종사자의 건강상태, 음주 여부 및 운행경로 숙지 여부 등을 확인해야 하고, 확인 결과 운수종사자가 질병·피로·음주 또는 그 밖의 사유로 안전한 운전을 할 수 없다고 판단되는 경우에는 해당 운수종사자가 차량을 운행하도록 해서는 안됨
⑨ 수요응답형 여객자동차운송사업자는 여객의 운행요청이 있는 경우 이를 거부하여서는 안됨
⑩ 운송사업자(개인택시운송사업자 및 특수여객자동차운송사업자 제외)는 운수종사자를 위한 휴게실 또는 대기실에 냉·난방장치 및 음수대 등 편의시설을 설치해야 함

자동차의 장치 및 설비 등에 관한 준수사항

택시운송사업용 자동차 및 수요응답형 여객자동차(승용자동차만 해당)

① 택시운송사업용 자동차[대형(승합자동차 사용 한정) 및 고급형 택시운송사업용 자동차 제외]의 안에는 여객이 쉽게 볼 수 있는 위치에 요금미터기를 설치해야 함
② 대형(승합자동차 제외) 및 모범형 택시운송사업용 자동차에는 요금영수증 발급과 신용카드 결제가 가능하도록 관련기기를 설치해야 함
③ 택시운송사업용 자동차 및 수요응답형 여객자동차 안에는 난방장치 및 냉방장치를 설치해야 함
④ 택시운송사업용 자동차[대형(승합자동차 사용 한정) 및 고급형 택시운송사업용 자동차 제외] 윗부분에는 택시운송사업용 자동차임을 표시하는 설비를 설치하고, 빈차로 운행 중일 때에는 외부에서 빈차임을 알 수 있도록 하는 조명장치가 자동으로 작동되는 설비를 갖춰야 함

⑤ 대형(승합자동차 제외) 및 모범형 택시운송사업용 자동차에는 호출설비를 갖춰야 함
⑥ 택시운송사업자[대형(승합자동차 사용 한정) 및 고급형 택시운송사업자 제외]는 택시 미터기에서 생성되는 택시운송사업용 자동차 운행정보의 수집·저장 장치 및 정보의 조작을 막을 수 있는 장치를 갖추어야 함
⑦ 수요응답형 여객자동차에는 시·도지사가 정하는 수요응답 시스템을 갖추어야 함
⑧ 그 밖에 국토교통부장관이나 시·도지사가 지시하는 설비를 갖추어야 함

운수종사자 준수사항

① 여객의 안전과 사고예방을 위하여 운행 전 사업용 자동차의 안전설비 및 등화장치 등의 이상 유무를 확인해야 함
② 질병·피로·음주나 그 밖의 사유로 안전한 운전을 할 수 없을 때에는 그 사정을 해당 운송사업자에게 알려야 함
③ 자동차의 운행 중 중대한 고장을 발견하거나 사고가 발생할 우려가 있다고 인정될 때에는 즉시 운행을 중지하고 적절한 조치를 해야 함
④ 운전업무 중 해당 도로에 이상이 있었던 경우에는 운전업무를 마치고 교대할 때에 다음 운전자에게 알려야 함
⑤ 관계 공무원으로부터 운전면허증, 신분증 또는 자격증의 제시 요구를 받으면 즉시 이에 따라야 함
⑥ 여객자동차운송사업에 사용되는 자동차 안에서 담배를 피워서는 안됨
⑦ 사고로 인하여 사상자가 발생하거나 사업용 자동차의 운행을 중단할 때에는 제사고의 상황에 따라 적절한 조치를 취해야 함
⑧ 영수증발급기 및 신용카드결제기를 설치해야 하는 택시의 경우 승객이 요구하면 영수증의 발급 또는 신용카드결제에 응해야 함
⑨ 관할관청이 필요하다고 인정하여 복장 및 모자를 지정할 경우에는 그 지정된 복장과 모자를 착용하고, 용모를 항상 단정하게 해야 함
⑩ 택시운송사업의 운수종사자[구간운임제 시행지역 및 시간운임제 시행지역의 운수종사자와 대형(승합자동차 한정) 및 고급형 택시운송사업의 운수종사자 제외]는 승객이 탑승하고 있는 동안에는 미터기를 사용하여 운행해야 함
⑪ 문을 완전히 닫지 아니한 상태에서 자동차를 출발시키거나 운행하는 행위를 하면 안됨
⑫ 택시요금미터를 임의로 조작 또는 훼손하는 행위를 하면 안됨
⑬ 운송사업자의 운수종사자는 운송수입금의 전액에 대하여 다음 각 호의 사항을 준수하여야 함
 • 1일 근무시간 동안 택시요금미터에 기록된 운송수입금의 전액을 운수종사자의 근무 종료 당일 운송사업자에게 납부
 • 일정금액의 운송수입금 기준액을 정하여 납부하지 않을 것
⑭ 운수종사자는 차량의 출발 전에 여객이 좌석안전띠를 착용하도록 안내, 이 경우 안내의 방법, 시기, 그 밖에 필요한 사항은 국토교통부령으로 정함
⑮ 그 밖에 이 규칙에 따라 운송사업자가 지시하는 사항을 이행해야 함

운수종사자의 기본 소양

운전자가 가져야 할 기본자세

① 교통법규 이해와 준수
② 여유있는 양보운전
③ 주의력 집중
④ 심신상태 안정
⑤ 추측운전 금지
⑥ 운전기술 과신 금물
⑦ 배출가스로 인한 대기오염 및 소음공해 최소화 노력 등

운전자가 삼가야 하는 행동

① 지그재그 운전으로 다른 운전자를 불안하게 만드는 행동을 하지 않아야 함
② 과속으로 운행하며 급브레이크를 밟는 행위를 하지 않아야 함

③ 운행 중에 갑자기 끼어들거나 다른 운전자에게 욕설을 하지 않아야 함
④ 도로상에서 사고가 발생한 경우 차량을 세워둔 채로 시비, 다툼 등의 행위로 다른 차량의 통행을 방해하지 않아야 함
⑤ 운행 중에 갑자기 오디오 볼륨을 크게 작동시켜 승객을 놀라게 하거나, 경음기 버튼을 작동시켜 다른 운전자를 놀라게 하지 않아야 함
⑥ 신호등이 바뀌기 전에 빨리 출발하라고 전조등을 깜빡이거나 경음기로 재촉하는 행위를 하지 않아야 함
⑦ 교통 경찰관의 단속에 불응하거나 항의하는 행위를 하지 않아야 함
⑧ 갓길로 통행하지 않아야 함

교통관련 용어 정의

대형사고	• 3명 이상이 사망(교통사고 발생일로부터 30일 이내 사망한 것) • 20명 이상의 사상자가 발생한 사고
중대한 교통사고	• 전복 사고 • 화재 사고 • 사망자 2명 이상이 발생한 사고 • 사망자 1명과 중상자 3명 이상이 발생한 사고 • 중상자 6명 이상이 발생한 사고

> **더 알아보기**
>
> **교통사고조사규칙에 따른 교통사고 용어**
> 1) 충돌사고: 차가 반대방향 또는 측방에서 진입하여 그 차의 정면으로 다른 차의 정면 또는 측면을 충격한 것
> 2) 추돌사고: 2대 이상의 차가 동일방향으로 주행 중 뒤차가 앞차의 후면을 충격한 것
> 3) 접촉사고: 차가 추월, 교행 등을 하려다가 차의 좌우측면을 서로 스친 것
> 4) 전도사고: 차가 주행 중 도로 또는 도로 이외의 장소에 차체의 측면이 지면에 접하고 있는 상태(좌측면이 지면에 접해 있으면 좌전도, 우측면이 지면에 접해 있으면 우전도)
> 5) 전복사고: 차가 주행 중 도로 또는 도로 이외의 장소에 뒤집혀 넘어진 것
> 6) 추락사고: 자동차가 도로의 절벽 등 높은 곳으로 떨어진 사고

교통사고 현장에서의 상황별 안전조치

① 교통사고 상황파악
  • 짧은 시간 안에 사고 정보를 수집, 침착하고 신속하게 상황파악
  • 피해자와 구조자 등에게 위험이 계속 발생하는지 파악
  • 생명이 위독한 환자가 누구인지 파악
  • 구조를 도와줄 사람이 주변에 있는지 파악
  • 전문가의 도움이 필요한지 파악
② 사고현장의 안전관리
  • 피해자를 위험으로부터 보호하거나 피신
  • 사고위치에 노면표시를 한 후 도로 가장자리로 자동차를 이동

교통사고 현장에서의 원인조사

노면에 나타난 흔적조사	• 스키드마크, 요마크, 프린트자국 등 타이어 자국의 위치 및 방향 • 차의 금속부분이 노면에 접촉하여 생긴 파인 흔적 또는 긁힌 흔적의 위치 및 방향 • 충돌 충격에 의한 차량파손품의 위치 및 방향 • 충돌 후에 떨어진 액체잔존물의 위치 및 방향 • 차량 적재물의 낙하위치 및 방향 • 피해자의 유류품 및 혈흔자국 • 도로구조물 및 안전시설물의 파손위치 및 방향
사고차량 및 피해자 조사	• 사고차량의 손상부위 정도 및 손상방향 • 사고차량에 묻은 흔적, 마찰, 찰과흔 • 사고차량의 위치 및 방향 • 피해자의 상처 부위 및 정도 • 피해자의 위치 및 방향
사고당사자 및 목격자 조사	• 운전자에 대한 사고상황조사 • 탑승자에 대한 사고상황조사 • 목격자에 대한 사고상황조사
사고현장 시설물 조사	• 사고지점 부근의 가로등, 가로수, 전신주 등의 시설물 위치 • 신호등(신호기) 및 신호체계 • 차로, 중앙선, 중앙분리대, 갓길 등 도로횡단 구성요소

사고현장 측정 및 사진촬영	• 방호울타리, 충격흡수시설, 안전표지 등 안전시설요소 • 노면의 파손, 결빙, 배수불량 등 노면상태 요소 • 사고지점 부근의 도로선형(평면 및 교차로 등) • 사고지점의 위치 • 차량 및 노면에 나타난 물리적 흔적 및 시설물 등의 위치 • 사고현장에 대한 가로방향 및 세로방향의 길이 • 곡선구간의 곡선반경, 노면의 경사도(종단구배 및 횡단구배) • 도로의 시거 및 시설물 위치 등 • 사고현장, 사고차량, 물리적 흔적 등 사진 촬영

≪ 교통관련 법규 및 사내 안전관리 규정 준수

① 배차지시 없이 임의 운행금지
② 노선 임의 변경 금지
③ 대리운전 금지
④ 타인 승차 행위 금지
⑤ 음주 및 약물복용 후 운전 금지
⑥ 철길건널목 일시정지 준수 및 정차 금지
⑦ 운전면허 종류 외 차량 운전 금지
⑧ 자동차 전용도로·급한 경사길 등에서 주·정차 금지
⑨ 난폭운전 등 회사 신뢰 추락 행위 금지
⑩ 차량 내·외부 청결 유지

≪ 운행 전 준비

① 용모 및 복장 확인(단정하게)
② 승객에게 항상 친절, 불쾌한 언행 금지
③ 차량 내·외부 항상 청결 유지
④ 일상점검 철저, 이상발견 시 관리자에게 즉시 보고
⑤ 배차사항, 지시 및 전달사항 등 확인 후 운행

≪ 운행 중 주의

① 주·정차 후 출발할 때 차량 주변의 보행자, 승·하차자 및 노상취객 등 확인 후 운행
② 내리막길에서는 풋 브레이크를 장시간 사용 하지 않고, 엔진 브레이크 등을 적절히 사용
③ 보행자, 이륜차, 자전거 등과 교행, 나란히 진행할 때에는 서행하며 안전거리 유지
④ 후진할 때에는 유도요원 배치하여 수신호에 따라 후진
⑤ 후방카메라 설치한 경우에는 카메라를 통해 후방의 이상 유무를 확인 후 후진
⑥ 눈길, 빙판길 등은 체인이나 스노타이어를 장착
⑦ 뒤따라오는 차량이 추월하는 경우에는 감속 등을 통해 양보운전

≪ 교통사고에 따른 조치

① 교통사고 발생시켰을 경우 현장에서의 인명 구호, 관할 경찰서 신고 등의 의무를 성실히 이행
② 어떤 사고라도 임의로 처리하지 말고, 사고 발생 경위를 육하원칙에 따라 거짓 없이 정확하게 회사에 보고
③ 사고처리 결과에 대해 개인적으로 통보를 받았을 때에는 회사에 보고 후 회사의 지시에 따라 조치

≪ 운전자 신상변동 등에 따른 보고

① 결근, 지각, 조퇴가 필요하거나, 운전면허증 기재사항 변경, 질병 등 신상변동이 발생한 때에는 즉시 회사에 보고
② 운전면허 정지 및 취소 등의 행정처분을 받았을 때에는 즉시 회사에 보고하며, 어떠한 경우라도 운전을 해서는 아니 됨

≪ 응급처치 방법

① 부상자 의식 상태 확인
  • 말을 걸거나 팔을 꼬집어 눈동자 확인 후 의식이 있으면 말로 안심시킴
  • 의식 없으면 기도확보(머리를 뒤로 충분히 젖힌 뒤, 입안에 있는 피나 이물질 제거)
  • 의식이 없거나 구토할 때는 질식하지 않도록 옆으로 눕힘
  • 목뼈 손상의 가능성이 있는 경우 목 뒤쪽을 한 손으로 받쳐줌
  • 환자의 몸을 심하게 흔드는 것 금지

② 심폐소생술
- 의식/호흡 확인 및 주변 도움 요청(119 신고, 자동제세동기)

성인, 소아	환자를 바로 눕힌 후 양쪽 어깨를 가볍게 두드리며 의식이 있는지, 숨을 정상적으로 쉬는지 확인, 주변 사람들에게 119 신고 및 자동제세동기를 가져올 것을 요청
영아	한쪽 발바닥을 가볍게 두드리며 의식이 있는지, 숨을 정상적으로 쉬는지 확인, 주변 사람들에게 119 신고 및 자동제세동기를 가져올 것을 요청

- 가슴 압박 30회

성인, 소아	가슴 압박 30회(분당 100~120회, 약 5cm 이상 깊이)
영아	가슴 압박 30회(분당 100~120회, 약 4cm 이상 깊이)

③ 출혈 또는 골절
- 심한 출혈: 심장에 가까운 부위 꽉 묶기
- 적은 출혈: 상처를 눌러 지혈
- 내출혈: 얼굴이 창백해지며 핏기가 없어지고 식은땀을 흘리며 호흡이 얕고 빨라지는 쇼크증상 발생
  - 부상자가 입고 있는 옷의 단추를 푸는 등 옷을 헐렁하게 하고 하반신을 높게 함
  - 부상자가 춥지 않도록 모포 등을 덮어주지만, 햇볕은 직접 쬐지 않도록 함
- 골절 부상자는 잘못 다루면 오히려 더 위험, 구급차가 올 때까지 가급적 기다리는 것이 바람직
  - 지혈 필요시 골절 부분 건드리지 않도록 주의
  - 팔 골절 시 헝겊으로 띠 만들어 팔을 매달도록 함

③ 차멀미
- 차멀미 승객의 경우 통풍이 잘되고 비교적 흔들림이 적은 앞쪽으로 앉도록 함. 심한 경우 정차 후 차에서 내려 시원한 공기를 마시도록 함
- 차멀미 승객이 토할 경우를 대비해 위생봉지 준비
- 차멀미 승객이 토한 경우에는 주변 승객이 불쾌하지 않도록 신속히 처리

≪ 교통사고 발생 시 운전자의 조치사항

① 사고피해를 최소화 하는 것과 제2차 사고 방지를 위한 조치를 우선적으로 취해야 함
② 운전자는 이를 위해 마음의 평정을 찾아야 함
③ 조치과정
- 탈출: 엔진 정지, 연료 인화 주의, 신속탈출
- 인명구조:
  - 부상자, 노인, 어린아이 및 부녀자 등 노약자를 우선적으로 구조
  - 정차위치가 차도, 노견 등과 같이 위험한 장소일 때에는 신속히 도로 밖의 안전장소로 유도하고 2차 피해가 일어나지 않도록 함
  - 부상자가 있을 때에는 우선 응급조치를 함
  - 야간에는 주변의 안전에 특히 주의를 하고 냉정하고 기민하게 구출유도를 해야 함
- 후방방호: 차도로 뛰어나와 손을 흔드는 등의 위험한 행동을 삼가야 함
- 연락: 보험회사, 경찰 등에 사고발생지점 및 상태, 부상정도 및 부상자수, 회사명, 운전자 성명, 우편물, 신문, 여객의 휴대 화물의 상태, 연료 유출여부 등을 알림
- 대기: 응급 처치 등 부상자 구호에 필요한 조치를 한 후 후속차량에 긴급후송 요청(위급한 환자 우선)

≪ 재난발생 시 운전자의 조치사항

① 운행 중 재난이 발생한 경우에는 신속하게 차량을 안전지대로 이동한 후 즉각 회사 및 유관기관에 보고
② 장시간 고립 시에는 유류, 비상식량, 구급 환자발생 등을 즉시 신고, 한국도로공사 및 인근 유관기관 등에 협조를 요청
③ 승객의 안전조치를 우선적으로 취함
- 폭설 및 폭우로 운행이 불가능하게 된 경우 응급 환자 및 노인, 어린이 승객을 우선적으로 안전지대로 대피시키고 유관기관에 협조를 요청
- 재난 시 차내에 유류 확인 및 업체에 현재 위치를 알리고 도착 전까지 차내에서 안전하게 승객을 보호
- 재난 시 차량 내부의 이상 여부 확인 및 신속하게 안전지대로 차량을 대피

CHAPTER 04 지리(서울 · 경기 · 인천)

※ 서울·경기·인천 각 상세 지리내용은 QR코드를 스캔하시면 확인하실 수 있습니다.

서울지리

면적	605.21㎢	상징 꽃 / 상징 나무 / 상징 새
행정구분	25개 자치구, 425개 행정동	개나리 / 은행나무 / 까치
인구	9,321,863명	
시/도청 소재지	중구	

경기지리

면적	10,185㎢	상징 꽃 / 상징 나무 / 상징 새
행정구분	28시 3군	개나리 / 은행나무 / 비둘기
인구	13,720,015명	
시/도청 소재지	• 경기도청: 경기도 수원시 영통구 도청로 30 • 북부청사: 경기도 의정부시 청사로 1	

인천지리

면적	1,069.51㎢	상징 꽃 / 상징 나무 / 상징 새
행정구분	8구 2군 1읍 19면	장미 / 목백합 / 두루미
인구	3,043,162명	
시/도청 소재지	인천광역시 남동구 정각로 29(구월동)	

최신 CBT 기출복원문제

CHAPTER 01 | 제1회 CBT 기출복원문제

1 교통 및 여객자동차 운수사업 법규

★★ 01

자동차관리법 제3조에 따른 자동차에 해당되는 것은?

① 화물자동차
② 원동기
③ 트렉터
④ **승용자동차**

> 출제영역 여객자동차 운수사업법령
> 자동차: 자동차관리법 제3조에 따른 승용자동차와 승합자동차

★★★ 02

여객자동차 운수사업에 해당되지 않는 것은?

① 여객자동차운송사업
② **화물자동차 터미널사업**
③ 자동차대여사업
④ 여객자동차운송가맹사업

> 출제영역 여객자동차 운수사업법령
> 여객자동차 운수사업: 여객자동차운송사업, 자동차대여사업, 여객자동차터미널사업, 여객자동차운송플랫폼사업 포함

★★ 03

다음 중 용어의 정의로 틀린 것은?

① 택시운송사업면허: 택시운송사업을 경영하기 위해 여객자동차 운수사업법에 따라 받은 면허
② **택시운수종사자단체: 택시운송사업자가 조직하는 단체로서 국토교통부령으로 정하는 바에 따라 등록한 단체**
③ 택시운송사업자: 택시운송사업면허를 받아 택시운송사업을 경영하는 자
④ 택시운수종사자: 여객자동차 운수사업법에 따른 운전업무 종사자격을 갖추고 택시운송사업의 운전업무에 종사하는 사람

> 출제영역 택시 운송사업 발전 법령
> 택시운수종사자단체: 택시운수종사자가 조직하는 단체로서 대통령령으로 정하는 바에 따라 등록한 단체

★★ 04

택시정책심의위원회는 택시운송사업에 관한 중요 정책 등에 관한 사항을 심의를 위하여 누구의 소속으로 위원회를 두는가?

① 행정안전부장관
② 산업부통상자원부장관
③ **국토교통부장관**
④ 고용노동부

> 출제영역 택시 운송사업 발전 법령
> 택시정책심의위원회: 택시운송사업의 중요 정책 등에 관한 사항의 심의를 위하여 국토교통부장관 소속으로 위원회를 둠

05

안전거리의 확보로 옳지 않은 것은?

① 모든 운전자는 앞차가 갑자기 정지하게 되는 경우 앞차와의 충돌을 피할 수 있는 거리를 확보한다.
② 자전거등의 운전자에 주의하여야 하며 옆을 지날 때 자전거등과의 충돌을 피할 수 있는 필요한 거리를 확보한다.
③ 모든 차의 갑작스러운 정지나 속도를 줄이는 급제동은 운전자의 자율사항이다.
④ 운전자는 차의 진로를 변경하려는 경우 그 변경하려는 방향으로 오고 있는 다른 차의 정상적인 통행에 장애를 줄 우려가 있을 때에는 진로를 변경하여서는 아니 된다.

> **출제영역** 도로교통법령
>
> 모든차의 운전자는 위험 방지를 위한 경우와 그 밖의 부득이한 경우가 아니면 운전하는 차를 갑자기 정지시키거나 속도를 줄이는 등의 급제동을 하여서는 아니 된다.

06

자동차의 운전자는 고속도로에서 다른 차를 앞지를 때 사용하는 장치가 아닌 것은?

① 방향지시기
② 등화
③ 차량내부등
④ 경음기

> **출제영역** 도로교통법령
>
> 자동차 운전자는 고속도로에서 다른 차를 앞지르려면 방향지시기, 등화 또는 경음기 사용하여 행정안전부령으로 정하는 차로로 안전하게 통행하여야 한다.

07

고장자동차의 표지 조치로 옳지 않은 것은?

① 고장이나 그 밖의 사유로 고속도로등에서 자동차를 운행할 수 없게 되었을 때에는 안전삼각대 등을 설치한다.
② 밤에는 고장자동차의 표지와 함께 사방 100m 지점에서 식별할 수 있는 적색의 섬광신호, 전기제등 또는 불꽃신호를 추가로 설치한다.
③ 자동차의 운전자는 고장자동차의 표지를 설치하는 경우 그 자동차의 후방에서 접근하는 자동차의 운전자가 확인할 수 있는 위치에 설치한다.
④ 고속도로등에서 자동차를 운행할 수 없게 되었을 때에 자동차를 고속도로등이 아닌 다른 곳으로 옮겨 놓는 등의 필요한 조치를 하여야 한다.

> **출제영역** 도로교통법령
>
> 밤에는 고장자동차의 표지와 함께 사방 500m 지점에서 식별할 수 있는 적색의 섬광 신호, 전기제등 또는 불꽃 신호를 추가로 설치한다.

08

특별교통안전 의무교육과 특별교통안전 권장교육을 실시하는 기관은?

① 경찰청
② 도로교통공단
③ 국토교통과학기술진흥원
④ 자동차손해배상진흥원

> **출제영역** 도로교통법령
>
> 특별교통안전 의무교육과 권장교육 모두 도로교통공단에서 실시한다.

09

노화와 안전운전에 관한 사항의 교통안전교육을 듣는 운전자의 나이로 옳은 것은?

① 60세 이상 ② 65세 이상
③ 75세 이상 ④ 80세 이상

> 출제영역 도로교통법령
> 75세 이상 교통안전교육
> • 노화와 안전운전에 관한 사항
> • 약물과 운전에 관한 사항
> • 기억력과 판단능력 등 인지능력별 대처에 관한 사항
> • 교통관련 법령 이해에 관한 사항

10

운전면허 처분에 대한 이의신청은 취소처분 및 정지처분을 받은 날부터 60일 이내에 누구에게 이의신청이 가능한가?

① 시도지사 ② 시·도경찰청장
③ 경찰서장 ④ 운전면허관

> 출제영역 도로교통법령
> 운전면허의 취소처분 또는 정지처분, 연습운전면허 취소처분에 대하여 이의가 있는 경우 그 처분 날부터 60일 이내에 시·도경찰청장에게 이의신청이 가능하다.

11

한쪽 눈을 보지 못하는 사람이 1종 보통면허를 취득하려는 때 수평시야가 몇 도 이상이어야 하는가?

① 80도 ② 100도
③ 120도 ④ 200도

> 출제영역 도로교통법령
> 한쪽 눈을 보지 못하는 사람이 보통면허를 취득하려는 경우에는 다른 쪽 눈의 시력이 0.8 이상이고, 수평시야가 120도 이상, 수직시야가 20도 이상이며, 중심시야가 20도 내 암점 또는 반맹이 없어야 한다.

12

제1종 운전면허 중 대형면허 또는 특수면허를 취득하려는 경우 몇 데시벨의 소리를 들을 수 있어야 하는가?

① 60데시벨 ② 70데시벨
③ 55데시벨 ④ 80데시벨

> 출제영역 도로교통법령
> 제1종 운전면허 중 대형면허 또는 특수면허를 취득하려는 경우 55데시벨의 소리를 들을 수 있어야 하며, 보청기를 사용하는 사람은 40데시벨의 소리를 들을 수 있어야 한다.

13

다음 백색 노면표시가 의미하는 것으로 옳은 것은?

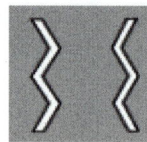

① 정지 ② 서행
③ 유도 ④ 안전지대

> 출제영역 도로교통법령
> '서행'을 의미하는 표시이다.

14

다음 중 교통사고의 조건으로 옳지 않은 것은?

① 차에 의한 사고
② 피해의 결과 발생
③ 교통으로 인하여 발생한 사고
④ 축대 등이 무너져 도로를 지나던 사람이 다친 사고

> 출제영역 교통사고처리특례법령
> 교통사고의 조건
> • 차에 의한 사고
> • 피해의 결과 발생(사람 사상 또는 물건 손괴 등)
> • 교통으로 인하여 발생한 사고

15

다음 중 철길건널목의 종류로 옳지 않은 것은?

① 제1종 건널목
② 제2종 건널목
③ 제3종 건널목
④ 제4종 건널목

출제영역 교통사고처리특례법령

철길건널목의 종류: 제1종, 제2종, 제3종

16

다음 중 횡단보도 보행자가 아닌 경우는?

① 횡단보도를 걸어가는 사람
② 보도에 서 있다가 횡단보도 내로 넘어진 사람
③ 횡단보도에서 자전거를 끌고 가는 사람
④ 세발자전거를 타고 횡단보도를 건너는 어린이

출제영역 교통사고처리특례법령

보도에 서 있다가 횡단보도 내로 넘어진 사람은 횡단보도 보행자로 볼 수 없다.

17

무면허 운전의 정의로 옳은 것은?

① 횡단보도를 걸어가는 사람
② 도로에서 운전면허를 받지 아니하고 자동차를 운전하는 행위
③ 차의 교통으로 인하여 사람을 사상하거나 물건을 손괴한 것
④ 사고운전자가 피해자를 구호하는 등의 조치를 하지 아니하고 도주한 행위

출제영역 교통사고처리특례법령

무면허 운전은 도로에서 운전면허를 받지 아니하고 자동차를 운전하는 행위를 말한다.

18

도로교통법상 '전복'의 정의로 옳은 것은?

① 차가 주행 중 도로에 옆으로 미끄러진 상태
② 차가 뒤집혀 넘어진 상태
③ 차의 앞면과 뒷면이 충돌한 상태
④ 차량의 뒷차가 앞차를 충격한 상태

출제영역 교통사고처리특례법령

전복이란 차가 주행 중 도로 또는 도로 이외의 장소에 뒤집혀 넘어진 것을 말한다.

19

다음 중 교통사고 처리 특례법에서 "업무상 과실 또는 중과실로 사람을 사상한 때"의 처벌에 해당하는 것은?

① 1년 이하의 금고 또는 1천만원 이하의 벌금
② 2년 이하의 금고 또는 5백만원 이하의 벌금
③ 5년 이하의 금고 또는 2천만원 이하의 벌금
④ 3년 이하의 금고 또는 1천5백만원 이하의 벌금

출제영역 교통사고처리특례법령

업무상 과실 또는 중과실로 사람을 사상한 때에는 5년 이하의 금고 또는 2천만원 이하의 벌금에 처한다.

20

어린이 보호구역 내 신호위반 시, 승용자동차 운전자의 과태료로 옳은 것은?

① 7만원 ② 9만원
③ 13만원 ④ 14만원

> **출제영역** 도로교통법(어린이보호구역 과태료)
> 어린이보호구역 및 노인·장애인보호구역 과태료
> • 승합자동차등: 14만원
> • 승용자동차등: 13만원
> • 이륜자동차등: 9만원

2 안전운행요령

21

예방정비 점검의 종류로 옳지 않은 것은?

① 운행 전 점검 ② 운행 후 점검
③ 정기점검 ④ 수시점검

> **출제영역** 자동차 관리
> 예방정비의 종류: 운행 전 점검, 운행 후 점검, 정기점검 등

22

일상점검의 주의사항으로 옳지 않은 것은?

① 경사가 없는 평탄한 장소에서 점검한다.
② 엔진을 킨 상태에서 점검한다.
③ 배터리를 만질 때에는 미리 배터리의 마이너스 단자를 분리한다.
④ 점검은 환기가 잘 되는 장소에서 실시한다.

> **출제영역** 자동차 관리
> 엔진 시동 상태에서 점검해야 할 사항이 아니면 시동을 끄고 점검한다.

23

피로가 운전에 미치는 영향이 아닌 것은?

① 주의가 산만
② 사고 및 판단력이 저하
③ 집중력 및 긴장감 향상
④ 신체적 능력이 저하

> **출제영역** 자동차 관리
> 피로 시 평상시보다 운전능력이 현저하게 저하되고, 심하면 졸음운전을 하게 된다.

24

똑바로 서지 못하는 행동을 하거나 같은 말을 반복하는 취한 상태를 나타내는 용어는?

① 초기 ② 혼수상태
③ 사망 가능 ④ 손상 가능기

> **출제영역** 자동차 관리
> 15~20잔(혼수상태): 똑바로 서지 못함, 같은 말을 반복, 말할 때 갈피 못잡음

25

LPG 차량 시동 전 점검으로 옳은 것은?

① LPG 탱크 밸브(황색, 백색)의 열림 상태 점검
② 연료 파이프의 연결 상태 및 연료 누기 여부 점검
③ LPG 탱크 고정벨트의 고정 여부 점검
④ 가스 누출 시 모든 창문을 폐쇄하여 질식소화 시킨다.

> **출제영역** 자동차 관리
> LPG 차량 시동 전 점검
> • LPG 탱크 밸브(적색, 녹색)의 열림 상태
> • LPG 탱크 고정벨트의 풀림 여부
> • 연료 파이프의 연결 상태 및 연료 누기 여부
> • 가스 누출 시, 담뱃불과 같은 화기를 멀리하고 모든 창문을 개방, 전문 정비 업체에 연락하여 조치
> • 엔진에서 베이퍼라이저로 가는 냉각수 호스 연결 상태, 누수 여부
> • 냉각수 적정 여부

26

LPG 충전 방법으로 옳지 않은 것은?

① 연료를 충전하기 전에 시동을 끈다.
② 연료 주입구 도어를 닫은 뒤 확인한다.
③ LPG 충전량이 70%를 초과하지 않도록 충전하여야 한다.
④ 결빙 등으로 인해 도어가 열리지 않을 경우, 연료 주입구 도어를 손으로 몇 번 가볍게 두드리면 열린다.

> **출제영역** 자동차 관리
> LPG 충전량이 85%를 초과하지 않도록 충전하여야 한다.

27

선회 특성과 방향 안정성을 설명한 것으로 다음 내용을 참고하여 알맞은 용어는?

> 가. 코너링 시 운전자가 핸들을 꺾었을 때 그 꺾은 범위보다 차량 앞쪽이 진행 방향의 안쪽(코너 안쪽)으로 더 돌아가려고 하는 현상
> 나. 흔히 후륜구동 차량에서 주로 발생
> 다. 구동력을 가진 뒷 타이어는 계속 앞으로 나아가려하고 차량 앞은 이미 꺾인 핸들 각도로 인해 그 꺾인 쪽으로 빠르게 진행하게 되므로 코너 안쪽으로 말려들어오게 되는 현상
> 라. 예방을 위해서는 커브길 진입 전에 충분히 감속하여야 함. 가속페달을 살짝 밟아 뒷바퀴의 구동력을 유지하면서 동시에 감은 핸들을 살짝 풀어줌으로서 방향을 유지

① 오버 스티어(Over steer)
② 모닝 록 현상(Morning Lock)
③ 페이드 현상(Fade)
④ 언더 스티어(Under steer)

> **출제영역** 자동차 관리
> 오버 스티어(Over steer)에 대한 설명이다.

28

전조등 스위치 조절 1단계로 옳지 않은 것은?

① 차폭등　　② 미등
③ 전조등　　④ 계기판

> **출제영역** 자동차 관리
> 전조등 스위치 조절
> • 1단계: 차폭등, 미등, 번호판 등, 계기판등
> • 2단계: 차폭등, 미등, 번호판 등, 계기판등, 전조등

29

시동 모터가 작동되나 시동이 걸리지 않는 경우 조치 사항으로 옳은 것을 모두 고르면?

> 가. 연료를 보충한 후 공기 빼기를 한다.
> 나. 예열시스템을 점검한다.
> 다. 배터리를 충전하거나 교환한다.
> 라. 접지 케이블을 단단하게 고정한다.

① 가,
② 나, 다
③ 가, 나
④ 가, 나, 다

출제영역 자동차 응급조치요령

시동모터가 작동되나 시동이 걸리지 않는 경우의 조치사항
- 연료를 보충한 후 공기 빼기
- 예열시스템을 점검
- 연료 필터를 교환

30

엔진 계통 응급조치 요령 중 연료 소비량이 많은 현상의 추정 원인으로 옳지 않은 것은?

① 연료 누출
② 타이어 공기압이 부족
③ 잦은 와이퍼 사용
④ 클러치가 미끄러지며 브레이크가 제동된 상태

출제영역 자동차 응급조치요령

연료 소비량이 많은 현상의 추정 원인
- 연료 누출
- 타이어 공기압이 부족
- 클러치가 미끄러짐
- 브레이크가 제동된 상태

31

배기가스의 색이 검은색일 경우 추정 원인은?

① 파워스티어링 오일 부족
② 오버히트 됨
③ 에어 클리너 필터의 오염
④ 타이어 공기압 부족

출제영역 자동차 응급조치요령

배기가스의 색이 검은색인 경우의 추정 원인
- 에어 클리너 필터가 오염
- 밸브 간극이 비정상

32

오일에 수분이 다량으로 유입된 경우 자동변속기 오일의 색은?

① 붉은 색
② 갈색
③ 백색
④ 흑색

출제영역 자동차 구조 및 특성

자동변속기의 오일 색깔
- 정상: 투명도가 높은 붉은 색
- 갈색: 가혹한 상태에서 사용되거나, 장시간 사용한 경우
- 투명도가 없어지고 검은 색을 띨 때: 자동변속기 내부의 클러치 디스크의 마멸분말에 의한 오손, 기어가 마멸된 경우
- 니스 모양으로 된 경우: 오일이 매우 높은 고온에 노출된 경우
- 백색: 오일에 수분이 다량으로 유입된 경우

33 ★★

스노타이어는 트레드 부가 몇 % 이상 마멸되면 제 기능을 발휘하지 못하는가?

① 10% ② 50%
③ 100% ④ 150%

> **출제영역** 자동차 구조 및 특성
>
> 스노타이어는 트레드 부가 50% 이상 마멸되면 제 기능을 발휘하지 못한다.

34 ★★

수막현상을 방지하는 방법으로 옳지 않은 것은?

① 저속 주행
② 공기압을 아주 낮게 한다.
③ 마모된 타이어를 사용하지 않는다.
④ 배수효과가 좋은 타이어를 사용한다.

> **출제영역** 자동차 구조 및 특성
>
> 수막현상을 방지하려면 공기압을 조금 높게 해야 한다.

35 ★★★

스프링 진동을 감압시켜 진폭을 줄이는 기능이 있는 현가장치의 부품은?

① 쇽업소버 ② 스태빌라이저
③ 전조등 ④ WHEEL(휠)

> **출제영역** 자동차 구조 및 특성
>
> 스프링 진동을 감압시켜 진폭을 줄이는 기능이 있는 현가장치의 부품은 쇽업소버이다.

36 ★★

책임보험에 가입하지 않는 자동차 운전 시 1년 이하의 징역 또는 얼마 이하의 벌금이 부과되는가?

① 200만원 ② 300만원
③ 400만원 ④ 500만원

> **출제영역** 자동차 검사 및 보험
>
> 미가입 자동차 운전 시 1년 이하의 징역 또는 500만원 이하의 벌금이 부과된다.

37 ★★★

신규검사의 신청서류로 옳지 않은 것은?

① 신규검사 신청서 ② 출처증명서류
③ 공인인증서 ④ 제원표

> **출제영역** 자동차 검사 및 보험
>
> 신규검사 신청서류
> - 신규검사 신청서
> - 출처증명서류(말소사실증명서 또는 수입신고서, 자기인증 면제확인서)
> - 제원표(이미 자기인증된 자동차와 같은 제원의 자동차인 경우 제원표를 첨부 생략 가능)

38

전방 가까운 곳을 보고 운전할 때의 징후들로 옳지 않은 것은?

① 교통의 흐름에 맞지 않을 정도로 너무 빠르게 차를 운전한다.
② 시인성이 낮은 상황을 인지하고 속도를 줄인다.
③ 차로의 한편으로 치우쳐서 주행한다.
④ 우회전할 때 도로를 필요이상의 거리를 넓게 두고 회전한다.

출제영역 안전운전의 기술

전방 가까운 곳을 보고 운전할 때의 징후들
- 교통의 흐름에 맞지 않을 정도로 너무 빠르게 차를 운전
- 차로의 한편으로 치우쳐서 주행
- 우회전, 좌회전 차량 등을 인지가 늦어서 급브레이크를 밟는다던가, 회전차량에 진로를 막혀버림
- 우회전할 때 도로를 필요이상의 거리를 넓게 두고 회전
- 시인성이 낮은 상황에서 속도를 줄이지 않음

39

직선로, 커브 및 좌회전 차량이 있는 교차로에서 주로 발생하는 사고는?

① 후미 추돌사고　　② 단독사고
③ 정면 충돌사고　　④ 미끄러짐 사고

출제영역 안전운전의 기술

정면 충돌사고는 직선로, 커브 및 좌회전 차량이 있는 교차로에서 주로 발생한다.

40

고속도로에서 대부분의 운전자가 주행시작 몇 시간이 지나면서 지루함을 느끼는가?

① 10분　　② 30분
③ 1시간　　④ 1시간 30분

출제영역 안전운전의 기술

고속도로에서는 대부분의 운전자가 주행시작 1시간 30분이 지나면서 지루함을 느낀다.

3　운송서비스

41

여객운송업에서 서비스의 의미는?

① 한 당사자가 다른 당사자에게 소유권의 변동 없이 제공하는 무형의 행위 또는 활동
② 유형재의 소유권을 이전하는 행위
③ 재화와 현물을 판매하는 활동
④ 단순히 운임만을 징수하는 행위

출제영역 여객운수종사자의 기본자세

서비스의 정의
- 한 당사자가 다른 당사자에게 소유권 변동 없이 제공할 수 있는 무형의 행위 또는 활동을 의미
- 여객운송업에서의 서비스는 긍정적 마음을 행동으로 표현하여 승객을 편안하고 안전하게 목적지까지 이동시키는 것
- 서비스의 본질은 봉사하는 마음, 친절, 적극적 태도, 신뢰로 승객을 만족시키고, 이를 통해 보람과 성취를 느끼는 것
- 서비스는 말이나 이론이 아닌 감정과 행동이 수반되는 응대로 완성

42 ★★★

다음 보기 중 서비스의 5가지 제공 요소로 모두 옳은 것은?

> 가. 단정한 용모 및 복장
> 나. 밝은 표정
> 다. 공손한 인사
> 라. 가격협상
> 마. 무뚝뚝한 태도

① 가, 나, 다, 라, 마
② 가, 나, 다
③ 나, 다, 마
④ 가, 다, 라

출제영역 여객운수종사자의 기본자세

올바른 서비스 제공 5요소
- 단정한 용모 및 복장
- 밝은 표정
- 공손한 인사
- 친근한 말
- 따뜻한 응대

43 ★★

다음 중 서비스의 특징 '무형성'에 대한 설명으로 옳은 것은?

① 형태가 없고 누구나 느낄 수 있다.
② 형태가 있으며 재고로 남는다.
③ 생산과 소비가 동시에 발생하며 재고가 발생하지 않는다.
④ 사람에 의존한다.

출제영역 여객운수종사자의 기본자세

무형성: 보이지 않으며 서비스를 측정하기는 어렵지만 누구나 느낄 수 있다.

44 ★

택시운전자가 승객에게 긍정적인 이미지를 주기 위한 방법으로 올바르지 않은 것은?

① 밝은 표정과 미소
② 자연스러운 시선처리
③ 강하고 강압적인 음성과 제스쳐
④ 단정한 복장

출제영역 여객운수종사자의 기본자세

강하고 강압적인 음성과 제스쳐는 긍정적인 이미지를 주기 위한 방법이 아니다.

45 ★★

승객만족의 개념으로 올바른 것은?

① 승객의 기대에 맞춘 서비스를 제공하여 만족을 느끼게 한다.
② 무조건 요금을 할인하면 만족한다.
③ 친절하지 않아도 승객은 만족한다.
④ 승객의 불만을 무시해도 된다.

출제영역 여객운수종사자의 기본자세

승객만족이란 승객이 무엇을 원하고 무엇이 불만인지 니즈를 파악하여 승객의 기대에 맞춰가는 서비스를 제공함으로써 승객으로 하여금 만족감을 느끼게 하는 것이다.

46 ★★

다음 중 승객이 운수종사자에게 바라는 기본 욕구로 옳지 않은 것은?

① 환영받고 싶어 한다.
② 존중받고 싶어 한다.
③ 무조건 승객의 말을 들어야 한다.
④ 중요한 사람으로 인식되고 싶어 한다.

> **출제영역** 여객운수종사자의 기본자세
>
> 일반적인 승객의 욕구
> • 환영받고 싶어 한다.
> • 편안해지고 싶어 한다.
> • 중요한 사람으로 인식되고 싶어 한다.
> • 존중받고 싶어 한다.
> • 기대와 욕구를 수용하고 인정받고 싶어 한다.

47 ★★

다음 중 운수종사자의 언어예절에 모두 해당하는 것은?

가. 밝고 적극적으로 말한다.
나. 공손하게 말한다.
다. 명료하게 말한다.
라. 품위 있게 말한다.
마. 상대방의 입장을 고려해 말한다.

① 가, 나, 다, 라, 마   ② 가, 나, 다
③ 나, 다, 라   ④ 가, 다, 마

> **출제영역** 여객운수종사자의 기본자세
>
> 모두 운송종사자의 언어예절에 해당한다.

48 ★★

운전자의 잘못된 인사방법에 해당하는 것을 모두 고르면?

가. 턱을 치켜들고 인사
나. 밝고 부드러운 미소의 인사
다. 상대방의 눈을 보지 않는 인사
라. 머리와 상체는 일직선이 되도록 천천히 숙이며 인사
마. 급하게 하는 인사

① 가, 나, 다, 라, 마   ② 가, 나, 다
③ 나, 다, 라   ④ 가, 다, 마

> **출제영역** 여객운수종사자의 기본자세
>
> 운전자의 잘못된 인사방법에 해당하는 것은 가, 다, 마이다.

49 ★★★

아래 상황에서 올바른 조치는?

> 야간에 고속도로 주행 중 차량 고장으로 정차해야 한다.

① 비상등 점멸, 후방에 고장자동차 표지와 적색 섬광 신호·전기제등 또는 불꽃신호를 500m 거리에서 설치, 안전지대 대피
② 차 내에서 계속 대기
③ 차에서 빠르게 도로로 나와 손을 흔들며 차량통제
④ 즉시 보험사에 연락만 함

> **출제영역** 운수종사자의 기본 소양
>
> 야간에 고속도로 주행 중 차량이 고장났을 경우에는 비상등을 점멸하고 안전지대로 대피하며 고장자동차의 표지와 함께 사방 500미터 지점에서 식별할 수 있는 적색의 섬광신호·전기제등 또는 불꽃신호를 추가로 설치하여야 한다.

50

운전자가 삼가야 하는 행동에 대한 설명으로 옳지 않은 것은?

① 갓길을 적절히 통행에 이용하여 승객의 니즈를 만족시킨다.
② 운행 중 갑자기 끼어들거나 다른 운전자에게 욕설을 하지 않는다.
③ 교통 경찰관의 단속에 불응하거나 항의하는 행위를 하지 않는다.
④ 지그재그 운전으로 다른 운전자를 불안하게 만드는 행동을 하지 않는다.

> **출제영역** 운수종사자의 기본 소양
>
> 운전자가 삼가야 하는 행동
> - 지그재그 운전으로 다른 운전자를 불안하게 만드는 행동을 하지 않는다.
> - 과속으로 운행하며 급브레이크를 밟는 행위를 하지 않는다.
> - 운행 중에 갑자기 끼어들거나 다른 운전자에게 욕설을 하지 않는다.
> - 도로상에서 사고가 발생한 경우 차량을 세워 둔 채로 시비, 다툼 등의 행위로 다른 차량의 통행을 방해하지 않는다.
> - 운행 중에 갑자기 오디오 볼륨을 크게 작동시켜 승객을 놀라게 하거나, 경음기 버튼을 작동시켜 다른 운전자를 놀라게 하지 않는다.
> - 신호등이 바뀌기 전에 빨리 출발하라고 전조등을 깜빡이거나 경음기로 재촉하는 행위를 하지 않는다.
> - 교통 경찰관의 단속에 불응하거나 항의하는 행위를 하지 않는다.
> - 갓길로 통행하지 않는다.

51

다음 중 운송사업자 준수사항에 해당하는 것은?

① 관할관청이 필요하다고 인정하는 경우에는 운수종사자로 하여금 단정한 복장 및 모자를 착용하게 해야 한다.
② 정비상태가 불량해도 운행에 이상이 없다면 사업용 자동차를 운행해도 된다.
③ 불편사항 표지판을 게시하지 않아도 된다.
④ 운행 전 음주 여부 확인은 필요없다.

> **출제영역** 운송사업자 및 운수종사자 준수사항
>
> 운송사업자는 관할관청이 필요하다고 인정하는 경우에는 운수종사자로 하여금 단정한 복장 및 모자를 착용하게 해야한다.

52

자동차의 장치와 설비 중, 택시 안에 반드시 설치되어야 할 것으로 옳은 것은?

① 요금미터기
② 승객 접대용 다과
③ 주차권 발급기
④ 엔진 예열장치

> **출제영역** 운송사업자 및 운수종사자 준수사항
>
> 자동차의 장치 및 설비 등에 관한 준수사항
> - 요금미터기 설치
> - 요금영수증 발급과 신용카드 결제 관련기기
> - 난방장치 및 냉방장치 설치
> - 자동차 윗부분 택시운송사업용 표시설비
>   - 외부에서 빈차임을 알 수 있도록 하는 자동으로 작동되는 조명장치
> - 대형 및 모범형 택시운송사업용 자동차에는 호출설비
> - 택시미터기에서 생성되는 택시운송사업용 자동차 운행정보의 수집·저장 장치 및 정보의 조작을 막을 수 있는 장치
> - 시·도지사가 정하는 수요응답 시스템
> - 국토교통부장관이나 시·도지사가 지시하는 설비

53

운전자가 반드시 지켜야 하는 복장 기본원칙으로 모두 옳은 것은?

가. 편하게 자유복장	나. 단정하게 착용
다. 품위 있게	라. 규정에 맞게
마. 샌들과 슬리퍼 착용	

① 가, 나, 다, 라, 마
② 가, 나, 다
③ 나, 다, 라
④ 가, 다, 마

> **출제영역** 여객운수종사자의 기본자세
>
> 복장의 기본원칙
> - 깨끗하게
> - 단정하게
> - 품위 있게
> - 규정에 맞게
> - 통일감 있게
> - 계절에 맞게
> - 편한 신발을 신되, 샌들이나 슬리퍼는 삼갈 것

54

운전자 직업관에 대한 설명 중 올바른 것은?

① 소명의식을 가지고 자신의 직업을 천직으로 생각한다.
② 직업을 단순히 생계수단으로만 본다.
③ 높은 지위만을 추구한다.
④ 능력보다 학연·지연에 의지한다.

> **출제영역** 여객운수종사자의 기본자세
> 바람직한 직업관
> • 소명의식을 지닌 직업관
> • 사회구성원으로서의 역할 지향적 직업관
> • 미래 지향적 전문능력 중심의 직업관

55

공차상태의 자동차에 승차정원의 인원이 승차하고 최대적재량의 물품이 적재된 상태를 말하는 용어는?

① 공차상태
② 차량중량
③ 승차정원
④ 적차상태

> **출제영역** 운수종사자의 기본 소양
> 적차상태: 공차상태의 자동차에 승차정원의 인원이 승차하고 최대적재량의 물품이 적재된 상태

56

응급처치에서 출혈이 심할 경우 가장 우선적으로 해야 할 조치는?

① 출혈 부위보다 심장에 가까운 부위를 헝겊 등으로 꽉 묶어 지혈
② 냉찜질
③ 곧바로 병원 이송
④ 환자에게 물을 줌

> **출제영역** 운수종사자의 기본 소양
> 응급처치에서 출혈이 심할 경우 가장 우선적으로 해야 할 조치는 출혈 부위보다 심장에 가까운 부위를 헝겊 등으로 꽉 묶어 지혈하는 것이다.

57

교통사고 조사규칙상 대형사고란 사망자가 몇 명 이상일 때를 말하는가?

① 1명
② 2명
③ 3명
④ 5명

> **출제영역** 운수종사자의 기본 소양
> 교통사고조사규칙에 따른 대형사고
> • 3명 이상이 사망(교통사고 발생일로부터 30일 이내 사망한 것을 말한다)
> • 20명 이상의 사상자가 발생한 사고

58

교통사고 발생 시 운전자가 반드시 우선적으로 해야 할 일은?

① 인명구조와 2차 사고 방지
② 현장 이탈
③ 책임 회피
④ 교통사고 원인조사

> **출제영역** 운수종사자의 기본 소양
> 교통사고 발생 시 운전자의 조치사항
> • 사고피해 최소화 및 2차사고 방지조치
> • 마음의 평정
> • 탈출, 인명구조, 후방방호, 연락, 대기 및 부상자 응급처치 및 긴급후송 요청

59

운수종사자 준수사항 중 운전자가 운행 전 반드시 확인해야 할 사항이 아닌 것은?

① 안전설비 및 등화장치 이상 유무
② 질병·피로·음주 여부
③ 운전면허증 유무
④ 차량 세차

> **출제영역** 운송사업자 및 운수종사자 준수사항
>
> 운수종사자 준수사항
> • 운행 전 사업용 자동차의 안전설비 및 등화장치등의 이상 유무를 확인해야 한다.
> • 질병·피로·음주나 그 밖의 사유로 안전한 운전을 할 수 없을 때에는 그 사정을 해당 운송사업자에게 알려야 한다.
> • 자동차의 운행 중 중대한 고장을 발견하거나 사고가 발생할 우려가 있다고 인정될 때에는 즉시 운행을 중지하고 적절한 조치를 해야 한다.
> • 운전업무 중 해당 도로에 이상이 있었던 경우에는 운전업무를 마치고 교대할 때에 다음 운전자에게 알려야 한다.
> • 관계 공무원으로부터 운전면허증, 신분증 또는 자격증의 제시 요구를 받으면 즉시 이에 따라야 한다.

60

다음 중 운수종사자가 준수해야 할 금연 장소가 아닌 것은?

① 택시 안
② 사무실 내
③ 공공장소
④ 지정 흡연부스

> **출제영역** 여객운수종사자의 기본자세
>
> 금연해야 하는 장소
> 택시 안, 보행중인 도로, 승객대기실 또는 승강장, 금연식당 및 공공장소, 다른 사람에게 간접흡연의 영향을 줄 수 있는 장소, 사무실 내

4-1 서울지역 지리

61

다음 중 서울특별시의 시청이 위치한 자치구는?

① 종로구
② 중구
③ 서초구
④ 강남구

62

다음 중 한강 이북에 위치한 자치구가 아닌 곳은?

① 성북구
② 노원구
③ 송파구
④ 은평구

63

다음 중 서울 지하철 2호선이 정차하지 않는 역은?

① 강남역
② 시청역
③ 신도림역
④ 공덕역

64

서울특별시의 대표적인 국제공항으로 연결되는 철도 노선은?

① 공항철도
② 경의중앙선
③ 신분당선
④ 경춘선

65

서울 강북권 대표 대학가로 유명한 곳은?

① 신촌
② 대학로
③ 명동
④ 종로3가

66
서울특별시 관내를 남북으로 횡단하는 대표적인 간선도로는?

① 강변북로 ② **세종대로**
③ 올림픽대로 ④ 동작대로

67
서울특별시 종로구의 대표적인 한옥마을은?

① **북촌한옥마을** ② 삼청동길
③ 인사동 ④ 서촌마을

68
서울지하철 3호선과 6호선이 모두 정차하는 역은?

① 공덕역 ② **불광역**
③ 신당역 ④ 홍제역

69
서울특별시 강남구와 송파구를 연결하는 주요 간선도로는?

① 테헤란로 ② 도산대로
③ **올림픽대로** ④ 강남대로

70
다음 중 서울특별시의 자치구 중 강북에 위치한 곳은?

① 금천구 ② 강서구
③ **동대문구** ④ 동작구

4-2 경기지역 지리

61
다음 중 경기도의 도청 소재지는 어디인가?

① **수원시** ② 용인시
③ 고양시 ④ 성남시

62
태조 이성계의 능(건원릉)이 있는 지역으로 옳은 것은?

① **경기도 구리시**
② 경기도 남양주시
③ 경기도 수원시
④ 서울특별시

63
다음 중 경기도 남부에 위치한 시가 아닌 것은?

① 안산시 ② 오산시
③ **동두천시** ④ 평택시

64
다음 중 경기도와 서울을 모두 통과하는 지하철 노선은?

① **경의중앙선** ② 수인분당선
③ 에버라인 ④ 신분당선

65
경기도와 강원도를 직접 연결하는 고속도로는?

① **영동고속도로** ② 경부고속도로
③ 서해안고속도로 ④ 중부내륙고속도로

66
다음 중 경기도 의왕시에 위치한 교통시설은?

① 분당버스터미널 ② 고천시외버스정류장
③ 평촌역 ④ 광명역

67
다음 중 경기도 하남시에 위치하지 않은 곳은?

① 미사강변도시 ② 스타필드 하남
③ 감일동 ④ 구리농수산물시장

68
경기도 광명시와 서울 구로구를 연결하는 대표 터널은?

① 우장산터널 ② 서부간선지하도로
③ 광명로터널 ④ 금천터널

69
다음 중 경기도 군포시에 위치한 4호선, 1호선 정차역은?

① 군포역 ② 금정역
③ 의왕역 ④ 당정역

70
경기도 남부의 대표적인 산업단지인 '반월국가산업단지'가 속한 시는?

① 안산시 ② 안양시
③ 수원시 ④ 평택시

4-3 인천지역 지리

61
다음 중 인천광역시 연수구에 위치한 시설은?

① 인천대공원 ② 송도컨벤시아
③ 검암역 ④ 신포국제시장

62
인천지하철 2호선의 종착역은 어디인가?

① 운연역 ② 인천시청역
③ 검암역 ④ 인천대입구역

63
다음 중 인천광역시 계양구에 위치하지 않은 동은?

① 계산동 ② 효성동
③ 구월동 ④ 작전동

64
다음 중 인천국제공항과 바로 연결되는 고속도로는?

① 경인고속도로
② 수도권제2순환고속도로
③ 인천국제공항고속도로
④ 영동고속도로

65
다음 중 송도국제도시 내에 위치한 대학은?

① 인천대학교 ② 인하대학교
③ 가천대학교 ④ 경인교육대학교

66
다음 중 인천광역시에서 바다와 접하지 않은 구는?

① 미추홀구 ② 남동구
③ 계양구 ④ 연수구

67
인천지하철 1호선이 지나지 않는 구는?

① 부평구 ② 서구
③ 동구 ④ 남동구

68
서울 지하철 7호선이 지나가는 인천광역시 소재 역으로 옳은 것은?

① 장승배기역
② 가산디지털단지역
③ 부평구청역
④ 상도역

69
인천 송도국제도시의 대표적 해상교량은?

① 영종대교 ② 인천대교
③ 강화대교 ④ 서해대교

70
다음 중 인천광역시 중구에 위치한 관광지는?

① 월미도
② 송현동 순대거리
③ 인천아시아드주경기장
④ 부평깡시장

CHAPTER 02 제2회 CBT 기출복원문제

1 교통 및 여객자동차 운수사업 법규

01 ★★

경형, 소형 자동차를 사용하는 택시운송사업에 대한 설명으로 옳지 않은 것은?

① 경형: 배기량이 1,000씨씨 미만의 승용자동차
② 경형: 길이 4.0미터 이하이면서 너비 1.6미터 이하인 승용자동차
③ 소형: 배기량 1,600씨씨 미만의 승용자동차
④ 소형: 길이 4.7미터 이하이거나 너비 1.7미터 이하인 승용자동차

> **출제영역** 법규 주요내용 개인택시운송사업
> 경형: 길이 3.6미터 이하이면서 너비 1.6미터 이하인 승용자동차(승차정원 5인승 이하의 것만 해당)

02 ★★★

차도와 보도의 구별이 없는 도로의 경우 도로의 오른쪽 가장자리로부터 중앙으로 몇 센티미터 이상의 거리를 두어야 하는가?

① 100cm   ② 80cm
③ 50cm   ④ 20cm

> **출제영역** 도로교통법령
> 모든 차의 운전자는 도로에서 정차할 때에는 차도의 오른쪽 가장자리에 정차할 것. 다만, 차도와 보도의 구별이 없는 도로의 경우에는 도로의 오른쪽 가장자리로부터 중앙으로 50cm 이상의 거리를 두어야 한다.

03 ★★

다음 중 택시정책심의위원회의 구성은 위원장 1명을 포함한 몇 명 이내의 위원으로 구성되는가?

① 10명   ② 7명
③ 5명   ④ 3명

> **출제영역** 택시 운송사업 발전 법령
> 위원회의 구성: 위원장 1명포함, 10명 이내의 위원으로 구성

04 ★★★

국토교통부장관은 택시운송사업 발전 기본계획을 몇 년마다 수립하여야 하는가?

① 1년   ② 3년
③ 5년   ④ 7년

> **출제영역** 택시 운송사업 발전 법령
> 국토교통부장관은 택시운송사업을 체계적으로 육성 지원하고 국민의 교통편의 증진을 위하여 관계 중앙행정기관의 장 및 시·도지사의 의견을 들어 5년 단위의 택시운송 사업 발전 기본 계획을 5년마다 수립하여야 한다.

05

다음 중 앞지르거나 다른 차 앞으로 끼어들기가 금지되는 경우가 아닌 것은?

① 도로교통법이나 이 법에 따른 명령에 따라 정지하거나 서행하고 있는 차
② 일반도로에서 서행하고 있는 차량
③ 경찰공무원의 지시에 따라 정지하거나 서행하고 있는 차
④ 위험을 방지하기 위하여 정지하거나 서행하고 있는 차

> **출제영역** 도로교통법령
>
> 다른 차를 앞지르지 못하고, 끼어들기도 못하는 경우
> - 도로교통법이나 이 법에 따른 명령에 따라 정지하거나 서행하고 있는 차
> - 경찰 공무원의 지시에 따라 정지하거나 서행하고 있는 차
> - 위험을 방지하기 위하여 정지하거나 서행하고 있는 차

06

운전자는 자동차등 운전 중에는 휴대용 전화를 사용하지 말아야 한다. 다음의 예외사항 중 옳지 않은 것은?

① 자동차등 또는 노면전차가 운행하고 있는 경우
② 긴급자동차를 운전하는 경우
③ 범죄 및 재해 신고 등 긴급한 필요가 있는 경우
④ 안전운전에 장애를 주지 아니하는 장치로서 손으로 잡지 아니하고도 휴대용 전화를 사용할 수 있도록 장치를 이용하는 경우

> **출제영역** 도로교통법령
>
> 운전 중 휴대용 전화사용 예외사항
> - 자동차 등 또는 노면 전차가 정지하고 있는 경우
> - 긴급 자동차를 운전하는 경우
> - 각종 범죄 및 재해 신고 등 긴급한 필요가 있는 경우
> - 안전 운전에 장애를 주지 아니하는 장치로서 손으로 잡지 아니하고도 휴대용 전화(자동차용 전화 포함)를 사용할 수 있도록 해주는 장치를 이용하는 경우

07

다음 중 긴급자동차의 우선통행으로 옳지 않은 것은?

① 긴급하고 부득이한 경우 도로의 중앙이나 좌측 부분을 통행할 수 있다.
② 긴급자동차는 언제든지 경광등을 켜거나 사이렌을 작동하여 우선통행이 가능하다.
③ 긴급자동차의 운전자는 교통안전에 특히 주의하면서 통행한다.
④ 교차로 같은 경우 차마의 운전자는 교차로를 피해서 일시정지한다.

> **출제영역** 도로교통법령
>
> 긴급 자동차의 운전자는 긴급 자동차를 그 본래의 긴급한 용도로 운행하지 아니하는 경우에는 경광등을 켜거나, 사이렌을 작동해서는 안 된다(다만, 범죄 및 화재 예방 등을 위한 순찰·훈련 등을 실시하는 경우에는 그러하지 아니함).

08

교통사고 발생 시 조치로 옳지 않은 것은?

① 사상자를 구호하는 등 필요한 조치
② 피해자에게 인적 사항 제공(성명, 전화번호, 주소 등)
③ 국가경찰관서에 신고
④ 현장에서 벗어나기 위하여 계속 운전

> **출제영역** 도로교통법령
>
> 교통사고 발생 시 조치
> - 사상자를 구호하는 등 필요한 조치
> - 피해자에게 인적 사항(성명·전화번호·주소 등) 제공
> - 국가경찰관서(지구대·파출소 및 출장소 포함)에 사고가 일어난 곳, 사상자 수 및 부상 정도, 손괴한 물건 및 손괴 정도, 그 밖의 조치 사항 등을 지체 없이 신고(다만, 차 또는 노면 전차만 손괴된 것이 분명하고 도로에서의 위험 방지와 원활한 소통을 위하여 필요한 조치를 한 경우는 제외)

09

긴급자동차 교통안전교육 중 정기 교통안전교육의 주기로 옳은 것은?

① 2년 ② **3년**
③ 4년 ④ 5년

> **출제영역** 도로교통법령
>
> 긴급자동차 교통안전교육 중 정기 교통안전교육의 주기는 3년이다.

10

75세 이상 교통안전교육의 교육과목으로 옳지 않은 것은?

① 노화와 안전운전에 관한 사항
② 약물과 운전에 관한 사항
③ **긴급자동차 운전자의 마음가짐**
④ 기억력과 판단능력 등 인지능력별 대처에 관한 사항

> **출제영역** 도로교통법령
>
> 75세 이상 교통안전교육
> - 노화와 안전운전에 관한 사항
> - 약물과 운전에 관한 사항
> - 기억력과 판단능력 등 인지능력별 대처에 관한 사항
> - 교통관련 법령 이해에 관한 사항

11

운전면허 처분 이의신청을 통보받은 사람은 통보받은 날부터 몇 일 이내에 행정심판을 청구할 수 있는가?

① 30 ② 60
③ **90** ④ 120

> **출제영역** 도로교통법령
>
> 운전면허 처분에 대한 이의신청
> - 이의가 있는 사람은 그 처분을 받은 날부터 60일 이내에 시·도경찰청장에게 이의를 신청할 수 있다.
> - 이의를 신청한 사람은 그 이의신청과 관계없이 행정심판을 청구할 수 있다. 이 경우 이의를 신청하여 그 결과를 통보받은 사람은 통보받은 날부터 90일 이내에 행정심판을 청구할 수 있다.

12

운전자격의 취소 등의 처분기준에서 감경사유가 아닌 것은?

① 위반행위가 고의나 중대한 과실이 아닌 사소한 부주의나 오류로 인한 것으로 인정되는 경우
② **위반행위가 사소한 부주의나 오류가 아닌 고의나 중대한 과실에 의한 것으로 인정되는 경우**
③ 위반의 내용정도가 경미하여 이용객에게 미치는 피해가 적다고 인정되는 경우
④ 위반행위를 한 사람이 처음 해당 위반행위를 한 경우로서 최근 5년 이상 해당 여객자동차 운송사업의 모범적인 운수종사자로 근무한 사실이 인정되는 경우

> **출제영역** 도로교통법령
>
> ②는 감경사유가 아니라 가중사유에 해당한다.

13

다음 중 뺑소니 사고가 아닌 경우로 옳은 것은?

① **사고운전자가 자기 차량 사고에 대한 조치 없이 가버린 경우**
② 사고운전자를 바꿔치기 하여 신고한 경우
③ 사고운전자가 연락처를 거짓으로 알려준 경우
④ 피해자를 사고현장에 방치한 채 가버린 경우

> **출제영역** 교통사고처리특례법령
>
> 도주(뺑소니)가 아닌 경우
> - 피해자가 부상사실이 없거나 극히 경미하여 구호조치가 필요하지 않아 연락처를 제공하고 떠난 경우
> - 사고운전자가 심한 부상을 입어 타인에게 의뢰하여 피해자를 후송 조치한 경우
> - 사고 장소가 혼잡하여 불가피하게 일부 진행 후 정지하고 되돌아와 조치한 경우
> - 사고운전자가 급한 용무로 인해 동료에게 사고처리를 위임하고 가버린 후 동료가 사고 처리한 경우
> - 피해자 일행의 구타,폭언,폭행이 두려워 현장을 이탈한 경우
> - 사고운전자가 자기 차량 사고에 대한 조치 없이 가버린 경우

14

속도위반(40km/h 초과 60km/h 이하) 시 승합자동차의 범칙금으로 옳은 것은?

① 6만원
② 7만원
③ **10만원**
④ 13만원

> **출제영역** 도로교통법
> 속도위반(40km/h 초과 60km/h 이하) 시 범칙금액
> • 승합자동차등: 10만원
> • 승용자동차등: 9만원
> • 이륜자동차등: 6만원

15

교통사고 처리 특례법상 건조물 또는 재물을 손괴한 경우 받을 수 있는 형벌로 옳은 것은?

① **2년 이하의 금고 또는 500만원 이하의 벌금**
② 5년 이하의 금고 또는 2천만원 이하의 벌금
③ 3년 이하의 금고 또는 1천만원 이하의 벌금
④ 1년 이하의 금고 또는 300만원 이하의 벌금

> **출제영역** 교통사고처리특례법령
> 건조물 또는 재물을 손괴한 때에는 2년 이하의 금고나 5백만원 이하의 벌금에 처한다.

16

지시위반 사고 사례로 옳지 않은 것은?

① **서행금지**
② 일시정지
③ 통행금지
④ 진입금지

> **출제영역** 교통사고처리특례법령
> 지시위반 사고 사례는 통행금지, 진입금지, 일시정지, 자동차통행금지, 화물자동차통행금지 등의 규제표지를 위반한 경우가 해당된다.

17

건널목경보기 및 교통안전표지가 설치되어 있는 건널목의 종류로 옳은 것은?

① 제1종 건널목
② **제2종 건널목**
③ 제3종 건널목
④ 제4종 건널목

> **출제영역** 교통사고처리특례법령
> • 제1종 건널목: 차단기, 건널목 경보기 및 교통안전 표지가 설치되어 있는 경우
> • 제2종 건널목: 건널목 경보기 및 교통안전 표지가 설치되어 있는 경우
> • 제3종 건널목: 교통안전 표지만 설치되어 있는 경우

18

다음 중 횡단보도 보행자인 경우로 옳은 것은?

① 횡단보도에서 자전거를 타고 가는 사람
② 횡단보도 내에서 교통정리를 하고 있는 사람
③ **손수레를 끌고 횡단보도를 건너는 사람**
④ 횡단보도 내에서 택시를 잡고 있는 사람

> **출제영역** 교통사고처리특례법령
> 횡단보도 보행자인 경우
> • 횡단보도를 걸어가는 사람
> • 횡단보도에서 원동기장치자전거나 자전거를 끌고 가는 사람
> • 횡단보도에서 원동기장치자전거나 자전거를 타고 가다 이를 세우고 한발은 페달에 한발은 지면에 서 있는 사람
> • 세발자전거를 타고 횡단보도를 건너는 어린이
> • 손수레를 끌고 횡단보도를 건너는 사람

19

다음 중 무면허 운전의 유형으로 옳은 것을 모두 고르면?

> 가. 운전면허를 취득하지 않고 운전하는 행위
> 나. 운전면허 정지 기간 중에 운전하는 행위
> 다. 제2종 운전면허로 제1종 운전면허를 필요로 하는 자동차를 운전하는 행위
> 라. 운전면허시험에 합격 후 운전면허증을 발급받기 전에 운전하는 행위

① 가, 나
② 가, 다
③ **가, 나, 다, 라**
④ 나, 라

출제영역 교통사고처리특례법령

무면허 운전의 유형
- 운전면허를 취득하지 않고 운전하는 행위
- 운전면허 적성검사 기간 만료일로부터 1년간의 취소유예기간이 지난 면허증으로 운전하는 행위
- 운전면허 취소처분을 받은 후에 운전하는 행위
- 운전면허 정지 기간 중에 운전하는 행위
- 제2종 운전면허로 제1종 운전면허를 필요로 하는 자동차를 운전하는 행위
- 제1종 대형면허로 특수면허가 필요한 자동차를 운전하는 행위
- 운전면허시험에 합격한 후 운전면허증을 발급받기 전에 운전하는 행위

20

어린이 보호구역으로 지정될 수 있는 장소가 아닌 것은?

① **불특정 다수 중 어린이가 지나다니는 모든 건물**
② 유아교육법에 따른 유치원, 초·중등교육법에 따른 초등학교 또는 특수학교
③ 영유아보육법에 따른 보육시설 중 정원 100명 이상의 보육시설
④ 학원의 설립·운영 및 과외교습에 관한 법률에 따른 학원 중 학원 수강생이 100명 이상인 학원

출제영역 교통사고처리특례법령
①은 어린이 보호구역으로 지정될 수 있는 장소로 볼 수 없다.

---

2. 안전운행요령

21

일상점검의 항목으로 옳지 않은 것은?

① 엔진룸 내부
② **튜닝상태**
③ 자동차 외관
④ 운전석

출제영역 자동차 관리

일상점검 항목
- 엔진룸 내부: 엔진, 변속기, 기타
- 자동차 외관: 완충 스프링, 타이어, 램프, 등록번호판, 배기가스
- 운전석: 엔진, 브레이크(풋브레이크/주차브레이크), 변속기, 후사경, 경음기, 와이퍼, 각종 계기

22

엔진의 점검 내용으로 옳지 않은 것은?

① 엔진오일, 냉각수
② **변속기 오일**
③ 배터리액
④ 브레이크 오일

출제영역 자동차 관리

엔진점검 내용
- 엔진오일, 냉각수
- 브레이크 오일
- 배터리액
- 윈도 워셔액
- 팬벨트 장력

23 ★★★

자동차용 LPG의 일반적 특성으로 옳지 않은 것은?

① LPG의 주성분은 부탄과 프로판의 혼합체로 구성된다.
② 상온과 상압하에서 무색무취의 가스이다.
③ 감압 또는 가열 시 쉽게 기화되지 않는다.
④ 가스누출 시 위험을 감지할 수 있도록 독특한 냄새가 난다.

> **출제영역** 자동차 관리
> LPG는 감압 또는 가열 시 쉽게 기화 및 발화하기 쉽다.

24 ★★

LPG 차량 고장현상과 원인으로 옳은 것은?

① 시동 불가능 - 연료부족
② 연료가 베이퍼라이저 및 인젝터 공급되지 않음 - 진공상태
③ 저온 시동 불가 및 공회전 불안정 - 연료계통 부품 및 연결부 누출
④ 고속 주행 시 엔진 상태 불량 - 공급 전원 배선 단선

> **출제영역** 자동차 관리
> ② 연료 베이퍼라이저 및 인젝터로 공급되지 않음 - LPG 연료 차단 스위치 ON 확인, 퓨즈 단선
> ③ 저온 시동 불가 및 공회전 불안정 - 연료 차단 솔레노이드 고장, 공급 전원 배선 단선, 단자 접촉 상태 불량, 베이퍼라이저 PTC 퓨즈, 릴레이 단락, 베이퍼라이저 PTC 공급 전원 단선 또는 단자 접촉 상태 불량, 인젝터 작동 불량, 진공 상태 불량, 스파크 플러그 이상
> ④ 고속 주행 시 엔진 상태 불량 - 탱크 연료량 부족

25 ★★★

오버히트가 발생하는 경우 점검사항으로 옳은 것은?

① 연료의 유무 확인
② 퓨즈의 단선 여부 확인
③ 냉각수의 부족 여부 확인
④ 베터리의 방전상태 확인

> **출제영역** 자동차 응급조치요령
> 오버히트가 발생하는 경우의 점검사항
> • 냉각수의 부족 여부 확인
> • 엔진 내부가 얼어 냉각수가 순환하지 않는 경우인지 확인

26 ★★★

타이어 펑크 시 차체를 들어올리는 잭을 사용할 때 주의사항으로 옳은 것은?

① 잭을 사용 할 때에는 경사진 곳에서 사용한다.
② 잭을 사용하는 동안 시동을 걸면 위험하다.
③ 잭으로 차량을 올린 상태에서 차량 하부로 들어가서 점검이 가능하다.
④ 후륜의 경우에는 리어 액슬 윗 부분에 설치하고 설치 된 고임목을 제거하고 잭을 사용한다.

> **출제영역** 자동차 응급조치요령
> 잭 사용 시 주의사항
> • 잭을 사용할 때에는 평탄하고 안전한 장소에서 사용
> • 잭을 사용하는 동안에 시동을 걸면 위험
> • 잭으로 차량을 올린 상태에서 차량 하부로 들어가면 위험
> • 잭을 사용할 때에 후륜의 경우에는 리어 액슬 아래 부분에 설치

27

엔진 과열 시 추정원인을 모두 고른 것은?

> 가. 냉각수가 부족하거나 누수되고 있다.
> 나. 냉각팬이 작동되지 않는다.
> 다. 라디에이터 캡의 장착이 불완전하다.
> 라. 온도조절기가 정상으로 작동되지 않는다.

① 가,
② 나, 다
③ 가, 나, 다
④ **가, 나, 다, 라**

출제영역 자동차 응급조치요령

엔진 과열 시 추정원인
- 냉각수가 부족하거나 누수되고 있다.
- 팬벨트의 장력이 지나치게 느슨하다(워터펌프 작동이 원활하지 않아 냉각수의 순환이 불량해지고 엔진이 과열).
- 냉각팬이 작동되지 않는다.
- 라디에이터 캡의 장착이 불완전하다.
- 서모스탯(온도조절기: themrmostat)이 정상 작동하지 않는다.

28

핸들이 무거울 경우 추정원인은?

① **앞바퀴의 공기압이 부족하다.**
② 타이어의 무게 중심이 맞지 않는다.
③ 냉각수가 부족하다.
④ 배터리액이 부족하다.

출제영역 자동차 응급조치요령

핸들이 무거울 경우 추정원인
- 앞바퀴의 공기압이 부족하다.
- 파워스티어링 오일이 부족하다.

29

자동변속기의 구성 부품으로 옳지 않은 것은?

① **냉각수 교환기**
② 토크 컨버터
③ 클러치 및 브레이크
④ 전자제어 장치

출제영역 자동차 구조 및 특성

자동변속기 구성 부품
- 토크 컨버터
- 클러치 및 브레이크
- 유성기어
- 전자제어 장치

30

안전운전의 5가지 기본기술로 옳지 않은 것은?

① 운전 중에 전방을 멀리 본다.
② 전체적으로 살핀다.
③ **타인이 자신을 볼 수 없게 한다.**
④ 눈을 계속해서 움직인다.

출제영역 안전운전의 기술

안전운전의 5가지 기본기술
- 운전 중에 전방을 멀리 본다.
- 전체적으로 살펴본다.
- 눈을 계속해서 움직인다.
- 다른 사람들이 자신을 볼 수 있게 한다.
- 차가 빠져나갈 공간을 확보한다.

31 ★★

다음 보기를 참고하여 자동차 소유자가 자동차 종합검사를 받아야 하는 기간으로 옳은 것은?

> 자동차 종합검사 유효기간의 마지막 날(검사 유효 기간을 연장하거나 검사를 유예한 경우에는 그 연장 또는 유예된 기간의 마지막 날)전후 각각 ( ) 이내 받아야 한다.

① 17일 ② 31일
③ 60일 ④ 90일

출제영역 자동차 검사 및 보험

자동차 종합검사 유효기간의 마지막 날(검사 유효기간을 연장하거나 검사를 유예한 경우에는 그 연장 또는 유예된 기간의 마지막 날) 전후 각각 31일 이내에 받아야 한다.

32 ★★

운전 중의 판단의 기본요소에 대한 평가내용으로 옳지 않은 것은?

① 주행로: 다른 차의 진행 방향과 거리
② 행동: 다른 차의 운전자가 할 것으로 예상되는 행동
③ 타이밍: 다른 차의 운전자가 행동하게 될 시점
④ 위험원: 교차하는 문제가 발생하는 정확한 지점

출제영역 안전운전의 기술

- 위험원: 특정 차량, 자전거 이용자 또는 보행자의 잠재적 위험
- 교차지점: 교차하는 문제가 발생하는 정확한 지점

33 ★★

좌우로 차가 빠져나갈 공간이 없을 때에는 앞차와의 차간거리를 확보해야 하는 경우 앞차와의 간격은 최소한 몇 초가 되어야 하는가?

① 1초 ② 2초
③ 3초 ④ 4초

출제영역 안전운전의 기술

운전자는 주행 시 앞뒤분만 아니라 좌우로 안전 공간을 확보하도록 노력해야 한다. 좌우로 차가 빠져나갈 공간이 없을 때에는 앞차와의 차간거리를 더 확보해야 하며, 앞차와의 간격은 최소한 2초는 되어야 한다.

34 ★★★

시내주행 시 몇 m 전방에서 방향지시등을 켜야하는가?

① 10m ② 20m
③ 30m ④ 50m

출제영역 안전운전의 기술

시내주행 시 30m 전방, 고속도로 주행 시 100m 전방에서 방향지시등을 켠다.

35 ★

고속도로의 편도 1차로의 최고속도로 옳은 것은?

① 매시 70km ② 매시 80km
③ 매시 90km ④ 매시 100km

출제영역 안전운전의 기술

고속도로의 편도 1차로의 최고속도는 매시 80km이다.

36

다음 중 그림에 해당하는 옳은 터널 안전수칙은?

① 추월하여 터널 안으로 진입한다.
② 터널에 일단 진입을 한다.
③ 터널 주의 표시이므로 그 자리에서 정차한다.
④ 터널 진입 전 입구 주변에 표시된 도로정보를 확인한다.

출제영역 안전운전의 기술

그림에 해당하는 안전수칙은 터널 진입 전 입구 주변에 표시된 도로정보를 확인하는 것이다.

37

봄철 자동차 관리로 옳은 것을 모두 고르면?

가. 세차
나. 월동장비 정리
다. 배터리 및 오일류 점검
라. 배선 및 부식된 부분 점검

① 가, 나
② 나, 다
③ 가, 나, 다
④ 가, 나, 다, 라

출제영역 안전운전의 기술

봄철 자동차 관리: 세차, 월동장비 정리, 배터리 및 오일류 점검, 배선 및 부식된 부분 점검, 부동액, 에어컨 작동 점검

38

차량 점검에 대한 설명으로 옳지 않은 것은?

① 특별한 경우에만 차량점검을 할 수 있다.
② 운행시작 전 또는 종료 후에는 차량상태를 철저히 점검한다.
③ 운행 중간 휴식시간에는 차량의 외관 및 적재함에 실려 있는 화물의 보관 상태를 확인한다.
④ 운행 중에 차량의 이상이 발견된 경우에는 즉시 관리자에게 연락하여 조치를 받는다.

출제영역 안전운전의 기술

①은 차량 점검에 대한 설명으로 옳지 않다.

39

경제운전에 영향을 미치는 요인으로 옳지 않은 것은?

① 도심 교통상황에 따른 요인
② 교통조사관의 유무
③ 도로조건
④ 기상조건

출제영역 안전운전의 기술

경제운전에 영향을 미치는 요인
• 도심 교통상황에 따른 요인
• 도로조건
• 기상조건

40

비가 내려 노면이 젖어있는 경우에는 최고속도의 몇 %를 줄인 속도로 운행해야 하는가?

① 20%
② 30%
③ 40%
④ 50%

출제영역 안전운전의 기술

비가 내려 노면이 젖어있는 경우에는 최고속도의 20%를 줄인 속도로 운행해야 한다.

3 운송서비스

41 ★★★

다음 중 여객운송업에서의 서비스의 개념에 대한 설명으로 옳은 것은?

① 물품을 보관하는 서비스
② 자동차의 소유권을 양도하는 활동
③ 유형의 상품을 판매하는 행위
④ 긍정적인 마음을 적절하게 표현하여 승객을 편안하고 안전하게 목적지까지 이동시키는 것

> **출제영역** 여객운수종사자의 기본자세
> 여객운송업에 있어 서비스란 긍정적인 마음을 적절하게 표현하여 승객을 편안하고 안전하게 목적지까지 이동시키는 것을 말한다. 봉사하는 마음을 기반으로 친절, 적극적인 태도, 신뢰를 통해 승객을 만족시켜 주고 고객의 만족으로 보람, 성취감을 느끼는 것으로 말과 이론이 아닌 감정과 행동이 수반되는 응대이다.

42 ★★

운수종사자가 운전 중 "교차로 통과"를 해야 할 때, 올바른 행동으로 맞는 것은?

① 교차로 통과 시 앞차의 진행속도가 느릴 경우 추월 가능
② 최대한 빠른속도로 통과
③ 최대한 뒷차에 붙어서 통과
④ 교차로 전방의 정체 현상으로 통과하지 못할 때에는 교차로에 진입하지 않고 대기

> **출제영역** 운수종사자의 기본 소양
> 교차로 통과 시 올바른 행동
> • 교차로 전방의 정체 현상으로 통과하지 못할 때에는 교차로에 진입하지 않고 대기
> • 앞 신호에 따라 진행하고 있는 차가 있는 경우에는 안전하게 통과하는 것을 확인하고 출발

43 ★★

운송서비스에서 '소멸성'의 의미로 가장 적합한 것은?

① 서비스는 제공 즉시 사라진다.
② 서비스는 장기간 재고로 남는다.
③ 서비스는 반복 사용이 가능하다.
④ 서비스는 유형재와 같이 저장할 수 있다.

> **출제영역** 여객운수종사자의 기본자세
> 운송서비스에서 소멸성의 의미는 서비스는 제공 즉시 사라진다는 것이다.

44 ★★

운수종사자가 갖추어야 할 호감 받는 표정관리에 해당하지 않는 것은?

① 밝고 상쾌한 표정을 유지한다.
② 상대방의 눈을 자연스럽게 바라본다.
③ 입을 일자로 굳게 다문다.
④ 미소를 지으며 대화한다.

> **출제영역** 여객운수종사자의 기본자세
> 좋은 표정 만들기
> • 밝고 상쾌한 표정을 만든다.
> • 얼굴 전체가 웃는 표정을 만든다.
> • 돌아서면서 표정이 굳어지지 않도록 한다.
> • 입은 가볍게 다문다.
> • 입의 양 꼬리가 올라가게 한다.

45

승객을 환영하는 태도의 효과로 옳지 않은 것은?

① 승객과의 관계가 가까워진다.
② 승객에게 긍정적인 이미지를 심어준다.
③ 승객과 격없는 대화가 가능해진다.
④ 서비스가 시작되는 기본조건이 된다.

> **출제영역** 여객운수종사자의 기본자세
> 승객을 환영하여 얻는 효과로 격없는 대화는 적합하지 않다.

46

승객이 택시 운전기사에게 바라는 가장 일반적인 욕구로 옳지 않은 것은?

① 일반적인 욕구는 없다.
② 중요한 사람으로 인식되고 싶어 한다.
③ 존중받고 싶어 한다.
④ 환영받고 싶어 한다.

> **출제영역** 여객운수종사자의 기본자세
> 일반적인 승객의 욕구
> • 환영받고 싶어 한다.
> • 편안해지고 싶어 한다.
> • 중요한 사람으로 인식되고 싶어 한다.
> • 존중받고 싶어 한다.
> • 기대와 욕구를 수용하고 인정받고 싶어 한다.

47

다음 중 운수종사자의 긍정적인 이미지를 만들기 위한 요소로 옳지 않은 것은?

① 표정관리(미소)
② 시선처리(눈빛)
③ 학벌(높은교육수준)
④ 용모복장(단정한 용모)

> **출제영역** 여객운수종사자의 기본자세
> 긍정적인 이미지 5요소
> • 시선처리(눈빛) • 음성관리(목소리)
> • 표정관리(미소) • 용모복장(단정한 용모)
> • 제스쳐(비언어적요소 손짓, 자세 등)

48

승객을 맞이할 때 가장 먼저 보여야 할 행동으로 옳은 것은?

① 밝고 친절한 인사
② 승객을 무시하는 태도
③ 불친절한 언행
④ 서둘러 차량을 출발하는 행동

> **출제영역** 여객운수종사자의 기본자세
> 승객을 맞이할 때 가장 먼저 밝고 친절한 인사를 보여야 한다.

49

인사의 개념으로 옳지 않는 것은?

① 인사는 선택적으로 실시해도 된다.
② 인사는 서로 만나거나 헤어질 때 말·태도 등으로 존경, 사랑, 우정을 표현하는 것이다.
③ 상대의 인격을 존중하고 배려하기 위한 수단이다.
④ 상사에게 존경심을, 동료에게는 우애와 친밀감을 표현하는 것이다.

> **출제영역** 여객운수종사자의 기본자세
> 인사의 개념 및 효과
> • 서비스의 첫 동작이자 마지막 동작
> • 존경·사랑·우정의 표현하는 행동 양식
> • 상대의 인격을 존중하고 배려하기 위한 수단
> • 상사에게는 존경심, 동료에게는 우애와 친밀감을 표현

50

운송사업자 준수사항에 해당하지 않는 것은?

① 자동차를 항상 청결하게 유지한다.
② 운수종사자의 건강상태를 확인한다.
③ 불편사항 표지판을 게시한다.
④ 승객 불만이 접수되어도 무시한다.

> **출제영역** 운송사업자 및 운수종사자 준수사항
>
> 일반적인 준수사항
> - 노약자, 장애인 등에 대해서는 특별한 편의를 제공해야 한다.
> - 여객에 대한 서비스의 향상 등을 위하여 관할관청이 필요하다고 인정하는 경우에는 운수종사자로 하여금 단정한 복장 및 모자를 착용하게 해야 한다.
> - 자동차를 항상 깨끗하게 유지해야 한다.
> - 차량 운행 전에 운수종사자의 건강상태, 음주 여부 및 운행경로 숙지 여부 등을 확인해야 한다.
> - 수요응답형 여객자동차운송사업자는 여객의 운행요청이 있는 경우 이를 거부 하여서는 안 된다.
> - 운수종사자를 위한 휴게실 또는 대기실에 난방장치, 냉방장치 및 음수대 등 편의시설을 설치해야 한다.

51

여객자동차 운수사업법에 따라 운수종사자가 운행 중 반드시 해야 할 행동은?

① 교통사고 발생 시 즉시 적절한 조치를 취한다.
② 미터기 조작을 자유롭게 한다.
③ 정차 지시를 무시한다.
④ 임의로 요금을 결정한다.

> **출제영역** 운송사업자 및 운수종사자 준수사항
>
> 운수종사자가 운행 중 해야 할 행동
> - 정류소 또는 택시승차대에서 주차 또는 정차할 때에는 질서를 문란하게 하는 일이 없도록 할 것
> - 정비가 불량한 사업용자동차를 운행하지 않도록 할 것
> - 위험방지를 위한 운송사업자·경찰공무원 또는 도로관리청 등의 조치에 응하도록 할 것
> - 교통사고를 일으켰을 때에는 긴급조치 및 신고의 의무를 충실하게 이행하도록 할 것
> - 자동차의 차체가 헐었거나 망가진 상태로 운행하지 않도록 할 것

52

택시운전자의 올바른 직업관에 관한 설명으로 가장 옳은 것은?

① 소명의식과 직업에 대한 긍지
② 지위만을 추구
③ 생계유지 수단만을 중시
④ 사회적 역할을 무시

> **출제영역** 여객운수종사자의 기본자세
>
> 바람직한 직업관
> - 소명의식을 지닌 직업관
> - 사회구성원으로서의 역할 지향적 직업관
> - 미래 지향적 전문능력 중심의 직업관

53

다음 중 올바른 직업윤리가 아닌 것은?

① 소명의식
② 배척의식
③ 직분의식
④ 봉사정신

> **출제영역** 여객운수종사자의 기본자세
>
> 올바른 직업윤리
> - 소명의식
> - 천직의식
> - 직분의식
> - 봉사정신
> - 전문의식
> - 책임의식

54

운전예절에 따라 반드시 삼가야 할 행동은?

① 과속 운행과 급브레이크
② 양보운전
③ 법규 준수
④ 안전거리 확보

> **출제영역** 운송종사자의 기본 소양
>
> 운전자가 삼가야 하는 행동
> - 지그재그 운전
> - 급브레이크
> - 갑자기 끼어들거나 다른 운전자에게 욕설
> - 도로상에서 사고가 발생한 경우 차량을 세워 둔 채로 시비, 다툼 등의 행위로 다른 차량의 통행을 방해
> - 운행 중에 오디오 볼륨을 크게 작동시켜 승객을 놀라게 하거나, 경음기 버튼을 작동시켜 다른 운전자를 놀라게 하지 않는다
> - 신호등이 바뀌기 전에 빨리 출발하라고 전조등 깜박이거나 경음기로 재촉하는 행위
> - 교통 경찰관의 단속에 불응하거나 항의
> - 갓길로 통행

55

다음 중 운전자가 운행 전 확인해야 할 내용이 아닌 것은?

① 안전설비 이상 유무
② 음주 여부
③ 차량 도색상태
④ 등화장치 이상 유무

> **출제영역** 운송사업자 및 운수종사자 준수사항
>
> 운행 전 차량 도색상태는 개인적인 확인사항이다.

56

여객자동차 운수사업법에 따른 중대한 교통사고로 옳지 않은 것은?

① 전복사고
② 화재가 발생한 사고
③ 사망자가 2명 이상 발생한 사고
④ 중상자가 2명 이상인 사고

> **출제영역** 운송종사자의 기본 소양
>
> 중대한 교통사고
> - 전복사고
> - 화재가 발생한 사고
> - 사망자 2명 이상이 발생한 사고
> - 사망자 1명과 중상자 3명 이상이 발생한 사고
> - 중상자 6명 이상이 발생한 사고

57

운수종사자가 심폐소생술을 시행할 때, 성인의 가슴 압박 깊이로 적합한 것은?

① 약 2cm 이상
② 약 3cm 이상
③ 약 5cm 이상
④ 약 10cm 이상

> **출제영역** 운송종사자의 기본 소양
>
> 심폐소생술 가슴압박 방법
> - 가슴의 중앙인 흉골의 아래쪽 절반부위에 손바닥을 위치시킨다.
> - 양손을 깍지 낀 상태로 손바닥의 아래 부위만을 환자의 흉골부위에 접촉시킨다.
> - 시술자의 어깨는 환자의 흉골이 맞닿는 부위와 수직이 되게 위치시킨다.
> - 양쪽 어깨 힘을 이용하여 분당 100~120회 정도의 속도로 5cm 이상 깊이로 강하고 바르게 30회 눌러준다.

58 ★★

승객이 차량 내에서 차멀미 증상을 호소할 때 운수종사자가 취해야 할 적절한 조치는?

① 통풍이 잘되는 앞좌석에 앉히거나 잠시 정차해 휴식을 제공한다.
② 즉시 하차시킨다.
③ 운행요금을 증가시킨다.
④ 목적지까지 운행을 더 우선한다.

> **출제영역** 운송종사자의 기본 소양
> 차멀미 증상을 호소할 때 적절한 조치
> • 환자의 경우는 통풍이 잘되고 비교적 흔들림이 적은 앞쪽으로 앉도록 한다.
> • 심한 경우에는 휴게소 내지는 안전하게 정차할 수 있는 곳에 정차해 차에서 내려 시원한 공기를 마시도록 한다.
> • 차멀미 승객이 토할 경우를 대비해 위생봉지를 준비한다.
> • 차멀미 승객이 토한 경우 주변 승객이 불쾌하지 않도록 신속히 처리한다.

59 ★

한 승객이 목적지를 바꿔달라고 요구했을 때, 운수종사자가 해야 할 올바른 대처는?

① 승객의 요청을 존중하고 안내한다.
② 무시하며 계속 운행한다.
③ 요금에 따라 의견을 수용할지 결정한다.
④ 불친절하게 응대한다.

> **출제영역** 운송종사자의 기본 소양
> 승객의 요청을 존중하고 무리하지 않고 정당한 요구라면 친절히 안내한다.

60 ★

승객이 택시에 탑승했을 때 운수종사자가 가장 먼저 해야 할 일로 옳은 것은?

① 밝은 인사와 친근한 말로 환영한다.
② 무조건 승객이 탑승하기 전 하차하여 문을 열어준다.
③ 목적지를 묻기 전 일단 출발부터 한다.
④ 운전 중 잠깐의 휴대전화를 사용은 괜찮다.

> **출제영역** 여객운수종사자의 기본자세
> 승객을 맞이하는 인사와 친근한 언어예절은 기본사항이다.

4-1 서울지역 지리

61

다음중 여의도에 위치한 방송국이 아닌 것은?

① TBS ② MBC
③ KBS ④ SBS

62

다음 중 서울지하철 9호선이 정차하지 않는 역은?

① 김포공항역 ② 고속터미널역
③ 신논현역 ④ 사당역

63

서울특별시 대표 종합병원 중 종로구에 위치한 곳은?

① 서울대학교병원 ② 삼성서울병원
③ 서울아산병원 ④ 신촌세브란스병원

64
다음 중 서울특별시 동쪽에 위치한 자치구는?

① 강서구　　　　② 서초구
③ **강동구**　　　　④ 은평구

65
서울특별시에서 남산이 위치한 자치구는?

① **용산구**　　　　② 서대문구
③ 관악구　　　　④ 송파구

66
다음 중 1호선, 4호선, 공항철도가 모두 정차하는 서울역은?

① **서울역**　　　　② 시청역
③ 신도림역　　　　④ 왕십리역

67
다음 중 홍익대학교가 위치한 곳으로 옳은 것은?

① 동작구 상도동　　② 성동구 행당동
③ **마포구 상수동**　　④ 종로구 팔판동

68
서울특별시 관내 대표적인 공연장인 세종문화회관은 어디에 위치하는가?

① **광화문**　　　　② 청담동
③ 신촌　　　　④ 강남역

69
서울지하철 5호선이 지나지 않는 자치구는?

① 강동구　　　　② 마포구
③ 영등포구　　　　④ **은평구**

70
서울특별시의 서북부에 위치하며 북한산국립공원이 일부 포함된 자치구는?

① **은평구**　　　　② 성북구
③ 강북구　　　　④ 도봉구

4-2 경기지역 지리

61
경기도 남양주시의 대표 하천은?

① 한탄강　　　　② 남한강
③ 경안천　　　　④ **왕숙천**

62
경기도 부천시와 서울특별시 구로구를 연결하는 대표 전철 노선은?

① 1호선　　　　② 2호선
③ **7호선**　　　　④ 9호선

63
다음 중 경기도 파주시의 대표적 관광지가 아닌 것은?

① 임진각　　　　② 헤이리예술마을
③ 광탄호수공원　　④ **대부도**

64
경기도에서 가장 동쪽에 위치한 시군은?

① **양평군**　　　　② 여주시
③ 연천군　　　　④ 고양시

65

경기도 광주시와 서울 강동구를 연결하는 대표적인 국도는?

① 3번국도　　　② 43번국도
③ 45번국도　　　④ 6번국도

66

다음 중 경기도 수원시와 직접 맞닿아 있지 않은 시군은?

① 의왕시　　　② 용인시
③ 시흥시　　　④ 화성시

67

경기도 고양시의 대표적인 신도시가 아닌 것은?

① 일산신도시　　　② 화정신도시
③ 삼송신도시　　　④ 동탄신도시

68

경기도에서 김포시와 파주시 사이를 연결하는 대표 하천은?

① 한강　　　② 임진강
③ 아라천　　　④ 복하천

69

경기도 성남시 분당구에 위치한 주요 IT기업 집적지로 유명한 곳은?

① 판교테크노밸리
② 고양일산테크노밸리
③ 수원삼성디지털시티
④ 의왕테크노파크

70

경기도 남양주시와 하남시를 연결하는 대표 도로는?

① 중부고속도로
② 서울외곽순환고속도로
③ 올림픽대로
④ 팔당대교

4-3　인천지역 지리

61

다음 중 인천지하철 1호선과 서울 1호선이 모두 정차하는 역은?

① 부평역　　　② 주안역
③ 인천역　　　④ 동암역

62

다음 중 인천광역시 동구에 위치한 곳은?

① 송림동　　　② 산곡동
③ 가좌동　　　④ 신현동

63

다음 중 인천국제공항 제2여객터미널로 바로 진입 가능한 교통수단은?

① 인천지하철 2호선　　　② 공항철도
③ 수인분당선　　　④ 서울7호선

64

인천의 대표적 전통시장 중 신포국제시장이 위치한 곳은?

① 부평구　　　② 남동구
③ 중구　　　④ 강화군

65
다음 중 인천광역시의 대표적 해수욕장이 아닌 것은?

① 을왕리 ② 마시안
③ 소래포구 ④ 왕산

66
인천 남동구에 위치한 산업단지는?

① 남동국가산업단지 ② 북항배후단지
③ 검단일반산업단지 ④ 송도바이오단지

67
인천지하철 2호선에서 서울7호선으로 환승 가능한 역은?

① 가정역 ② 석남역
③ 검암역 ④ 서부여성회관역

68
인천국제공항이 위치한 섬 이름은?

① 영종도 ② 무의도
③ 강화도 ④ 소야도

69
다음 중 인천지하철 1호선의 종착역(최서쪽)은?

① 계양역 ② 송도달빛축제공원역
③ 인천역 ④ 원인재역

70
다음 중 인천광역시 서구에 위치한 대표적 신도시는?

① 청라국제도시 ② 송도국제도시
③ 검단신도시 ④ 루원시티

제3회 CBT 기출복원문제

1 교통 및 여객자동차 운수사업 법규

01 ★★★

대형택시운송사업과 고급형 택시운송사업의 사업구역으로 옳지 않은 것은?

① 특별시
② 특별자치도
③ 광역시
④ 도

> **출제영역** 여객자동차 운수사업법령
> 택시운송사업의 사업구역은 특별시·광역시·특별자치시·특별자치도 또는 시·군 단위로 한다. 다만, 대형 택시운송사업과 고급형 택시운송사업의 사업구역은 특별시·광역시·도 단위로 한다.

02 ★★

택시운송사업의 사업구역 지정·변경 등의 사업구역심의위원회의 위원의 알맞은 임기는?

① 6개월
② 1년
③ 2년
④ 4년

> **출제영역** 여객자동차 운수사업법령
> 사업구역심의위원회의 임기
> 임기 2년, 한 차례에 한정하여 연임가능

03 ★★★

신규 택시운송사업면허를 받을 수 없는 사업구역이 아닌 것은?

① 사업구역별 택시 총량을 신청하지 아니한 사업구역
② 국토교통부장관이 사업구역별 택시 총량의 재산정을 요구한 사업구역
③ 사업구역별 택시 총량 산정을 완료한 구역
④ 고시된 사업구역별 택시 총량보다 해당 사업구역 내의 택시의 대수가 많은 사업구역

> **출제영역** 택시 운송사업 발전 법령
> 신규 택시운송사업 면허의 제한
> • 사업구역별 택시 총량을 산정하지 아니한 사업구역
> • 국토교통부장관이 사업구역별 택시 총량의 재산정을 요구한 사업구역
> • 고시된 사업구역별 택시 총량보다 해당 사업구역 내의 택시의 대수가 많은 사업구역(다만, 해당 사업구역이 연도별 감차 규모를 초과하여 감차 실적을 달성한 경우 그 초과분의 범위에서 관할 지방자치단체의 조례로 정하는 바에 따라 신규 택시운송사업 면허를 받을 수 있다)

04 ★★★

대통령령으로 정하는 바에 따라 감차위원회의 구성원의 자격으로 옳지 않은 것은?

① 택시 관련 업무 공무원
② 일반시민
③ 관련 업무 전문가
④ 택시운송사업자 대표자

> **출제영역** 택시 운송사업 발전 법령
>
> 감차위원회 구성원의 자격
> • 소속 공무원 중 택시 관련 업무 담당 공무원
> • 사업구역 내 일반택시운송사업자의 대표자
> • 사업구역 내 개인택시운송사업자의 대표자
> • 사업구역 내 일반택시운송사업자의 대표자
> • 택시운송업무에 관하여 학식과 경험이 풍부한 사람으로서 전문가 단체나 시민단체 등에서 추천하는 전문가

05 ★★

긴급 자동차에 대해서 적용하지 않는 상황이 있다. 이에 따라 긴급 자동차 특례사항에 해당하지 않는 것은?

① 긴급정지, 급제동, 급정지
② 자동차의 속도 제한 단, 긴급자동차에 대해 속도를 제한한 경우에는 속도제한 규정을 적용한다.
③ 앞지르기 금지
④ 끼어들기 금지

> **출제영역** 도로교통법령
>
> 긴급 자동차에 대한 특례
> 긴급 자동차에 대하여는 다음의 상황을 적용하지 아니한다.
> • 자동차 등의 속도제한(다만, 긴급 자동차에 대해 속도를 규정한 경우 적용)
> • 앞지르기의 금지, 끼어들기의 금지

06 ★★★

서행 또는 일시정지 할 장소로 옳지 않은 곳은?

① 교통정리를 하고 있지 아니하는 교차로
② 도로가 구부러진 부근
③ 내리막길과 오르막길
④ 비탈길의 고갯마루 부근

> **출제영역** 도로교통법령
>
> 서행할 장소
> • 교통정리를 하고 있지 않은 교차로, 도로가 구부러진 부근
> • 비탈길의 고갯마루 부근, 가파른 비탈길의 내리막
> • 시 · 도 경찰청장이 도로에서의 위험을 방지하고 교통의 안전과 원활한 소통을 확보하기 위해 필요하다고 인정하여 안전표지로 지정한 곳

07 ★★★

갓길 통행이 가능한 경우가 아닌 것은?

① 긴급자동차를 운전하는 경우
② 고속도로등의 보수작업을 하는 자동차를 운전하는 경우
③ 차량정체 시 신호기 또는 경찰공무원등의 신호나 지시가 있는 경우
④ 다른 차를 빠르게 앞지르는 경우

> **출제영역** 도로교통법령
>
> 갓길 통행이 가능한 경우
> • 자동차의 고장 등 부득이한 사정이 있는 경우
> • 긴급자동차와 고속도로 등의 보수, 유지 등의 작업을 하는 자동차를 운전하는 경우
> • 차량정체 시 신호기 또는 경찰공무원 등의 신호나 지시에 따라 갓길에서 자동차를 운전하는 경우

08

긴급자동차 교통안전교육의 신규 교통안전교육과 정기 교통안전교육은 각각 몇 시간 이상 실시하여야 하는가?

① 신규: 1시간 정기: 2시간
② 신규: 3시간 정기: 2시간
③ 신규: 4시간 정기: 3시간
④ 신규: 5시간 정기: 3시간

출제영역 도로교통법령

긴급자동차 교통안전교육은 강의·시청각 교육 등의 방법으로 실시하며, 신규 교통안전교육은 3시간 이상, 정기 교통안전교육은 2시간 이상 실시한다.

09

다음 중 도로교통법상 '철길건널목 통과방법 위반 사고'로 인한 행정처분에 해당하는 벌점은?

① 10점
② 15점
③ 30점
④ 60점

출제영역 교통사고처리특례법령

철길 건널목 통과 위반 사고 시 벌점은 30점이다.

10

자동차 등의 운전 중 인적피해 교통사고를 일으킨 때 사고결과에 따른 벌점기준이 올바르게 연결된 것은?

	구분	내용	벌점
①	부상신고 1명마다	2일 미만의 치료를 요하는 의사진단	60점
②	경상 1명마다	11주 미만 5일 이상의 치료 요하는 의사진단	11점
③	사망 1명마다	사고발생 시부터 72시간 이내 사망한 때	90점
④	중상 1명마다	5주 이상의 치료를 요하는 의사진단	40점

출제영역 도로교통법령

사고결과에 따른 벌점기준

구분	내용	벌점
사망 1명마다	사고발생 시부터 72시간 이내 사망한 때	90점
중상 1명마다	3주 이상의 치료를 요하는 의사의 진단이 있는 사고	15점
경상 1명마다	3주 미만 5일 이상의 치료를 요하는 의사의 진단이 있는 사고	5점
부상신고 1명마다	5일 미만의 치료를 요하는 의사의 진단이 있는 사고	2점

11

안전표지의 종류로 옳지 않은 것은?

① 위험표지
② 주의표지
③ 규제표지
④ 지시표지

출제영역 도로교통법령

안전표지의 종류
- 주의표지 • 규제표지 • 지시표지
- 보조표지 • 노면표시

12

노면표시 색채의 종류로 옳지 않은 것은?

① 황색
② 청색
③ 적색
④ 흑색

출제영역 도로교통법령

노면표시의 색채 기준
- 황색: 중앙선,노상장애물 중 도로중앙장애물, 주차금지, 정차금지 등
- 청색: 버스전용차로 및 다인승차량 전용차선 표시
- 적색: 어린이보호구역 또는 주거지역 안에 설치하는 속도제한표시의 테두리 및 소방시설 주변 주정차 금지 표시
- 백색: 동일방향의 교통류 분리 및 경계표시

13

다음 중 뺑소니 사고에 해당 되는 경우는?

① 장소가 혼잡하여 불가피하게 일부 진행 후 정지하고 되돌아와 조치한 경우
② 피해자 사상 사실을 인식하거나 예견됨에도 가버린 경우
③ 피해자 일행의 구타가 두려워 현장을 이탈한 경우
④ 사고운전자가 자기 차량 사고에 대한 조치 없이 가버린 경우

> **출제영역** 교통사고처리특례법령
> 도주(뺑소니)인 경우
> - 피해자 사상 사실을 인식하거나 예견됨에도 가버린 경우
> - 피해자를 사고 현장에 방치한 채 가버린 경우
> - 현장에 도착한 경찰관에게 거짓으로 진술한 경우
> - 사고 운전자를 바꿔치고 신고 및 연락처를 거짓 신고한 경우
> - 자신의 의사를 제대로 표시하지 못한 나이 어린 피해자가 '괜찮다'라고 하여 조치 없이 가버린 경우 등
> - 피해자가 이미 사망하였다고 사체 안치 후송 등의 조치 없이 가버린 경우
> - 피해자를 병원까지만 후송하고 계속 치료를 받을 수 있는 조치 없이 가버린 경우
> - 쌍방 업무상 과실이 있는 경우에 발생한 사고로 과실이 적은 차량이 도주한 경우

14

보도침범, 보도횡단방법위반 사고의 성립요건 중 운전자과실의 예외사항은?

① 고의적 과실
② 의도적 과실
③ 부주의에 의한 과실
④ 만부득이한 과실

> **출제영역** 교통사고처리특례법령
>
> | 항목 | 내용 | 예외사항 |
> |---|---|---|
> | 운전자과실 | • 고의적 과실
• 의도적 과실
• 현저한 부주의 과실 | • 불가항력적 과실
• 만부득이한 과실
• 단순 부주의 과실 |

15

교통안전표지만 설치되어 있는 건널목의 종류로 옳은 것은?

① 제1종 건널목
② 제2종 건널목
③ 제3종 건널목
④ 제4종 건널목

> **출제영역** 교통사고처리특례법령
> - 제1종 건널목: 차단기, 건널목 경보기 및 교통안전표지가 설치되어 있는 경우
> - 제2종 건널목: 건널목 경보기 및 교통안전표지가 설치되어 있는 경우
> - 제3종 건널목: 교통안전표지만 설치되어 있는 경우

16

보행자 보호의무위반 사고의 성립요건 항목으로 옳지 않은 것은?

① 장소적요건
② 피해자요건
③ 운전자과실
④ 소지품요건

> **출제영역** 교통사고처리특례법령
> 보행자 보호의무 위반 사고의 성립요건
> - 장소적 요건
> - 피해자 요건
> - 운전자 과실
> - 시설물 설치 요건

17

무면허 운전 중 사고 성립요건의 항목으로 옳지 않은 것은?

① 장소적요건
② 시설물설치요건
③ 피해자요건
④ 운전자과실

> 출제영역 교통사고처리특례법령
>
> 무면허 운전 중 사고 성립요건 항목
> • 장소적요건
> • 피해자요건
> • 운전자과실

18

다음 중 보도침범, 보도횡단방법위반 사고의 성립요건과 관련이 없는 내용은?

① 보도와 차도가 구분된 도로에서 보도 내 사고
② 보도 내에서 보행 중 사고
③ 철길건널목 통과방법 위반 사고
④ 고의적 과실

> 출제영역 교통사고처리특례법령
>
> 철길건널목 통과방법 위반 과실은 보도침범, 보도횡단방법위반 사고의 성립요건과 관련이 없다.

19

차를 운전하여 사람 또는 화물을 이동시키거나 운반하는 등 차를 그 본래의 용법에 따라 사용하는 것을 말하는 용어는?

① 교통
② 차량
③ 요마크
④ 교통사고

> 출제영역 교통사고처리특례법령
>
> 차를 운전하여 사람 또는 화물을 이동시키거나 운반하는 등 차를 그 본래의 용법에 따라 사용하는 것을 말하는 용어는 '교통'이다.

20

어린이 보호구역으로 지정될 수 있는 장소의 정원으로 옳은 것은? (단, 일반적인 보육시설에 한한다)

① 100명 이상
② 200명 이상
③ 300명 이상
④ 400명 이상

> 출제영역 교통사고처리특례법령
>
> 어린이 보호구역으로 지정될 수 있는 장소
> • 유아교육법에 따른 유치원, 초·중등교육법에 따른 초등학교 또는 특수학교
> • 영유아보육법에 따른 보육시설 중 정원 100명 이상의 보육시설(관할 경찰서장과 협의시 정원 100명 미만도 지정 가능)
> • 학원의 설립·운영 및 과외교습에 관한 법률에 따른 학원 중 학원 수강생이 100명 이상인 학원(관할 경찰서장과 협의된 경우에는 100명 미만도 지정 가능)
> • 초·중등교육법에 따른 외국인학교 또는 대안학교, 제주특별자치도 설치 및 국제자유도시 조성을 위한 특별법에 따른 국제학교 및 경제자유구역 및 제주국제자유도시의 외국교육기관 설립·운영에 관한 특별법에 따른 외국교육기관 중 유치원·초등학교 교과과정이 있는 학교

2 안전운행요령

21 ★★★

일상점검의 점검 항목 중 엔진룸 내부의 점검 내용에 해당하지 않는 것은?

① 엔진오일
② 완충 스프링
③ 변속기 오일
④ 라디에이터 상태

출제영역 자동차 관리

일상점검 항목 및 내용

점검 항목		점검 내용
엔진룸 내부	엔진	• 엔진오일, 냉각수 • 브레이크 오일 • 배터리액 • 윈도 워셔액 • 팬벨트 장력
	변속기	• 변속기 오일 • 누유 여부
	기타	• 라디에이터 상태 • 엔진룸 오염 정도

22 ★★★

다음 경고등·표시등의 명칭으로 옳은 것은?

① 비상경고표시등
② 주행빔(상향등)작동 표시등
③ 연료잔량 경고등
④ 엔진오일 압력 경고등

출제영역 자동차 관리

주행등(상향등)작동 표시등이다.

23 ★★★

타이어 마모에 영향을 주는 요소로 옳지 않은 것은?

① 타이어 공기압
② 방향제 사용
③ 차의 하중
④ 차의 속도

출제영역 자동차 관리

타이어 마모에 영향을 주는 요소
• 타이어 공기압
• 차의 하중
• 차의 속도
• 커브, 브레이크, 노면, 기타 등

24 ★★★

LPG 연료탱크의 충전 밸브의 색으로 옳은 것은?

① 적색
② 녹색
③ 황색
④ 흰색

출제영역 자동차 관리

LPG 연료탱크의 구성
충전 밸브(녹색), 연료 차단 밸브(적색)

25 ★★

와이퍼(Wiper)관리에 관한 설명으로 옳지 않은 것은?

① 워셔액 탱크가 비어 있을 경우 와이퍼를 작동시키면 와이퍼 모터가 손상된다.
② 겨울철에 와이퍼가 얼어붙어 있는 경우, 와이퍼를 작동시키면 와이퍼 링크가 이탈하거나 모터가 손상된다.
③ 겨울철에 워셔액을 사용하면 유리창에 워셔액이 얼어붙어 시야를 가려 안전 운전에 치명적일 수 있다.
④ 겨울철 워셔액이 얼어 붙은 경우 와이퍼를 직접 떼어 유리창의 얼음을 직접 긁어낸다.

> **출제영역** 자동차 관리
>
> 와이퍼(Wiper)
> - 워셔액 탱크가 비어 있을 경우 와이퍼를 작동시키면 와이퍼 모터가 손상된다.
> - 겨울철에 와이퍼가 얼어붙어 있는 경우, 와이퍼를 작동시키면 와이퍼 링크가 이탈하거나 모터가 손상된다.
> - 겨울철에 워셔액을 사용하면 유리창에 워셔액이 얼어붙어 시야를 가려 안전 운전에 치명적일 수 있다.

26 ★★★

시동 모터가 회전하지 않을 경우 확인하여야 할 사항으로 옳은 것은?

① 연료의 유무
② 퓨즈의 단선 여부
③ 배터리의 방전, 단자 연결상태 확인
④ 냉각수의 부족 여부

> **출제영역** 자동차 응급조치요령
>
> 시동 모터가 회전하지 않을 경우: 배터리의 방전 상태, 배터리 단자의 연결 상태 확인

27 ★★★

저속 회전하면 엔진이 쉽게 꺼지는 경우 추정 원인으로 옳지 않은 것은?

① 공회전 속도가 낮다.
② 에어 클리너 필터가 오염되었다.
③ 엔진 오일의 점도가 너무 높다.
④ 밸브 간극이 비정상이다.

> **출제영역** 자동차 응급조치요령
>
> 저속 회전하면 엔진이 쉽게 꺼지는 경우
> - 공회전 속도가 낮음
> - 에어 클리너 필터가 오염
> - 연료 필터가 막혀 있음
> - 밸브 간극이 비정상

28 ★★★

경제적·친환경적 운행이 가능하며 전기차+엔진(복합기관)의 자동차의 분류로 옳은 것은?

① 수소 자동차
② 전기 자동차
③ 디젤기관 자동차
④ 하이브리드 자동차

> **출제영역** 자동차 구조 및 특성
>
> 동력의 종류에 따른 자동차분류
> - 가솔린(휘발유) 기관 자동차
> - 디젤(경유)기관 자동차
> - 액화가스 기관 자동차(보통 LPG차로 불린다)
> - 하이브리드 자동차
> - 전기자동차
> - 수소 자동차

29

토크 컨버터의 구성으로 옳지 않은 것은?

① 펌프
② 터빈
③ 스테이터
④ **브레이크 패드**

> **출제영역** 자동차 구조 및 특성
> 토크 컨버터의 구성: 펌프(구동축), 터빈(피동축), 스테이터

30

자동차가 물이 고인 노면을 고속으로 주행할 때 타이어는 요철용 무늬 사이에 있는 물을 배수하는 기능이 감소되어 물의 저항에 의해 노면으로부터 떠올라 물위를 미끄러지는 현상은?

① 쇼크 웨이브 현상
② 스탠딩 웨이브현상
③ **수막현상**
④ 마모현상

> **출제영역** 자동차 구조 및 특성
> 수막현상(Hydroplaning)에 대한 설명이다. 수막현상은 수상 스키와 같은 원리에 의한 것으로 타이어 접지면의 앞쪽에서 물의 수막이 침범하여 그 압력에 의해 타이어가 노면으로부터 떨어지는 현상이다.

31

조향장치를 올바르게 설명한 것은?

① 주행 중 노면으로부터 발생하는 진동이나 충격을 완화시켜 자동차를 보호, 화물의 손상 방지, 승차감과 자동차의 주행 안전성을 향상시키는 역할
② 주행 자동차를 감속 또는 정지시킴, 동시에 주차상태를 유지하기 위해 사용하는 자동차구조 장치
③ 실린더 내에 혼합기를 흡입, 압축하여 전기점화나 고온에 의한 자기착화로 연소시켜 열에너지를 얻으며, 이 열에너지는 피스톤을 움직여 기계적 에너지를 얻는다
④ **자동차의 진행 방향을 운전자가 의도하는 바에 따라서 임의로 조작할 수 있는 장치**

> **출제영역** 자동차 구조 및 특성
> 조향장치는 자동차의 진행 방향을 운전자가 의도하는 바에 따라서 임의로 조작할 수 있는 장치이며 조향 핸들을 조작하면 조향 기어에 그 회전력이 전달되며 조향 기어에 의해 감속하여 앞바퀴의 방향을 바꿀 수 있도록 되어 있다.

32

자동차 종합검사를 받아야 하는 기간만료일부터 30일 이내에 자동차 종합검사 미필 시 과태료 부과기준은?

① 10만원
② **2만원**
③ 20만원
④ 7만원

> **출제영역** 자동차 검사 및 보험
> 자동차 종합검사 미필 시 과태료 부과기준
> • 자동차 종합검사를 받아야 하는 기간만료일부터 30일 이내인 경우: 2만원
> • 자동차 종합검사를 받아야 하는 기간만료일부터 30일을 초과 114일 이내인 경우: 2만원에 31일째부터 계산하여 3일 초과 시마다 1만원을 더한 금액
> • 자동차 종합검사를 받아야 하는 기간만료일부터 115일 이상인 경우: 30만원

33

안전운전의 기술 중 결정된 행동을 실행에 옮기는 단계에 관한 설명으로 옳지 않은 것은?

① 급제동시 브레이크 페달을 급하고, 강하게 밟는다고 제동거리가 짧아지는 것은 아니다.
② ABS 브레이크도 속도나 도로환경에 따라 미끄러지거나 방향성을 상실할 수도 있다.
③ **핸들 조작은 크고 간결하고 아주 빠르게 조작한다.**
④ 급제동 시에는 신속하게 브레이크를 여러 번(더블브레이크) 나누어 뒤차의 준비상황을 주고 점진적으로 세게 밟는 제동 방법 등을 잘 구사할 필요가 있다.

> **출제영역** 안전운전의 기술
> 핸들 조작도 부드러워야 한다. 흔히 핸들 과대 조작, 핸들 과소 조작 등으로 인한 사고는 바로 적절한 핸들 조작의 중요성을 말해준다.

34

후미 추돌사고 예방을 위해 앞차와 충분한 거리를 유지할 경우 최소한의 추종거리는 몇 초인가?

① 10초   ② 7초
③ 4초   ④ 3초

출제영역 안전운전의 기술
후미 추돌사고 예방
• 앞차에 대한 주의를 늦추지 않는다.
• 상황을 멀리까지 살펴본다.
• 충분한 거리를 유지한다. 앞차와 최소 3초 정도의 추종거리를 유지한다.
• 상대보다 더 빠르게 속도를 줄인다. 위험상황이 전개될 경우 바로 엑셀에서 발을 떼서 브레이크를 밟는다.

35

철길 건널목에서의 방어운전의 내용으로 옳지 않은 것은?

① 철길건널목에 접근할 때에는 속도를 줄이며 접근한다.
② 일시정지 후에는 철도 좌,우의 안전을 확인한다.
③ 건널목 건너편 여유 공간을 확인한 후에 통과한다.
④ 철길 따라 운전을 하여 옆쪽에 주차시킨다.

출제영역 안전운전의 기술
철길 건널목에서의 방어운전
• 철길건널목에 접근할 때에는 속도를 줄여 접근한다.
• 일시정지 후에는 철도 좌우의 안전을 확인한다.
• 건널목을 통과할 때에는 기어를 변속하지 않는다.
• 건널목 건너편 여유 공간을 확인한 후에 통과한다.

36

고속도로 2차사고 치사율은 일반사고보다 몇 배가 높은가?

① 2배   ② 4배
③ 6배   ④ 8배

출제영역 안전운전의 기술
고속도로는 차량이 고속으로 주행하는 특성 상 2차 사고 발생 시 사망사고로 이어질 가능성이 매우 높다(고속도로 2차사고 치사율은 일반사고보다 6배 높음).

37

다음 중 그림에 해당하는 옳은 터널 안전수칙은?

① 선글라스를 벗고 라이트를 켠다.
② 차선을 바꾸지 않는다.
③ 비상시를 대비해 피난연결통로, 비상주차대 위치를 확인한다.
④ 터널 진입 시 라디오를 켠다.

출제영역 안전운전의 기술
그림에 해당하는 옳은 터널 안전수칙은 차선을 바꾸지 않는 것이다.

38

안개길 안전운전에서 가시거리가 100m 이내인 경우에는 최고속도를 몇퍼센트 정도 감속하여 운행해야 하는가?

① 20%   ② 30%
③ 40%   ④ 50%

출제영역 안전운전의 기술
가시거리가 100m 이내인 경우에는 최고속도를 50% 정도 감속하여 운행한다.

39

여름철 자동차 관리로 옳지 않은 것은?

① 와이퍼의 작동상태 점검
② 타이머 마모상태 점검
③ **차량튜닝상태 확인**
④ 냉각장치 점검

> **출제영역** 안전운전의 기술
> 여름철 자동차 관리
> • 냉각장치 점검
> • 와이퍼의 작동상태 점검
> • 타이어 마모상태 점검
> • 차량 내부의 습기 제거, 에어컨 관리 등

40

경제운전 실천요령으로 옳지 않은 것은?

① 시동을 걸 때 클러치를 반드시 밟는다.
② 시동을 걸 때 가속페달을 밟지 않는다.
③ 급출발, 급제동 삼가고 교차로 선행신호등을 주지한다.
④ **시동 직후 급가속이나 급출발을 실시한다.**

> **출제영역** 안전운전의 기술
> 경제운전 실천요령
> • 적절한 시기에 변속한다.
> • 올바른 운전습관을 가져야 한다.
> • 타이어 공기압력을 적절히 유지한다.
> • 경제적인 주행코스정보를 선택한다.

3 운송서비스

41

운송서비스의 '변동성'에 대한 설명으로 올바른 것은?

① **운송서비스의 소비활동은 시간, 요일, 계절에 따라 달라질 수 있다.**
② 항상 동일한 수준의 서비스가 보장된다.
③ 운송서비스는 변동 없이 일관되게 제공된다.
④ 서비스는 누릴 수는 있으나 소유할 수는 없다.

> **출제영역** 여객운수종사자의 기본자세
> 변동성: 운송서비스의 소비활동은 택시 실내의 공간적 제약요인으로 인해 상황의 발생 정도에 따라 시간, 요일 및 계절별로 변동성을 가질 수 있다.

42

아래 중 택시운송사업자가 차량 내에 반드시 게시해야 하는 표지판에 포함되지 않는 것은?

① 회사명
② 자동차 번호
③ 운전자 성명
④ **경로 별 대표 관광지 연락처**

> **출제영역** 운송사업자 및 운수종사자 준수사항
> 차량 내 게시 표지판에 포함되어야 할 사항
> • 회사명(개인택시 제외)
> • 자동차 번호
> • 운전자 성명
> • 불편사항 연락처 및 차고지 등

43

"올바른 인사"의 3단계 각도(목례/보통례/정중례)는 각각 몇 도인가?

① 15°/30°/45°
② 10°/30°/60°
③ 20°/40°/60°
④ 30°/45°/60°

출제영역 여객운수종사자의 기본자세

구분	인사각도	의미
가벼운 인사 (목례)	15°	기본적인 예의
보통 인사 (보통례)	30°	승객 앞에 섰을때
정중한 인사 (정중례)	45°	정중한 인사

44

좋은 호감을 얻기 위한 올바른 악수 방법이 아닌 것은?

① 상대방이 악수를 청할 경우 먼저 가볍게 목례 한 후 오른손을 내민다.
② 손을 꽉잡고 흔들며 친밀함을 강조한다.
③ 악수는 상대방과의 신체접촉을 통한 친밀감을 표현하는 행위로 바른 동작이 필요하다.
④ 악수 중 시선을 피하거나 다른 곳을 응시하여서는 아니 된다.

출제영역 여객운수종사자의 기본자세

악수하는 손을 흔들거나, 꽉 잡거나, 손끝만 잡는 것은 좋은 태도가 아니다.

45

다음 중 승객과의 인간관계에서 반드시 지켜야 할 기본 예절로 옳은 것은?

① 예의와 존중의 마음으로 대한다.
② 승객의 개인차를 무시한다.
③ 자신의 입장만 강조한다.
④ 상대가 불쾌해하는 말을 반복한다.

출제영역 여객운수종사자의 기본자세

승객과의 예절
• 승객의 입장을 이해하고 존중한다.
• 상대가 불쾌, 불편해하는 말은 금지한다.
• 승객의 여건, 능력, 개인차를 수용하고 배려한다.

46

흡연 예절 중 담배꽁초 처리방법으로 옳지 않은 것은?

① 차창 밖으로 버리지 않는다.
② 화장실 변기에 넣어 처리한다.
③ 꽁초를 바닥에 버리지 않으며, 발로 비벼 끄지 않는다.
④ 꽁초를 손가락으로 튕겨 아무데나 버리지 않는다.

출제영역 여객운수종사자의 기본자세

담배꽁초 처리방법
• 반드시 재떨이에 버린다.
• 차창 밖으로 버리지 않는다.
• 화장실 변기에 버리지 않는다.
• 바닥에다 버리지 않으며, 발로 비벼 끄지 않는다.
• 꽁초를 손가락으로 튕겨 버리지 않는다.

47

운수종사자가 복장 및 용모를 단정히 해야 하는 이유로 옳은 것은?

① 승객이 받는 첫인상을 결정하기 때문
② 근무시간 단축을 위해
③ 자신의 편안함을 위해
④ 요금을 높이기 위해

> **출제영역** 여객운수종사자의 기본자세
>
> 단정한 용모와 복장의 중요성
> - 승객이 받는 첫인상을 결정한다.
> - 회사의 이미지를 좌우하는 요인을 제공한다.
> - 하는 일의 성과에 영향을 미친다.
> - 활기찬 직장 분위기 조성에 영향을 준다.

48

다음 중 운수종사자의 잘못된 언어예절을 모두 고르면?

```
가. 욕설 및 험담
나. 불평불만을 쉽게 말함
다. 상대방 약점을 언급함
라. 농담을 지나치게 함
```

① 가, 다, 마
② 가, 나, 다
③ 나, 다, 라
④ 가, 나, 다, 라

> **출제영역** 여객운수종사자의 기본자세
>
> 언어예절에서 주의사항
> - 불평불만을 함부로 말하지 않는다.
> - 전문적인 용어나 외래어를 남용하지 않는다.
> - 욕설, 독설, 험담, 과장된 몸짓은 하지 않는다.
> - 남을 중상모략하는 언동은 조심한다.
> - 쉽게 흥분하거나 감정에 치우치지 않는다.
> - 손아랫사람이라 할지라도 농담은 조심스럽게 한다.
> - 함부로 단정하고 말하지 않는다.
> - 상대방의 약점을 잡아 말하는 것은 피한다.
> - 일부를 보고, 전체를 속단하여 말하지 않는다.
> - 도전적으로 말하는 태도나 버릇은 조심한다.
> - 자기 이야기만 일방적으로 말하는 행위는 조심한다.

49

다음 중 운수종사자가 확인해야 할 준수사항이 아닌 것은?

① 정비가 불량한 사업용 자동차를 운행하지 않는다.
② 택시운송사업용 자동차의 운행정보는 일일 운행 종료 시 매번 삭제조치한다.
③ 회사명, 자동차번호, 운전자 성명, 불편사항 연락처 및 차고지 등을 적은 표지판을 게시한다.
④ 노약자·장애인 등에 대해 특별한 편의를 제공한다.

> **출제영역** 운송사업자 및 운수종사자 준수사항
>
> 택시운송사업자(대형(승합자동차 사용 한정) 및 고급형 택시운송사업자 제외)는 차량의 입·출고 내역, 영업거리 및 시간 등 택시 미터기에서 생성되는 택시운송사업용자동차의 운행정보를 1년 이상 보존하여야 한다.

50

여객자동차 운수사업법상 운수종사자의 금지행위에 해당하는 것은?

① 미터기를 임의로 조작 또는 훼손하는 행위
② 승객의 좌석안전띠 착용을 안내하는 행위
③ 차량 내·외부를 청결하게 관리하는 행위
④ 승객에게 친절하게 인사하는 행위

> **출제영역** 운송사업자 및 운수종사자 준수사항
>
> 운수종사자의 금지행위
> - 택시요금미터를 임의로 조작 또는 훼손하는 행위
> - 문을 완전히 닫지 아니한 상태에서 자동차를 출발시키거나 운행하는 행위

51 ⭐⭐

직업관에 대한 올바른 사항을 모두 고르면?

> 가. 소득을 얻거나 사회적 가치를 이루기 위해 참여하는 계속적인 활동
> 나. 직업의 의미는 경제적 의미가 포함된다.
> 다. 직업의 의미는 사회적, 심리적 의미가 포함된다.
> 라. 직업의 의미는 영적인 의미가 포함된다.

① 가, 나, 다, 라
② 가, 다, 마
③ 나, 다, 라
④ 가, 나, 다

출제영역 여객운수종사자의 기본자세

직업관의 의미: 경제적 의미, 사회적 의미, 심리적 의미

52 ⭐⭐

운전예절에 따라 운전자가 가져야 할 기본자세로 옳지 않은 것은?

① 주의력 집중
② 여유 있는 양보운전
③ 조급성 및 자기중심적인 사고
④ 교통법규 이해와 준수

출제영역 운수종사자의 기본 소양

운전자가 가져야 할 기본자세
- 교통법규 이해와 준수
- 여유있는 양보운전
- 주의력 집중
- 심신상태 안정
- 추측운전 금지
- 운전기술 과신 금물
- 배출가스로 인한 대기오염 및 소음공해 최소화 노력 등

53 ⭐⭐

직업의 내재적 가치에 해당하지 않는 것은?

① 자기표현과 자아실현
② 자신의 능력 발휘와 인간관계 중시
③ 경제적 도구로서의 직업
④ 사회적 헌신을 통한 만족

출제영역 여객운수종사자의 기본자세

내재적 가치
- 자신에게 있어서 직업 그 자체에 가치를 둔다.
- 자신의 능력을 최대한 발휘하길 원하며, 그로 인한 사회적인 헌신과 인간관계를 중시한다.
- 자기표현이 충분히 되어야 하고, 자신의 이상을 실현하는데 그 목적과 의미를 두는 것에 초점을 맞추려는 경향을 갖는다.

54 ⭐⭐⭐

응급처치방법 중 부상자 의식 상태 확인 방법으로 옳지 않은 것은?

① 말을 걸거나 팔을 꼬집어 눈동자를 확인 후 의식이 있으면 안심시킨다.
② 목뼈 손상의 가능성이 있는 경우 목 뒤쪽을 한손으로 받쳐준다.
③ 의식이 없거나 구토할 때는 목이 오물로 막혀 질식하지 않도록 옆으로 눕힌다.
④ 환자의 몸을 최대한 흔들어 의식이 돌아오도록 한다.

출제영역 운수종사자의 기본 소양

부상자 의식 확인
- 의식이 없다면 기도를 확보한다. 머리를 뒤로 충분히 젖힌 뒤, 입안에 있는 피나 토한 음식물 등을 긁어내어 막힌 기도를 확보한다.
- 환자의 몸을 심하게 흔드는 것은 금지한다.

55

교통사고조사규칙에 따라 대형사고로 분류되는 사고 기준 중 사망자 수는 몇 명인가?

① 3명 이상
② 1명 이상
③ 5명 이상
④ 10명 이상

출제영역 운수종사자의 기본 소양

대형사고
- 3명 이상이 사망(교통사고 발생일로부터 30일 이내 사망한 것)
- 20명 이상의 사상자가 발생한 사고

56

출혈 또는 골절상황에서 올바른 조치는?

① 출혈이 심하다면 출혈 부위보다 심장에 가까운 부위를 헝겊 또는 손수건 등으로 지혈될 때까지 꽉 잡아맨다.
② 출혈이 적을 때에는 거즈나 깨끗한 손수건으로 상처를 꽉 누른다.
③ 골절 부상자의 경우 구급차가 오기 전 골절 부위를 최대한 찾고 직접조치를 실시한다.
④ 내출혈 발생 시 부상자가 입고 있는 옷의 단추를 푸는 등 옷을 헐렁하게 하고 하반신을 높게 한다.

출제영역 운수종사자의 기본 소양

골절 부상자는 잘못 다루면 오히려 더 위험해질 수 있으므로 구급차가 올 때까지 가급적 기다리는 것이 바람직하다.

57

재난발생 시 운전자의 조치사항으로 옳지 않은 것은?

① 신속하게 차량을 안전지대로 이동한 후 즉각 유관기관에 보고한다.
② 승객의 안전조치를 우선적으로 취한다.
③ 차량을 우선적으로 정비해서 재난을 극복한다.
④ 장기간 고립 시에는 유류, 비상식량, 구급환자발생 등을 즉시 신고, 한국도로공사 및 인근 유관기관 등에 협조 요청한다.

출제영역 운수종사자의 기본 소양

재난 시 차량 내부의 이상 여부 확인 및 신속하게 안전지대로 차량을 대피한다.

58

운전자가 차량고장으로 고속도로에서 멈추었을 때 해야 할 올바른 행동은?

① 후방에 고장자동차 표지를 설치하고 안전지대로 대피한다.
② 차 안에서 계속 대기한다.
③ 차량 뒤에 서서 지나가는 차를 멈춘다.
④ 무리하게 차량을 밀고 간다.

출제영역 운수종사자의 기본 소양

고속도로등에서 자동차를 운행 할 수 없게 되었을 때에는 행정안전부령이 정하는 표지(고장자동차의 표지)를 하여야 하며, 그 자동차를 고속도로등이 아닌 다른 곳으로 옮겨 놓는 등의 필요한 조치를 하여야 한다.

59

운수종사자가 운행 중 교통사고를 목격했을 때 우선적으로 해야 할 행동은?

① 사고 현장 안전 확보와 신속한 신고
② 사고 차량 무시하고 운전
③ 사고 현장을 동영상 촬영
④ 빠르게 현장 통과

> **출제영역** 운수종사자의 기본 소양
> 교통사고를 목격한 경우 우선적으로 해야 할 행동은 안전 확보 이후 기관에 신고하여 도움을 요청하는 것이다.

60

운수종사자가 승객의 좌석안전띠 착용을 안내해야 하는 시점으로 옳은 것은?

① 차량 출발 전
② 운행 중 임의로
③ 도착 후
④ 운행 종료 후

> **출제영역** 운송사업자 및 운수종사자 준수사항
> 운수종사자는 차량의 출발 전에 여객이 좌석 안전띠를 착용하도록 안내해야 한다.

4-1 서울지역 지리

61

다음 중 서울 지하철 7호선과 2호선이 만나는 환승역은?

① 건대입구역　② 신도림역
③ 청담역　　　④ 장승배기역

62

서울특별시 강동구의 대표적인 자연생태공원은?

① 일자산자연공원　② 선유도공원
③ 남산공원　　　　④ 서울숲

63

서울 지하철 6호선이 정차하지 않는 역은?

① 공덕역　　② 망원역
③ 녹사평역　④ 동대문역

64

인천국제공항 고속도로와 직접적으로 연결된 교량으로 옳은 것은?

① 가양대교　② 방화대교
③ 행주대교　④ 성산대교

65

서울의 대표적 명동거리(쇼핑가)가 위치한 자치구는?

① 강남구　② 중구
③ 종로구　④ 용산구

66

서울특별시에서 홍익대학교(홍대)가 위치한 자치구는?

① 마포구　　　　② 서대문구
③ 성북구　　　　④ 동작구

67

서울지하철 4호선과 경의중앙선이 만나는 환승역은?

① 이촌역　　　　② 신용산역
③ 수유역　　　　④ 상계역

68

다음 중 서울의 대표적인 도매시장으로 '노량진수산시장'이 위치한 자치구는?

① 영등포구　　　② 동작구
③ 서초구　　　　④ 강서구

69

서울특별시 관내에서 '63빌딩'이 위치한 동은?

① 여의도동　　　② 잠실동
③ 논현동　　　　④ 이촌동

70

서울특별시의 대표적 문화예술 공간인 '예술의전당'이 위치한 자치구는?

① 서초구　　　　② 강남구
③ 성동구　　　　④ 동대문구

4-2 경기지역 지리

61

경기도 시흥시에 위치한 국내 최대 규모의 염전(소금밭)은?

① 갯골생태공원　　② 대부도염전
③ 시흥호수염전　　④ 안산염전

62

경기도 부천시의 대표적인 문화축제는?

① 판타스틱영화제
② 춘천마임축제
③ 고양꽃박람회
④ 안성맞춤남사당축제

63

경기도 의정부시에서 서울로 가장 빠르게 연결되는 전철 노선은?

① 경의중앙선　　② 1호선
③ 7호선　　　　④ 6호선

64

경기도 평택시에서 출발하여 충청남도 아산시와 직접 연결되는 도로는?

① 평택제천고속도로　② 서해안고속도로
③ 국도 1호선　　　　④ 국도 45호선

65

경기도 하남시의 대표적 신도시는?

① 미사강변도시　② 별내신도시
③ 동탄신도시　　④ 위례신도시

66
경기도 용인시와 성남시를 연결하는 주요 고속도로는?

① 영동고속도로
② 경부고속도로
③ 분당수서도시고속화도로
④ 중부고속도로

67
경기도 파주시의 대표 관광지로, 임진각과 직접 연결되는 도로는?

① 통일로
② 자유로
③ 파주로
④ 경의로

68
경기도 김포시와 서울 강서구를 연결하는 대표 도로는?

① 올림픽대로
② 김포한강로
③ 경의로
④ 강변북로

69
경기도에서 '신갈JC'가 위치한 도시는?

① 용인시
② 수원시
③ 화성시
④ 평택시

70
경기도 안양시 만안구에 위치한 자연공원은?

① 만안산
② 안양천생태공원
③ 안양예술공원
④ 병목안시민공원

4-3 인천지역 지리

61
다음 중 인천에서 수도권제1순환고속도로(IC)로 바로 진출입이 가능한 곳은?

① 북항
② 송도
③ 검암
④ 계양

62
다음 중 인천지하철 2호선이 통과하지 않는 구는?

① 서구
② 계양구
③ 연수구
④ 남동구

63
인천광역시 부평구와 직접 경계를 접하지 않는 구는?

① 계양구
② 남동구
③ 미추홀구
④ 서구

64
인천광역시의 관문 역할을 하며 국제여객선이 출발하는 항만은?

① 북항
② 연안부두
③ 아암물류2단지
④ 남항

65
다음 중 인천지하철 1호선과 수인분당선이 환승되는 역은?

① 송도역
② 인천시청역
③ 원인재역
④ 주안역

66
인천광역시 동구와 가장 가까운 해안가는 어디인가?

① 소래포구　　　　② 월미도
③ 송도해변　　　　④ 을왕리해수욕장

67
다음 중 인천에서 서울로 바로 연결되는 전철 노선이 아닌 것은?

① 경인선(1호선)　　② 공항철도
③ 인천지하철 2호선　④ 수인분당선

68
인천 남동구에서 남동대로를 따라 동쪽으로 이동하면 가장 먼저 도착하는 구는?

① 부평구　　　　　② 계양구
③ 서구　　　　　　④ 연수구

69
인천지하철 1호선과 인접해 있으면서, 인천시청이 소재한 구는?

① 부평구　　　　　② 남동구
③ 미추홀구　　　　④ 연수구

70
인천광역시에서 강화도와 연결된 교량의 이름은?

① 인천대교　　　　② 영종대교
③ 강화대교　　　　④ 제3연륙교

CHAPTER 04 | 제4회 CBT 기출복원문제

1 교통 및 여객자동차 운수사업 법규

01

사업심의위원회의 구성원으로 옳은 것은?

① 국토교통부에서 택시운송사업 관련 업무를 담당하는 5급 이상 공무원
② 특별시, 광역시, 특별자치시, 도 또는 특별자치도에서 택시운송사업 관련 업무를 담당하는 5급 이상 공무원
③ 택시운송사업에 3년 이상 종사한 사람
④ 택시운송사업 분야에 관한 학식과 경험이 풍부한 사람

출제영역 여객자동차 운수사업별령

사업심의위원회의 구성원
- 국토교통부에서 택시운송사업 관련 업무를 담당하는 4급 이상 공무원
- 특별시·광역시·특별자치시·도·또는 특별자치도에서 택시 운송 사업 관련 업무를 담당하는 4급 이상 공무원
- 택시운송사업에 5년 이상 종사한 사람
- 그 밖에 택시운송사업 분야에 관한 학식과 경험이 풍부한 사람

02

개인택시운송사업의 면허를 받으려는 자가 제출해야 하는 서류로 옳지 않은 것은?

① 건강진단서
② 운전면허증
③ 반명함판 사진 1장
④ 개인택시운송사업 면허신청서

출제영역 여객자동차 운수사업별령

개인택시운송사업의 면허를 받으려는 자가 제출해야 하는 서류
- 개인택시운송사업 면허신청서
- 건강진단서
- 택시운전자격증 사본
- 그 밖에 관할관청이 필요하다고 인정하여 공고하는 서류
- 반명함판 사진 1장 또는 전자적 파일형태의 사진(인터넷으로 신청하는 경우)

03

시·도 감차위원회의 위원장의 자격으로 옳은 것은?

① 소속 5급 이상 공무원 중에서 시·도지사가 임명하는 사람
② 소속 4급 이상 공무원 중에서 시·도지사가 임명하는 사람
③ 소속 7급 이상 공무원 중에서 시·도지사가 임명하는 사람
④ 소속 8급 이상 공무원 중에서 시·도지사가 임명하는 사람

출제영역 택시 운송사업 발전 법령

시·도 감차위원회의 위원장: 소속 4급 이상 공무원 중에서 시·도지사가 임명하는 사람

04 ★★

택시운송사업자가 운수종사자에게 운송비용을 전가시켜서는 안되는 항목에 해당하지 않는 것은?

① 택시 구입비
② 유류비
③ 택시 노조비
④ 세차비

> **출제영역** 택시 운송사업 발전 법령
>
> 운송비용 전가 금지 등
> - 택시 구입비(신규 차량을 택시운수종사자에게 배차하면서 추가 징수하는 비용 포함)
> - 유류비
> - 세차비
> - 택시운송사업자가 차량 내부에 붙이는 장비의 설치·운영비
> - 그 밖에 택시의 구입 및 운행에 드는 비용으로서 대통령령으로 정하는 비용: 사고로 인한 차량 수리비, 보험료 증가분 등 교통사고 처리에 드는 비용(해당 교통사고가 음주 등 택시운수종사자의 고의·중과실로 인하여 발생한 것인 경우 제외)

05 ★★★

모든 차 또는 노면전차의 운전자가 일시정지하여야 할 곳으로 옳은 것은?

① 가파른 비탈길의 내리막
② 교통정리를 하고 있지 아니하고 좌우를 확인할 수 없거나 교통이 빈번한 교차로
③ 도로가 구부러진 부근
④ 비탈길의 고갯마루 부근

> **출제영역** 도로교통법령
>
> 일시정지할 장소
> - 교통정리를 하고 있지 않고 좌우를 확인할 수 없거나 교통이 빈번한 교차로
> - 시·도 경찰청장이 도로에서 위험을 방지하고 교통의 안전과 원활한 소통을 확보하기 위해 필요하다고 인정하여 안전표지로 지정한 곳
>
> 서행할 장소
> - 교통정리를 하고 있지 않은 교차로, 도로가 구부러진 부근
> - 비탈길 고갯마루 부근, 가파른 비탈길 내리막
> - 시·도 경찰청장이 도로에서의 위험을 방지하고 교통의 안전과 원활한 소통을 확보하기 위해 필요하다고 인정하여 안전표지로 지정한 곳

06 ★★

고속도로등에서 차를 정차하거나 주차시킬 수 있는 경우가 아닌 것은?

① 정차 또는 주차할 수 있도록 안전표지를 설치한 곳이나 정류장에서 정차 또는 주차시키는 경우
② 통행료를 내기 위하여 통행료를 받는 곳에서 정차하는 경우
③ 경찰공무원의 지시에 따라 일시 정차 또는 주차시키는 경우
④ 보복운전을 하는 경우

> **출제영역** 도로교통법령
>
> ④는 고속도로등에서 차를 정차하거나 주차시킬 수 있는 경우에 해당되지 않는다.

07 ★

다음 중 '과속(20km/h 초과)' 사고의 행정처분(범칙금, 벌점)에 대해 옳은 항목을 모두 고르면?

> 가. 60km/h 초과: 승합차 13만원, 60점
> 나. 40초과 ~ 60km/h이하: 승용차 9만원, 30점
> 다. 20초과 ~ 40km/h 이하: 승합차 7만원, 15점
> 라. 20km/h 이하: 승합차, 승용차 3만원, 벌점 없음

① 가, 나   ② 나, 다
③ **가, 나, 다, 라**   ④ 나, 라

출제영역 교통사고처리특례법령

과속에 따른 행정 처분(승합차·승용차의 범칙금 및 벌점)
- 60km/h 초과: 승합차 – 13만원, 승용차 – 12만원, 60점
- 40km/h 초과 ~ 60km/h 이하: 승합차 – 10만원, 승용차 – 9만원, 30점
- 20km/h 초과 ~ 40km/h 이하: 승합차 – 7만원, 승용차 – 6만원, 15점
- 20km/h 이하: 승합차 – 3만원, 승용차 – 3만원, 벌점 없음

08 ★

보행자 보호 의무 위반 사고의 행정처분(승용차 기준)으로 옳은 것은?

① **범칙금 6만원, 벌점 10점**
② 범칙금 4만원, 벌점 15점
③ 범칙금 7만원, 벌점 10점
④ 범칙금 8만원, 벌점 20점

출제영역 교통사고처리특례법령

보행자 보호 불이행(정지선위반 포함)의 범칙금은 6만원, 벌점은 10점이다.

09 ★★★

긴급자동차 운전업무 종사자의 교통안전교육의 실시 기관으로 옳은 것은?

① 국토교통부   ② **도로교통공단**
③ 인천국제공항공사   ④ 경찰청

출제영역 도로교통법령

특별 교통안전 의무교육 및 특별 교통안전 권장 교육은 도로교통공단에서 실시한다.

10 ★★★

사람이 죽거나 다치지 아니한 교통사고가 발생한 때(공소를 제기할 수 없는 경우) 국가경찰공무원이 조사하여야 할 사항 중 생략 가능한 조사 사항은?

① 교통사고 발생일시 및 장소
② 교통사고 피해상황
③ **운전자의 과실 유무**
④ 차량등록 및 보험가입 여부

출제영역 도로교통법령

사람이 죽거나 다치지 아니한 교통사고로서 공소를 제기할 수 없는 경우에는 운전자 과실 유무, 교통사고 현장상황, 그 밖에 차량 또는 교통안전시설의 결함 등 교통사고 유발요인 및 운행기록장치 등 증거의 수집 등과 관련하여 필요한 사항 등은 조사를 생략할 수 있다.

11 ★★★

교통안전교육의 교육대상자 중 운전면허를 신규로 받으려는 사람의 교육시간으로 옳은 것은?

① **1시간**   ② 2시간
③ 3시간   ④ 4시간

출제영역 교통 및 운수 관련 법규

운전면허를 받으려는 사람은 운전면허시험(자동차 등 및 법령시험, 자동차 관리방법 및 안전운전에 필요한 점검) 전까지 운전자가 갖추어야 할 기본예절 등에 관한 교통안전교육을 1시간 받아야 한다.

12

다음 주의표지가 의미하는 내용으로 옳은 것은?

① 추락주의 ② 물살주의
③ 강변도로 ④ 내리막경사

> **출제영역** 도로교통법령
> 강변도로를 의미하는 주의표지이다.

13

노면표시의 색채 중 적색이 의미하는 것으로 옳은 것은?

① 노상장애물 중 도로중앙장애물표시
② 소방시설 주변 정차·주차금지표시
③ 다인승차량 전용차선표시
④ 안전지대표시

> **출제영역** 도로교통법령
> 적색: 어린이보호구역 또는 주거지역 안에 설치하는 속도제한표시의 테두리선 및 소방시설 주변 정차·주차금지표시

14

업무상과실 또는 중대한 과실로 교통사고를 일으킨 운전자에 관한 형사처벌 등의 특례를 정함으로써 교통사고로 인한 피해의 신속한 회복을 촉진하고 국민생활의 편익을 증진함을 목적으로 하는 법령으로 옳은 것은?

① 교통사고처리특례법
② 도로교통법
③ 택시 운송사업 발전법
④ 여객자동차 운수사업법

> **출제영역** 교통사고처리특례법령
> 교통사고처리특례법의 목적
> 교통사고처리특례법은 업무상 과실 또는 중대한 과실로 교통사고를 일으킨 운전자에 관한 형사처벌등의 특례를 정함으로써 교통사고로 인해 피해의 신속한 회복을 촉진하고 국민 생활의 편익을 증진함을 목적으로 한다.

15

다음 중 신호위반 사고사례로 옳지 않은 것은?

① 위험을 회피하기 위해 중앙선을 침범한 경우
② 신호가 변경되기 전에 출발하여 인적피해를 야기한 경우
③ 신호내용을 위반하고 진행하여 인적피해를 야기한 경우
④ 황색 주의신호에 교차로에 진입하여 인적피해를 야기한 경우

> **출제영역** 교통사고처리특례법령
> 신호위반 사고 사례 예시
> • 신호가 변경되기 전에 출발하여 인적피해를 야기한 경우
> • 황색 주의신호에 교차로에 진입하여 인적피해를 야기한 경우
> • 신호내용을 위반하고 진행하여 인적피해를 야기한 경우
> • 적색 차량신호에 진행하다 정지선과 횡단보도 사이에 보행자를 충격한 경우

16

차단기, 건널목경보기 및 교통안전표지가 설치되어 있는 건널목의 종류로 옳은 것은?

① 제1종 건널목 ② 제2종 건널목
③ 제3종 건널목 ④ 제4종 건널목

> **출제영역** 교통사고처리특례법령
> • 제1종 건널목: 차단기, 건널목 경보기 및 교통안전 표지가 설치되어 있는 경우
> • 제2종 건널목: 건널목 경보기 및 교통안전 표지가 설치되어 있는 경우
> • 제3종 건널목: 교통안전 표지만 설치되어 있는 경우

17

최고속도의 100분의 50을 줄인 속도로 운행하여야 하는 경우가 아닌 것은?

① 노면이 얼어 붙은 경우
② 비가 내려 노면이 젖어있는 경우
③ 눈이 20mm 이상 쌓인 경우
④ 폭우·폭설·안개 등으로 가시거리가 100m 이내인 경우

출제영역 도로교통법

비가 내려 노면이 젖어있는 경우는 최고속도의 100분의 20을 줄인 속도로 운행하여야 하는 경우에 해당한다.

18

승객추락방지의무에 해당하는 경우를 모두 고른 것은?

가. 문을 연 상태에서 출발하여 타고 있는 승객이 추락한 경우
나. 승객이 타거나 또는 내리고 있을 때 갑자기 문을 닫아서 문에 충격된 승객이 추락한 경우
다. 버스 운전자가 개·폐 안전장치인 전자감응장치가 고장난 상태에서 운행 중에 승객이 내리고 있을 때 출발하여 승객이 추락한 경우
라. 승객이 임의로 차문을 열고 상체를 내밀어 차 밖으로 추락한 경우

① 가, 나
② 가, 나, 다
③ 가, 나, 다, 라
④ 나, 라

출제영역 교통사고처리특례법령

승객추락방지의무에 해당하는 경우
1. 문을 연 상태에서 출발하여 타고 있는 승객이 추락한 경우
2. 승객이 타거나 또는 내리고 있을 때 갑자기 문을 닫아서 문에 충격된 승객이 추락한 경우
3. 버스 운전자가 개·폐 안전장치인 전자감응장치가 고장난 상태에서 운행 중에 승객이 내리고 있을 때 출발하여 승객이 추락한 경우

승객추락방지의무에 해당하지 않는 경우
1. 승객이 임의로 차문을 열고 상체를 내밀어 차 밖으로 추락한 경우
2. 운전자가 사고방지를 위해 취한 급제동으로 승객이 차 밖으로 추락한 경우
3. 화물자동차 적재함에 사람을 태우고 운행 중에 운전자의 급가속 또는 급제동으로 피해자가 추락한 경우

19

다음 중 음주운전이 아닌 경우는?

① 술을 마시고 주차장에서 운전한 경우
② 대리운전을 맡기고 술을 마시고 조수석에 앉아 있는 경우
③ 술을 마시고 아파트 내 주차장 안의 통행로에서 운전한 경우
④ 술을 마시고 사기업 등의 정문 안쪽 통행로와 같이 문, 차단기에 의해 도로와 차단되고 별도로 관리되는 장소의 통행로에서 운전한 경우

출제영역 교통사고처리특례법령

술을 마시고 운전을 직접적으로 하게 되는 모든 경우에만 음주운전에 해당한다.

20 ★★★
요마크가 발생할 때 남는 흔적으로 옳은 것은?

① 혈흔 ② 활주흔적
③ 마모흔적 ④ 노면금속흔적

출제영역 교통사고처리특례법령

요마크: 급핸들 등으로 인하여 차의 바퀴가 돌면서 차축과 평행하게 옆으로 미끄러진 타이어의 마모흔적

2 안전운행요령

21 ★★★
일상점검의 점검 항목 중 자동차의 외관에 해당하지 않는 것은?

① 완충스프링 ② 변속기
③ 램프 ④ 등록번호판

출제영역 자동차 관리

자동차 외관
1. 완충 스프링 2. 타이어 3. 램프 4. 등록번호판 5. 배기가스

22 ★★★
다음 경고등 및 표시등의 설명으로 옳은 것은?

① 비상경고등 스위치를 누르면 점멸
② 주차 브레이크가 작동되어 있을 경우에 경고등이 점등
③ 전조등이 주행빔일 때 점등
④ 연료의 잔류량이 적을 때 점등

출제영역 자동차 관리

비상경고등 스위치를 누르면 점멸된다는 의미이다.

23 ★★★
LPG 자동차의 장점으로 옳지 않은 것은?

① 연료비가 많이 소비된다.
② 유해 배출 가스량이 줄어든다.
③ 연료의 옥탄가가 높아 노킹 현상이 발생하지 않는다.
④ 엔진 관련 부품의 수명이 상대적으로 길어 경제적이다.

출제영역 자동차 관리

LPG 자동차의 장점
• 연료비가 적게 들어 경제적이다.
• 유해가스 배출량이 줄어든다.
• 연료의 옥탄가가 높아 노킹 현상이 거의 발생하지 않는다.
• 가솔린 자동차에 비해 엔진 소음이 적다.
• 엔진 관련 부품의 수명이 상대적으로 길어 경제적이다.

24 ★★
브레이크 이상 현상의 종류가 아닌 것은?

① 베이퍼 록 ② 페이드
③ 서징 ④ 모닝 록

출제영역 자동차 관리

브레이크 이상 현상종류
• 베이퍼 록(Vaper Lock) 현상
  연료 회로 또는 브레이크 장치 유압 회로 내에 브레이크액이 온도 상승으로 인하여 기화되어 압력 전달이 원활하게 이루어지지 않아 제동 기능이 저하되는 현상
• 페이드(Fade) 현상
  운행 중에 계속해서 브레이크를 사용함으로써 온도 상승으로 인해 제동 마찰제의 기능이 저하되어 마찰력이 약해지는 현상
• 모닝 록(Morning Lock) 현상
  장마철이나 습도가 높은 날, 장시간 주차 후 브레이크 드럼 등에 미세한 녹이 발생하는 현상

25

자동차 후면에 장착된 머플러 배관에서 완전 연소 시 정상 배출 가스의 색상으로 옳은 것은?

① 무색, 엷은 청색　② 적색
③ 검은색　　　　　④ 백색

출제영역 자동차 응급조치요령

머플러 배관에서 완전 연소 시 정상 배출 가스의 색은 무색 또는 약간 엷은 청색이다.

26

압축된 공기와 연료 혼합물의 일부가 내연 기관의 실린더에서 비정상적으로 폭발할 때 나는 날카로운 소리는?

① 서징　　② 노킹
③ 추돌　　④ 쇼트

출제영역 자동차 응급조치요령

노킹에 대한 설명이다.

27

배기가스의 색이 검을 경우 조치사항을 모두 고른 것은?

가. 에어 클리너 필터를 청소, 교환한다.
나. 밸브 간극을 조정한다.
다. 냉각수를 보충하거나 누수 부위를 수리한다.
라. 라디에이터 캡을 확실하게 장착한다.

① 가, 나　　② 나, 다
③ 가, 라　　④ 가, 나, 다

출제영역 자동차 응급조치요령

배기가스의 색이 검을 경우 조치사항
• 에어 클리너 필터를 청소 또는 교환
• 밸브 간극을 조정

28

클러치가 미끄러질 때의 영향으로 옳지 않은 것은?

① 엔진이 과열한다.
② 연료 소비량이 감소한다.
③ 등판능력이 감소한다.
④ 증속이 잘 되지 않는다.

출제영역 자동차 구조 및 특성

클러치가 미끄러질 때 연료 소비량은 증가한다.

29

자동변속기의 단점으로 연소 비율이 몇 % 정도 많아지는가?

① 1%　　② 5%
③ 10%　　④ 20%

출제영역 자동차 구조 및 특성

자동변속기 단점
• 구조가 복잡하고 가격이 비싸다.
• 차를 밀거나 끌어서 시동을 걸 수 없다.
• 연료소비율이 약 10% 정도 많아진다.

30 ★★

현가장치의 주요기능으로 옳지 않은 것은?

① 적정한 자동차의 높이 유지
② 엔진 동력 일시 차단
③ 올바른 휠 밸런스 유지
④ 상·하 방향이 유연하여 차체가 노면에서 받는 충격 완화

> **출제영역** 자동차 구조 및 특성
>
> 현가장치의 주요기능
> - 적정한 자동차의 높이를 유지
> - 상·하 방향이 유연하여 차체가 노면에서 받는 층격을 완화
> - 올바른 휠 밸런스(wheel alignment) 유지
> - 차체의 무게를 지탱
> - 타이어의 접지상태를 유지
> - 주행방향을 일부 조정

31 ★★

자동차 종합검사기간 내에 종합검사를 신청한 경우 부적합 판정을 받은 날부터 자동차 종합검사기간 만료 후 며칠까지 재검사를 받아야 하는가?

① 10일   ② 20일
③ 30일   ④ 40일

> **출제영역** 자동차 검사 및 보험
>
> 자동차 종합검사기간 내에 종합검사를 신청한 경우 부적합 판정을 받은 날부터 자동차 종합검사기간 만료 후 10일까지 재검사를 받아야 한다.

32 ★★

책임보험의 특성으로 청구권 소멸시한은 몇 년인가?

① 2년   ② 3년
③ 4년   ④ 5년

> **출제영역** 자동차 검사 및 보험
>
> 청구권 소멸시한은 3년이다.

33 ★★★

뒤차가 바짝 붙어오는 상황을 피하는 방법으로 옳은 것을 모두 고르면?

> 가. 가능하면 뒤차가 지나갈 수 있게 차로를 앞에서 막아준다.
> 나. 가능하면 속도를 최대한 낮춰서 뒤차와의 거리를 짧게 유지한다.
> 다. 브레이크 페달을 가볍게 밟아서 제동등이 들어오게 하여 속도를 줄이려는 의도를 뒤차가 알 수 있게 한다.
> 라. 정지할 공간을 확보할 수 있게 점진적으로 속도를 줄여 뒤차가 추월할 수 있게 만든다.

① 가, 나
② 다, 라
③ 가, 나, 다, 라
④ 가, 라

> **출제영역** 안전운전의 기술
>
> 뒤차가 바짝 붙어오는 상황을 피하는 방법
> - 가능하면 뒤차가 지나갈 수 있게 차로를 변경한다.
> - 가능하면 속도를 약간 내서 뒤차와의 거리를 늘린다.
> - 브레이크 페달을 가볍게 밟아서 제동등이 들어 오게 하여 속도를 줄이려는 의도를 뒤차가 알 수 있게 한다.
> - 정지할 공간을 확보할 수 있게 점진적으로 속도를 줄여 뒤차가 추월할 수 있게 만든다.

34

피곤해 있거나 음주 또는 약물의 영향을 받고 있을 때 많이 발생하는 사고의 유형은?

① 미끄러짐 사고 ② 차량 결함 사고
③ **단독사고** ④ 정면충돌사고

> 출제영역 | 안전운전의 기술
>
> 단독사고
> 차 주변의 모든 것을 제대로 판단하지 못하는 빈약한 판단에서 비롯된다. 피곤해 있거나 음주 또는 약물의영향을 받고 있을 때 많이 발생한다. 따라서 단독사고를 야기하지 않기 위해서는 과로를 피하고 심신이 안정된 상태에서 운전해야 하며, 낯선 곳 등의 주행에 있어서는 사전에 주행정보를 수집하여 여유 있는 주행이 가능하도록 해야 한다.

35

편도 2차로 이상 모든 고속도로의 최고속도는?

① **매시 100km** ② 매시 120km
③ 매시 130km ④ 매시 140km

> 출제영역 | 안전운전의 기술
>
> 편도 2차로 이상 모든 고속도로의 최고속도는 매시 100km, 최저속도는 매시 50km이다.

36

도로 터널 구간에서 대형차량 화재 시 약 몇 도까지 온도가 상승하여 구조물에 심각한 피해를 유발하는가?

① 800℃ ② 1,000℃
③ **1,200℃** ④ 1,500℃

> 출제영역 | 안전운전의 기술
>
> 도로 터널 구간에서 대형차량 화재 시 약 1,200℃까지 온도가 상승하여 구조물에 심각한 피해를 유발하게 된다.

37

고속도로 긴급견인 서비스 한국도로공사 콜센터의 전화번호는?

① 1588-2501 ② 1588-1504
③ **1588-2504** ④ 1588-1506

> 출제영역 | 안전운전의 기술
>
> 고속도로 긴급견인 서비스 한국도로공사 콜센터의 전화번호: 1588-2504

38

고속도로에서는 회전하고자 하는 지점에 이르기 전 몇 미터 이상의 지점에 이르렀을 때 방향지시등을 작동시키는가?

① 50m ② **100m**
③ 120m ④ 150m

> 출제영역 | 안전운전의 기술
>
> 고속도로에서는 회전하고자 하는 지점에 이르기 전 100m 이상의 지점에 이르렀을 때 방향지시등을 작동시킨다.

39

가을철 자동차관리로 옳지 않은 것은?

① 세차 및 곰팡이 제거
② **선텐상태 확인**
③ 히터 및 서리제거 장치 점검
④ 타이어 점검

> 출제영역 | 안전운전의 기술
>
> 가을철 자동차관리
> • 세차 및 곰팡이 제거
> • 히터 및 서리제거 장치 점검
> • 타이어 점검(공기압, 파손, 예비타이어)
> • 각종 램프 작동 여부 점검(전조등, 각종 램프)
> • 고장이나 점검에 필요한 휴대용 작업등 예비부품 등을 준비

40

야간에는 가시거리가 몇 미터 이내인 경우에 최고속도를 50%로 정도 감속하여 운행하는가?

① 100m
② 50m
③ 30m
④ 20m

출제영역 안전운전의 기술

야간에는 시야가 전조등의 불빛으로 식별할 수 있는 범위로 제한됨에 따라 노면과 앞차의 후미등 전방만을 보게 되므로 가시거리가 100m 이내인 경우에는 최고속도를 50% 정도 감속하여 운행한다.

3 운송서비스

41

여객운송업에서 서비스를 구체적으로 실천한다는 것의 의미는?

① 친절, 적극적 태도, 신뢰를 바탕으로 승객의 만족을 위해 행동한다.
② 규정된 시간 내 운전만을 의미한다.
③ 요금을 받지 않고 운행한다.
④ 승객의 요구를 무조건 거절한다.

출제영역 여객운수종사자의 기본자세

여객운송업에 있어 서비스란 긍정적인 마음을 적절하게 표현하여 승객을 편안하고 안전하게 목적지까지 이동시키는 것이며, 봉사하는 마음을 기반으로 친절, 적극적인 태도, 신뢰를 통해 승객을 만족시켜 주고 고객의 만족으로 보람, 성취감을 느끼는 것이다.

42

운수종사자가 승객의 좌석안전띠 착용을 안내해야 하는 시점으로 옳은 것은?

① 차량 출발 전
② 운행 중 임의로
③ 도착 후
④ 운행 종료 후

출제영역 운송사업자 및 운수종사자 준수사항

운수종사자는 차량의 출발 전에 여객이 좌석 안전띠를 착용하도록 안내해야 한다.

43

승객만족의 개념 및 중요성으로 옳지 않은 것은?

① 고객이 거래를 중단하는 이유는 제품에 대한 불만이 가장 높은 비율을 차지한다.
② 승객만족이란 불만과 니즈를 파악하여 승객의 기대에 맞춰가는 서비스를 제공하는 것이다.
③ 승객을 만족시키기 위한 추진력과 분위기 조성은 경영자의 몫이다.
④ 승객을 상대하고 만족시켜야 할 사람은 직접 접촉하는 고객접점의 운전자이다.

출제영역 여객운수종사자의 기본자세

승객만족의 개념 및 중요성
- 승객만족이란 승객이 무엇을 원하고 불만인지 니즈를 파악하여 시대에 맞춰가는 서비스를 제공하는 것이다.
- 추진력과 분위기 조성은 경영자의 몫이며 승객을 만족시켜야 할 사람은 직접 접촉하는 고객접점의 운전자이다.
- 한 업체에 대해 고객 거래 중단 이유는 불친절(68%), 제품불만(14%), 경쟁사의 회유(9%), 가격이나 기타(9%)

44

올바른 인사법에 대한 설명으로 옳지 않은 것은?

① 상대방의 눈을 바라보며 밝은 표정으로 인사한다.
② 인사 시 상체와 머리를 일직선으로 천천히 숙인다.
③ 손은 주머니에 넣고 인사한다.
④ 인사 전·후에 상대방을 존중하는 마음으로 시선을 맞춘다.

> **출제영역** 여객운수종사자의 기본자세
>
> 올바른 인사
> - 표정: 밝고 부드러운 미소를 짓는다.
> - 고개: 반듯하게 들되, 턱을 내밀지 않고 자연스럽게 당긴다.

45

승객에 대한 호칭과 지칭에 대한 언어예절로 옳지 않은 것은?

① '고객'보다는 '승객'이나 '손님'을 사용하는 것이 좋다.
② 나이가 드신 분들은 '어르신' 또는 '선생님'으로 호칭하거나 지칭한다.
③ '아줌마', '아저씨', '아가씨'는 상대방을 높이는 느낌이 들지 않으므로 호칭이나 지칭으로 사용하지 않는다.
④ 중·고등학생은 '○○○학생'의 호칭이나 편하게 반말을 섞어 사용한다.

> **출제영역** 여객운수종사자의 기본자세
>
> 초등학생과 미취학 어린이에게는 ○○○어린이/학생의 호칭이나 지칭을 사용하고, 중·고등학생은 ○○○승객이나 손님으로 성인에 준하여 호칭하거나 지칭한다. 잘 아는 사람이라면 이름을 불러 친근감을 줄 수 있으나 존댓말을 사용하여 존중하는 느낌을 받도록 한다.

46

아래 보기 중 밝은 표정의 효과로 옳은 것을 모두 고르면?

| 가. 자신의 건강증진
| 나. 상대방과 긍정적인 친밀감
| 다. 좋은 분위기를 형성
| 라. 업무능률 향상

① 가, 나, 다
② 가, 라
③ 가, 나, 다, 라
④ 라

> **출제영역** 여객운수종사자의 기본자세
>
> 밝은 표정의 효과
> - 자신의 건강증진
> - 상대방과 긍정적인 친밀감
> - 밝은 표정이 상대방에게도 전이효과가 있으므로 좋은 분위기를 형성
> - 업무능률 향상

47

호감받는 표정관리 중 시선처리 방법으로 옳지 않은 것은?

① 자연스럽고 부드러운 시선으로 상대를 본다.
② 눈동자는 항상 중앙에 위치한다.
③ 가급적 승객의 눈높이와 맞춘다.
④ 승객 파악이 우선이므로 위·아래로 빠르게 지속적으로 훑어본다.

> **출제영역** 여객운수종사자의 기본자세
>
> 시선처리
> - 자연스럽고 부드러운 시선으로 상대를 본다.
> - 눈동자는 항상 중앙에 위치한다.
> - 가급적 승객의 눈높이와 맞춘다.

48

대화의 원칙 중 옳지 않은 것은?

① 강하고 빠르게 의견을 강조한다.
② 명료하게 말한다.
③ 상대방의 입장을 고려해 말한다.
④ 품위 있게 말한다.

> **출제영역** 여객운수종사자의 기본자세
>
> 대화의 원칙
> • 밝고 적극적으로 말한다.
> • 공손하게 말한다.
> • 명료하게 말한다.
> • 품위 있게 말한다.
> • 상대방의 입장을 고려해 말한다.

49

운송사업자가 운수종사자로 하여금 반드시 지키게 해야 하는 준수사항이 아닌 것은?

① 정류소 주차 시 질서 문란 금지
② 정비 불량 차량 운행 금지
③ 교통사고 시 신고 및 긴급조치
④ 승객 요구와 무관하게 미터기 미사용

> **출제영역** 운송사업자 및 운수종사자 준수사항
>
> 운송사업자는 운수종사자로 하여금 여객을 운송할 때 다음의 사항을 성실하게 지키도록 하고, 이를 항시 지도·감독해야 한다.
> • 정류소 또는 택시승차대에서 주차 또는 정차할 때에는 질서를 문란하게 하는 일이 없도록 할 것
> • 정비가 불량한 사업용자동차를 운행하지 않도록 할 것
> • 위험방지를 위한 운송사업자·경찰공무원 또는 도로관리청 등의 조치에 응하도록 할 것
> • 교통사고를 일으켰을 때에는 긴급조치 및 신고의 의무를 충실하게 이행하도록 할 것
> • 자동차의 차체가 헐었거나 망가진 상태로 운행하지 않도록 할 것

50

운수종사자의 자동차의 장치 및 설비 등에 관한 준수사항으로 옳지 않은 것은?

① 택시운송사업용 자동차 안에는 여객이 쉽게 볼 수 있는 위치에 요금미터기를 설치한다.
② 승객이 요청에 대비해 속도 제한장치를 무제한으로 해제 조치한다.
③ 대형 및 모범형 택시운송사업용 자동차에는 요금영수증 발급과 신용카드 결제 관련기기를 설치한다.
④ 대형 및 모범형 택시운송사업용 자동차에는 호출설비를 갖춰야 한다.

> **출제영역** 운송사업자 및 운수종사자 준수사항
>
> ②는 자동차의 장치 및 설비 등에 관한 준수사항과 무관하다.

51

운수종사자 준수사항으로 옳지 않은 것은?

① 자동차 운행 중 중대한 고장이나 사고 발생 우려가 있다고 인정될 때는 즉시 중지하고 적절한 조치를 해야한다.
② 여객자동차운송사업에 사용되는 자동차 안에서 담배를 피워서는 안된다.
③ 운전업무 중 해당 도로에 이상이 있던 경우 교대 다음 운전자에게 알려야 한다.
④ 관계 공무원으로부터 운전면허증, 신분증, 또는 자격의 제시 요구를 받으면 일단 거부하고 회사의 의견을 기다린다.

> **출제영역** 운송사업자 및 운수종사자 준수사항
>
> 관계 공무원으로부터 운전면허증, 신분증 또는 자격증의 제시 요구를 받으면 즉시 이에 따라야 한다.

52

운전예절에서 강조되는 '여유 있는 양보운전'의 가장 중요한 의미는?

① 마음의 여유를 갖고, 서로 배려하며 운전한다.
② 남보다 빨리 도착하려 노력한다.
③ 신호위반을 감수한다.
④ 경적을 자주 사용한다.

> **출제영역** 운수종사자의 기본 소양
>
> '여유 있는 양보운전'의 의미는 마음의 여유를 갖고, 서로 배려하며 운전하는 것이다.

53

운전자가 '습관'의 중요성에 유의해야 하는 이유로 올바른 것은?

① 잘못된 운전습관은 교통사고로 이어질 수 있다.
② 습관은 한 번 형성되면 쉽게 바뀐다.
③ 습관은 인성 및 태도와 관계가 없다.
④ 운전습관은 사고와 무관하다.

> **출제영역** 운수종사자의 기본 소양
>
> 인성과 습관의 중요성
> - 운전자는 일반적으로 사고, 태도 및 행동특성인 인성의 영향을 받게 된다.
> - 운전자의 운전행태를 보면 어떤 행위를 오랫동안 되풀이하는 과정에서 저절로 익혀진 운전습관이 나타난다(습관형성은 쉽게 바뀌지 않는다).
> - 올바른 운전 습관은 다른 사람들에게 자신의 인격을 표현하는 방법 중의 하나이다.

54

교통사고조사규칙에 따른 교통사고 용어에 대한 설명으로 옳지 않은 것은?

① 충돌사고: 차가 반대방향 또는 측방에서 진입하여 그차의 정면으로 다른차의 정면 또는 측면을 충격한 것을 말한다.
② 추돌사고: 5대 이상의 차가 동일방향으로 주행 중 교량이나 절벽에서 낙하한 사고를 말한다.
③ 접촉사고: 차가 추월, 교행 등을 하려다가 차의 좌우 측면을 서로 스친 것을 말한다.
④ 전복사고: 차가 주행 중 도로 또는 도로 이외의 장소에 뒤집혀 넘어진 것을 말한다.

> **출제영역** 운수종사자의 기본 소양
>
> 추돌사고: 2대 이상의 차가 동일방향으로 주행 중 뒤차가 앞차의 후면을 충격한 것을 말한다.

55

운수종사자가 사고 발생 시 회사에 보고해야 할 가장 중요한 이유는?

① 정확한 사고 경위와 처리결과를 공유하기 위해
② 처벌을 피하기 위해
③ 개인적으로 보상받기 위해
④ 승객과 운수종사자의 변상조치를 위해

> **출제영역** 운수종사자의 기본 소양
>
> 사고 발생 시 회사에 보고해야 하는 이유는 회피나 보상이 우선이 아닌 사고 경위와 처리결과를 공유하고 명확히 하기 위해서이다.

56

교통사고 현장에서의 원인조사 항목으로 옳지 않은 것은?

① 노면에 나타난 흔적조사
② 사고차량 및 피해자조사
③ 사고당사자의 개인신상 및 가족관계조사
④ 사고당사자 및 목격자조사

> **출제영역** 운수종사자의 기본 소양
>
> 교통사고 현장에서의 원인조사
> • 노면에 나타난 흔적조사
> • 사고차량 및 피해자조사
> • 사고당사자 및 목격자조사
> • 사고현장 시설물조사
> • 사고현장 측정 및 사진촬영

57

응급처치방법 중 심폐소생술에 대한 설명으로 옳지 않은 것은?

① 성인, 소아, 영아의 가슴압박의 깊이는 모두 동일하다.
② 환자를 눕힌 후 양쪽 어깨를 가볍게 두드리며 의식이 있는지 숨을 정상적으로 쉬는지 확인하고 주변사람에게 119 신고 및 자동제세동기를 가져올 것을 요청한다.
③ 성인, 소아, 영아의 가슴압박 횟수 및 분당 횟수는 동일하다.
④ 성인, 소아, 영아 모두 기도개방 및 인공호흡을 2회 실시한다.

> **출제영역** 운수종사자의 기본 소양
>
> 심폐소생술 – 가슴압박
> • 성인, 소아: 가슴압박 30회
>   (분당 100~120회 / 약 5cm 이상의 깊이)
> • 영아: 가슴압박 30회
>   (분당 100~120회 / 약 4cm 이상의 깊이)

58

운수종사자가 재난 상황(폭설, 폭우) 중 승객 안전을 우선적으로 확보하기 위한 행동으로 가장 옳은 것은?

① 응급환자, 노약자, 어린이 승객을 우선 대피시키고, 유관기관에 협조를 요청한다.
② 재난상황에 따른 요금과금이 추가된다.
③ 운전자 우선 대피가 원칙이다.
④ 재난상황에서도 운행을 강행하여 재난을 빠져나간다.

> **출제영역** 운수종사자의 기본 소양
>
> 재난상황(폭설 및 폭우)으로 운행이 불가능하게 된 경우 응급환자 및 노인, 어린이 승객을 우선적으로 안전지대로 대피시키고 유관기관에 협조를 요청해야 한다.

59

다음 중 차멀미 승객을 위해 운수종사자가 취해야 할 적절한 배려로 옳은 것을 모두 고르면?

> 가. 통풍이 잘되는 앞좌석에 앉힌다.
> 나. 필요시 휴게소나 정차 가능한 곳에 정차한다.
> 다. 위생봉지를 준비한다.
> 라. 멀미 증상을 신속히 처리한다.

① 가, 나, 다, 라　　② 가, 나, 다
③ 나, 다, 라　　　　④ 가, 다, 마

> **출제영역** 운수종사자의 기본 소양
>
> 차멀미 승객을 위해 운수종사자가 취해야 할 적절한 배려로 모두 옳은 설명이다.

60

차량고장 시 운전자의 조치사항으로 옳지 않은 것은?

① 결함이 심할 때는 비상등 점멸 후 갓길에 차를 대서 정차한다.
② 야간에는 어두운 계열의 옷을 입도록 한다.
③ 차에서 내릴 때에는 옆차로의 차량 주행상황을 살핀 후 내린다.
④ 비상전화를 하기 전 후방에 경고반사판을 설치하고 특히 야간에는 주의를 기울인다.

출제영역 운수종사자의 기본 소양
차량고장 시 야간에는 밝은 색 옷이나 야광이 되는 옷을 착용하는 것이 좋다.

4-1 서울지역 지리

61

서울특별시 관악구에 위치한 명문 국립대학은?

① 서울대학교　　② 고려대학교
③ 연세대학교　　④ 성균관대학교

62

다음 중 한강을 기준으로 남쪽에 위치한 자치구는?

① 용산구　　② 서대문구
③ 성북구　　④ 중랑구

63

서울특별시의 인사동과 삼청동을 품고 있는 자치구는?

① 서초구　　② 종로구
③ 강동구　　④ 은평구

64

다음 중 서울지하철 8호선의 종착역은?

① 잠실역　　② 모란역
③ 천호역　　④ 암사역

65

서울특별시 종로구에서 주요 궁궐을 두 곳 이상 품고 있는 동은?

① 세종로　　② 창신동
③ 혜화동　　④ 숭인동

66

다음 중 서울지하철 5호선이 한강을 건너는 구간의 다리는?

① 천호대교 ② 올림픽대교
③ 광진교   ④ 양화대교

67

서울특별시에서 동대문디자인플라자(DDP)가 위치한 자치구는?

① 중구   ② 동대문구
③ 종로구   ④ 성동구

68

서울특별시 영등포구 여의도에 위치한 대표적인 국회의사당 바로 옆 대형공원은?

① 여의도공원 ② 서울숲
③ 월드컵공원 ④ 남산공원

69

서울특별시의 동북부에 위치하며 도봉산, 북한산 등 산지가 많은 자치구는?

① 도봉구   ② 서초구
③ 강남구   ④ 영등포구

70

서울지하철 2호선과 9호선이 만나는 대표 환승역은?

① 신논현역 ② 선릉역
③ 잠실역   ④ 종합운동장역

4-2 경기지역 지리

61

경기도 광주시와 하남시, 서울시 송파구의 경계에 위치한 산은?

① 검단산   ② 청계산
③ 남한산   ④ 관악산

62

지하철 8호선이 지나가는 경기도 소재의 역으로 옳은 것은?

① 초지역   ② 남한산성입구역
③ 사당역   ④ 잠실역

63

경기도 오산시의 대표적 하천은?

① 오산천   ② 왕숙천
③ 탄천   ④ 한탄강

64

경기도 과천시와 서울을 연결하는 대표적 전철역은?

① 과천역   ② 정부과천청사역
③ 인덕원역   ④ 사당역

65

경기도 연천군의 대표적인 자연관광지로 유명한 곳은?

① 재인폭포 ② 임진각
③ 남한산   ④ 광릉숲

66

경기도 남양주시와 직접 접하지 않는 시군은?

① 구리시 ② 의정부시
③ 광주시 ④ 안성시

67

경기도에서 '남이천IC'가 위치한 고속도로는?

① 영동고속도로
② 경부고속도로
③ 중부고속도로
④ 서울외곽순환고속도로

68

경기도에서 'GTX-A' 노선의 종착역이 위치한 도시는?

① 파주시 ② 성남시
③ 고양시 ④ 남양주시

69

경기도 양평군의 대표적인 자연 명소는?

① 두물머리 ② 청평호
③ 화담숲 ④ 대부도

70

경기도의 서해안 대표 섬 지역은?

① 대부도 ② 덕적도
③ 석모도 ④ 연평도

4-3 인천지역 지리

61

인천의 대표적 문화 예술 공간인 '아트센터 인천'이 위치한 곳은?

① 송도국제도시 ② 청라국제도시
③ 부평구 ④ 인천공항

62

인천에서 영종도와 무의도를 연결하는 교량의 이름은?

① 무의대교 ② 인천대교
③ 영종대교 ④ 월곶대교

63

인천광역시 서구와 연수구를 연결하는 주요 도로는?

① 봉오대로 ② 인천대교
③ 경인고속도로 ④ 원적로

64

인천에서 수도권제2순환고속도로와 직접 연결되는 고속도로는?

① 영동고속도로
② 인천국제공항고속도로
③ 제2경인고속도로
④ 서해안고속도로

65

다음 중 인천광역시 남동구에 위치한 지하철역은?

① 간석오거리역 ② 석남역
③ 인하대역 ④ 원당역

66
인천에서 서울행 시외버스가 가장 많이 출발하는 터미널은?

① 인천터미널　　② 부평역환승센터
③ 송도버스터미널　　④ 계양역

67
인천광역시의 대표적 해양관광지인 '소야도'가 속한 행정구역은?

① 옹진군　　② 중구
③ 강화군　　④ 동구

68
다음 중 인천지하철 1호선의 환승역이 아닌 것은?

① 부평역　　② 인천시청역
③ 원인재역　　④ 인천터미널역

69
인천광역시 남동구 구월동에 위치한 대표적인 공공시설은?

① 인천시청
② 인천중앙공원
③ 인천종합문화예술회관
④ 부평아트센터

70
다음 중 인천광역시 미추홀구에 위치하지 않은 동은?

① 도화동　　② 용현동
③ 주안동　　④ 산곡동

CHAPTER 05 | 제5회 CBT 기출복원문제

1 교통 및 여객자동차 운수사업 법규

★★★ 01

여객자동차 운수사업법에 따른 중대한 교통사고에 대한 설명으로 옳은 것은?

① 사망자 2명 이상이 발생한 사고
② 사망자 1명과 중상자 2명 이상이 발생한 사고
③ 사망자 1명 이상이 발생한 사고
④ 중상자 5명 이상이 발생한 사고

> **출제영역** 여객자동차 운수사업법령
> 중대한 교통사고
> • 전복 사고
> • 화재가 발생한 사고
> • 사망자 2명 이상이 발생한 사고
> • 사망자 1명과 중상자 3명 이상이 발생한 사고
> • 중상자 6명 이상이 발생한 사고

★★ 02

택시운송사업용 자동차의 종류로 옳지 않은 것은?

① 경형   ② 소형
③ 보급형   ④ 모범형

> **출제영역** 여객자동차 운수사업법령
> 택시운송사업용 자동차는 경형·소형·중형·대형·모범형 및 고급형으로 구분된다.

★★ 03

사업구역과 인접한 주요 교통 시설 및 범위를 설명한 것으로 옳지 않은 것은?

① 고속철도 역 경계선 기준 10킬로미터
② 공항의 경계선 기준 50킬로미터
③ 무역항 경계선 기준 50킬로미터
④ 복합환승센터 경계선 기준 5킬로미터

> **출제영역** 도로교통법령
> 사업구역과 인접한 주요 교통 시설 및 범위
> • 고속철도 역 경계선 기준 10킬로미터
> • 공항의 경계선 기준 50킬로미터
> • 무역항 경계선 기준 50킬로미터
> • 복합환승센터 경계선 기준 10킬로미터

★★ 04

일반택시운송사업 택시운수종사자의 근로시간은 1주간 몇 시간 이상이 되도록 정하여야 하는가?

① 64시간   ② 52시간
③ 40시간   ④ 32시간

> **출제영역** 택시 운송사업 발전 법령
> 일반택시운송사업 택시운수종사자의 근로시간을 정할 경우 1주간 40시간 이상이 되도록 정한다.

05

모든 운전자는 해당하는 곳의 정차 및 주차 금지 장소에 대한 설명으로 옳지 않은 것은?

① 교차로 · 횡단보도 · 건널목이나 보도와 차도가 구분된 도로의 보도
② 교차로의 가장자리 또는 도로의 모퉁이로부터 8m 이내인 곳
③ 안전지대가 설치된 도로에서는 안전지대의 사방으로부터 각 10m 이내인 곳
④ 건널목의 가장자리 또는 횡단보도로부터 10m 이내인 곳

> **출제영역** 도로교통법령
> 정차 및 주차 금지 장소는 교차로의 가장자리 또는 도로의 모퉁이로부터 5m 이내인 곳이다.

06

여객자동차운송사업의 운전업무 종사자격의 기본 요건으로 옳지 않은 것은?

① 19세 이상
② 해당 자동차 운전면허 소지
③ 운전 적성 정밀검사 기준 적합
④ 자격시험 합격 또는 교통안전체험교육 이수

> **출제영역** 도로교통법령
> 여객자동차운송사업의 운전업무 종사자격 기본 요건
> • 해당 자동차 운전면허 소지
> • 20세 이상으로서 운전경력 1년 이상
> • 운전 적성 정밀검사 기준 적합
> • 자격시험 합격 또는 교통안전체험교육 이수

07

다음 중 특별교통안전 권장교육을 받아야 하는 사람으로 옳지 않은 것은?

① 운전실력이 미숙하여 교육을 희망하는 초보운전자
② 운전면허 취소 처분을 받은 사람으로 운전면허를 다시 받으려는 사람
③ 난폭운전을 한 경우로서 운전면허효력 정지처분을 받은 사람으로 그 정지기간이 끝나지 아니한 사람
④ 공동위험행위를 한 경우로서 운전면허효력 정지처분을 받은 사람으로 그 정지기간이 끝나지 아니한 사람

> **출제영역** 도로교통법령
> 특별교통안전 권장교육을 받아야 하는 사람
> • 교통법규 위반 등 사유로 인하여 운전면허효력정지 처분을 받게 되거나 받은 사람
> • 교통 법규 위반 등으로 인하여 운전면허효력정지 처분을 받을 가능성이 있는 사람
> • 특별교통안전 의무교육을 받은 사람
> • 운전면허를 받은 사람 중 교육을 받으려는 날에 65세 이상인 사람

08

자동차등의 운전에 필요한 적성의 기준 중 색각의 구별 색상이 아닌 것은?

① 검정색
② 붉은색
③ 녹색
④ 노란색

> **출제영역** 도로교통법령
> 색각: 붉은색, 녹색 및 노란색을 구별할 수 있을 것

09

벌점·누산점수 초과로 인한 면허취소 기준 중 기간과 연간 벌점 또는 누산점수로 옳게 짝지어진 것은?

① 1년간 121점 미만
② 3년간 271점 이상
③ 2년간 230점 이상
④ 1년간 201점 이상

> **출제영역** 도로교통법령
> • 1년간: 121점 이상
> • 2년간: 201점 이상
> • 3년간: 271점 이상

10

다음 안전표지가 의미하는 내용으로 옳은 것은?

① 주의표지
② 규제표지
③ 지시표지
④ 보조표지

> **출제영역** 도로교통법령
> 규제표지를 의미하는 표지이다.

11

교통사고 처리 특례법상 철길 건널목 통과방법 위반 사고의 행정처분으로 옳은 것은? (단, 승합자동차에 한함)

① 6만원, 15점
② 7만원, 30점
③ 13만원, 60점
④ 3만원, 10점

> **출제영역** 교통사고처리특례법령
> 철길 건널목 통과 위반 사고 시 승합자동차의 행정 처분은 범칙금 7만원, 벌점은 30점이다.

12

자동차의 속도위반(60km/h 초과) 시 승합자동차의 범칙금액은?

① 12만원
② 13만원
③ 10만원
④ 8만원

> **출제영역** 도로교통법령
> 속도위반(60km/h 초과)
> • 승합자동차등: 13만원
> • 승용자동차등: 12만원
> • 이륜자동차등: 8만원

13

신호·지시위반 사고의 성립요건 중 장소적 요건의 예외사항으로 옳지 않은 것은?

① 진행방향에 신호기가 설치되어 있지 않을 때
② 신호기가 많이 설치되어 있는 구역
③ 규제표지 외의 표지판이 설치된 구역
④ 황색 점멸신호등의 경우

> **출제영역** 교통사고처리특례법령
> 신호·지시위반 사고의 성립요건 중 장소적 요건의 예외사항
> • 진행방향에 신호기가 설치되어 있지 않을 때
> • 규제표지 외의 표지판이 설치된 구역
> • 신호기의 고장이나, 황색 점멸신호등의 경우

14

다음 중 철길건널목의 종류로 옳지 않은 것은?

① 제1종 건널목
② 제2종 건널목
③ 제3종 건널목
④ 제4종 건널목

> **출제영역** 교통사고처리특례법령
>
> 철길건널목의 종류
> • 제1종: 차단기, 건널목경보기 및 교통안전표지가 설치되어 있는 경우
> • 제2종: 건널목경보기 및 교통안전표지가 설치되어 있는 경우
> • 제3종: 교통안전표지만 설치되어 있는 경우

15

대통령령이 정하는 자동차 창유리 가시광선 투과율의 금지 기준으로 옳은 것은?

① 앞면 창유리: 50% 미만
   운전석 좌우 옆면 창유리: 20% 미만
② 앞면 창유리: 60% 미만
   운전석 좌우 옆면 창유리: 30% 미만
③ 앞면 창유리: 70% 미만
   운전석 좌우 옆면 창유리: 40% 미만
④ 앞면 창유리: 80% 미만
   운전석 좌우 옆면 창유리: 50% 미만

> **출제영역** 도로교통법령
>
> 자동차 창유리 가시광선 투과율의 금지 기준
> • 앞면 창유리: 70% 미만
> • 운전석 좌우 옆면 창유리: 40% 미만

16

교통사고로 처리하지 아니하고 업무 주무기능에 인계하는 사항이 아닌 것은?

① 교통사고를 야기한 차의 운전자가 피해자를 구호하는 등 도로교통법에 따른 조치를 취하지 아니하고 도주한 경우
② 자살·자해 행위로 인정되는 경우
③ 확정적 고의에 의하여 타인을 사상하거나 물건을 손괴하는 경우
④ 낙하물에 의하여 차량 탑승자가 사상하였거나 물건이 손괴된 경우

> **출제영역** 교통사고처리특례법령
>
> ①은 뺑소니에 대한 설명으로 교통사고로 처리한다.

17

교통사고 발생 후 72시간 내 사망 시 벌점 부과 기준으로 옳은 것은?

① 90점
② 70점
③ 50점
④ 30점

> **출제영역** 교통사고처리특례법령
>
> 사고결과에 따른 벌점기준
>
> | 구분 | 내용 | 벌점 |
> | --- | --- | --- |
> | 사망 1명마다 | 사고발생 시부터 72시간 이내에 사망한 때 | 90점 |
> | 중상 1명마다 | 3주 이상의 치료를 요하는 의사의 진단이 있는 사고 | 15점 |
> | 경상 1명마다 | 3주 미만 5일 이상의 치료를 요하는 의사의 진단이 있는 사고 | 5점 |
> | 부상신고 1명마다 | 5일 미만의 치료를 요하는 의사의 진단이 있는 사고 | 2점 |

18 ★★★

대형사고에서 사망이란 사고 발생일부터 몇 일 이내에 사망한 것을 말하는가?

① 10일
② 20일
③ 30일
④ 40일

> **출제영역** 교통사고처리특례법령
>
> 대형사고: 3명 이상이 사망(교통사고 발생일부터 30일 이내에 사망한 것을 말함)하거나 20명 이상의 사상자가 발생한 것

19 ★★★

어린이 보호구역으로 지정될 수 있는 장소로 옳지 않은 것은?

① 보육시설 중 정원 100명 이상의 보육시설
② 고등학교 또는 대학교
③ 관할 경찰서장과 협의된 경우 100명 미만의 학원
④ 초·중등교육법에 따른 외국인학교

> **출제영역** 도로교통법
>
> 어린이 보호구역으로 지정될 수 있는 장소
> - 유아교육법에 따른 유치원, 초·중등교육법에 따른 초등학교 또는 특수학교
> - 영유아보육법에 따른 보육시설 중 정원 100명 이상의 보육시설 (관할 경찰서장과 협의된 경우에는 정원이 100명 미만의 보육시설 주변도로에 대해서도 지정 가능)
> - 학원의 설립·운영 및 과외교습에 관한 법률에 따른 학원 중 학원 수강생이 100명 이상인 학원 (관할 경찰서장과 협의된 경우에는 정원이 100명 미만의 학원 주변도로에 대해서도 지정 가능)
> - 초·중등교육법에 따른 외국인학교 또는 대안학교, 제주특별자치도 설치 및 국제자유도시 조성을 위한 특별법에 따른 국제학교 및 경제자유구역 및 제주국제자유도시의 외국 교육기관 설립·운영에 관한 특별법에 따른 외국교육기관 중 유치원·초등학교 교과과정이 있는 학교

20 ★★

노면표시에 사용되는 선의 의미로 옳은 것은?

① 점선: 의미의 강조
② 복선: 제한
③ 점선: 허용
④ 실선: 통제

> **출제영역** 도로교통법령
>
> - 점선: 허용
> - 실선: 제한
> - 복선: 의미의 강조

2 안전운행요령

21 ★★★

일상점검의 자동차의 외관을 점검할 시 배기가스 항목에서 점검내용으로 옳은 것은?

① 배기가스 성분 분석
② 배기가스의 색깔
③ 비상장치 확인
④ 워셔액 적정량

> **출제영역** 자동차 관리
>
> 자동차 외관 점검 시 배기가스의 색깔을 점검한다.

22

다음 경고등 및 표시등의 설명으로 옳은 것은?

① 연료잔량 경고등으로 잔류량이 적을 때 점등
② **주차 브레이크 경고등으로 주차 브레이크 작동 시 점등**
③ 냉각수 경고등으로 잔류량이 적을 때 점등
④ 배터리 충전 경고등으로 배터리 방전 시 점등

> **출제영역** 자동차 관리
>
> 주차 브레이크 경고등으로 주차 브레이크 작동 시 점등의 의미이다.

23

LPG 자동차의 장점을 모두 고르면?

> 가. 유해 가스 배출량이 줄어든다.
> 나. 가솔린 자동차에 비해 엔진 소음이 적다.
> 다. 연료비가 적게 든다.
> 라. 겨울철에는 시동이 잘 걸리지 않는다.

① 가, 나
② 나, 다
③ **가, 나, 다**
④ 가, 나, 다, 라

> **출제영역** 자동차 관리
>
> LPG 자동차의 장점
> • 연료비가 적게 들어 경제적이다.
> • 유해가스 배출량이 줄어든다.
> • 연료의 옥탄가가 높아 노킹 현상이 거의 발생하지 않는다.
> • 가솔린 자동차에 비해 엔진 소음이 적다.
> • 엔진 관련 부품의 수명이 상대적으로 길어 경제적이다.

24

다음 중 전기 장치에 고장이 있는 경우의 대처와 점검 사항으로 옳지 않은 것은?

① **냉각수의 부족 여부를 확인한다.**
② 퓨즈의 단선 여부를 확인한다.
③ 규정된 용량의 퓨즈만을 사용하여 교체한다.
④ 높은 용량의 퓨즈로 교체한 경우 전기 배선 손상 및 화재 발생의 원인이 되므로 주의한다.

> **출제영역** 자동차 응급조치요령
>
> 전기 장치 고장
> • 퓨즈의 단선 여부 확인
> • 규정된 용량의 퓨즈만을 사용하여 교체
> • 높은 용량의 퓨즈로 교체한 경우 전기 배선 손상 및 화재 발생의 원인이 되므로 주의

25

교통사고 발생 시 조치사항으로 옳지 않은 것은?

① LPG 스위치를 끈 후 엔진을 정지시킨다.
② 동행 승객을 빨리 대피시킨다.
③ **트렁크 안에 있는 용기의 연료 출구 밸브(황색, 적색) 2개를 모두 연다.**
④ 누출 부위에 불이 붙었을 경우 신속하게 소화기 또는 물로 불을 끈다.

> **출제영역** 자동차 응급조치요령
>
> 트렁크 안에 있는 용기의 연료 출구 밸브(황색, 적색) 2개를 모두 잠가야 한다.

26 ★★

운행 중 전조등 고장 시 응급조치요령으로 옳지 않은 것은?

① 야간 운행 중 전조등이 고장 나면 안개등을 자동 점등시켜 운행한다.
② 안개등을 사용하여 장거리 운행을 한다.
③ 퓨즈가 단락된 경우 예비용 퓨즈로 교체한다.
④ 임시로 전조등 바로 위 보닛 부분을 쳐주면 전조등이 켜질 가능성이 있다.

> **출제영역** 자동차 응급조치요령
> 운행 중 전조등 고장 시 응급조치요령
> • 야간 운행 중 전조등이 고장 나면 안개등을 자동 점등시켜 운행한다.
> • 퓨즈가 단락되었는지 확인하고 단락된 경우 예비용 퓨즈로 교체한다.
> • 안개등만으로 장거리 운행 시 시야의 확보가 어려워 사고가 일어날 가능성이 높아진다.
> • 임시로 전조등 바로 위 보닛(Bonnet) 부분을 쳐주면 전조등이 켜질 가능성이 있다.
> • 안전한 장소로 주차한 후 수리를 요청한다.

27 ★★

스노타이어는 트레드 부가 몇 % 이상 마멸되면 제 기능을 발휘하지 못하는가?

① 10%　　② 50%
③ 100%　　④ 150%

> **출제영역** 자동차 구조 및 특성
> 스노타이어는 50% 이상 마멸 시 제 기능 발휘가 불가하다.

28 ★★★

주행 자동차를 감속 또는 정지시키거나 주차상태를 유지하기 위해 사용하는 주요장치는?

① 현가장치　　② 조향장치
③ 동력장치　　④ 제동장치

> **출제영역** 자동차 검사 및 보험
> 제동장치: 주행 자동차를 감속 또는 정지시키거나 주차상태를 유지하기 위해 사용

29 ★

피보험자가 자동차 소유, 사용, 관리하는 동안 사고로 인하여 다른사람의 자동차나 재물에 손해를 끼침으로써 손해배상 책임을 지는 경우 보험가인 금액을 한도로 보상하는 담보를 설명한 용어는?

① 손해배상금　　② 간접손해
③ 대물보상　　④ 공제액

> **출제영역** 자동차 검사 및 보험
> 대물보상: 다른사람의 자동차나 재물에 손해를 끼침으로써 손해배상 책임을 지는 경우 보험가인 금액을 한도로 보상하는 담보

30 ★★★

고속도로 주행 시 몇 m 전방에서 방향지시등을 키는가?

① 50m　　② 70m
③ 100m　　④ 120m

> **출제영역** 안전운전의 기술
> 고속도로 주행 시 100m 전방에서 방향지시등을 켜야 한다.

31

빗물이 고인 도로 상에서 갑자기 회전 또는 정지를 하는 경우 시속 몇 km 정도의 주행 속도에서 수막현상이 발생하는가?

① 70km ② 80km
③ 90km ④ 100km

출제영역 안전운전의 기술
빗물이 고인 도로에서 회전 또는 정지를 하는 경우 시속 70km 정도에서 수막현상이 발생한다.

32

다음 중 그림에 해당하는 옳은 터널 안전수칙은?

① 교통신호를 확인한다.
② 안전거리를 유지한다.
③ 라디오를 켠다.
④ 차선을 바꾸지 않는다.

출제영역 안전운전의 기술
그림에 해당하는 안전수칙은 '교통신호를 확인한다'이다.

33

고속도로 안전운전 방법으로 옳지 않은 것은?

① 진입은 빠르게, 진입 후 가속은 안전하게 천천히
② 전방주시
③ 주변 교통흐름에 따라 적정속도 유지
④ 주행차로로 주행

출제영역 안전운전의 기술
고속도로 안전운전 방법
- 전방주시
- 진입은 안전하게 천천히, 진입 후 가속은 빠르게
- 주변 교통흐름에 따라 적정속도 유지
- 주행차로로 주행
- 전 좌석 안전띠 착용

34

경제운전의 기본적인 방법으로 옳지 않은 것은?

① 급가속을 피한다.
② 급제동을 한다.
③ 급한 운전을 피한다.
④ 불필요한 공회전을 피한다.

출제영역 안전운전의 기술
경제운전의 기본적인 방법
- 급가속(가속 페달은 부드럽게)을 피한다.
- 급제동을 피한다.
- 급한 운전을 피한다.
- 불필요한 공회전을 피한다.
- 일정한 차량속도(정속주행)를 유지한다.

35

겨울철 자동차관리로 옳은 것을 모두 고르면?

가. 월동장비 점검
나. 냉각장치 점검
다. 정온기 상태점검
라. 라디오 점검

① 가, 나   ② 나, 다
③ 가, 나, 다   ④ 가, 나, 다, 라

출제영역 안전운전의 기술
겨울철 자동차관리에 해당하는 것은 '가, 나, 다'이다.

36 ★★

핸들이 무거울 경우 조치사항은?

① 파워스티어링 오일을 보충한다.
② 냉각수를 충전한다.
③ 전기배선을 수리한다.
④ 밸브 간격을 조정한다.

> **출제영역** 자동차 응급조치요령
> 핸들이 무거울 경우 조치사항
> • 적정 공기압으로 조정한다.
> • 파워스티어링 오일을 보충한다.

37 ★

혈중알코올농도가 0.05 ~ 0.10%일 때 취한 상태로 옳지 않은 것은?

① 얼큰히 취한 기분
② 압박에서 탈피하여 정신이완
③ 집중력이 향상됨
④ 맥박이 빨라짐

> **출제영역** 자동차 관리
> 혈중알코올농도가 0.05~0.10%때 취한 상태에 ③은 해당하지 않는다.

38 ★★★

오일에 수분이 다량으로 유입된 경우 자동변속기 오일의 색은?

① 붉은색   ② 갈색
③ 백색   ④ 흑색

> **출제영역** 자동차 구조 및 특성
> 자동변속기의 오일 색깔
> • 정상: 투명도가 높은 붉은색
> • 갈색: 가혹한 상태에서 사용되거나, 장시간 사용한 경우
> • 투명도가 없어지고 검은색을 띨 때: 자동변속기 내부의 클러치 디스크의 마멸분말에 의한 오손, 기어가 마멸된 경우
> • 니스 모양으로 된 경우: 오일이 매우 높은 고온에 노출된 경우
> • 백색: 오일에 수분이 다량으로 유입된 경우

39 ★★★

타이어가 회전하면 노면과 맞닿는 부분으로 인해 타이어의 변형과 복원이 반복되는 현상은?

① 쇼크 웨이브 현상
② 스탠딩 웨이브 현상
③ 수막현상
④ 마모현상

> **출제영역** 자동차 구조 및 특성
> 스탠딩 웨이브 현상(Standing Wave): 타이어가 회전하면 노면과 맞닿는 부분으로 인해 타이어의 변형과 복원이 반복되는 현상

40 ★★

튜닝검사란 튜닝의 승인을 받은 날부터 몇 일 이내에 한국교통안전공단 자동차검사소에서 안전기준 및 승인변경에 대해 검사를 받아야하는가?

① 45일   ② 10일
③ 20일   ④ 30일

> **출제영역** 자동차 검사 및 보험
> 튜닝검사는 튜닝 승인을 받은 날부터 45일 이내에 안전기준 및 승인변경에 대한 검사를 받아야 한다.

3 운송서비스

41

여객운송업에서 서비스의 개념에 포함되지 않는 내용은?

① 소유권의 변동 없이 제공되는 무형의 행위
② 한 당사자가 다른 당사자에게 제공하는 활동
③ **동선을 활용한 개인의 가치창출**
④ 승객을 목적지까지 이동시키는 활동

> **출제영역** 여객운수종사자의 기본자세
>
> 서비스의 정의
> - 한 당사자가 다른 당사자에게 제공하는 무형의 행위 또는 활동
> - 긍정적 마음을 행동으로 표현하여 승객을 편안하고 안전하게 목적지까지 이동시키는 것
> - 봉사하는 마음, 친절, 적극적 태도, 신뢰로 승객을 만족시키는 것
> - 말이나 이론이 아닌 감정과 행동이 수반되는 응대로 완성

42

서비스 제공을 위한 5요소를 모두 고르면?

| 가. 단정한 용모 및 복장 |
| 나. 밝은 표정 |
| 다. 공손한 인사 |
| 라. 친근한 말 |
| 마. 따뜻한 응대 |

① 가, 다, 마
② 가, 나, 다
③ 나, 다, 라
④ **가, 나, 다, 라, 마**

> **출제영역** 여객운수종사자의 기본자세
>
> 서비스 제공을 위한 5요소
> 단정한 용모 및 복장, 밝은 표정, 공손한 인사, 친근한 말, 따뜻한 응대

43

운전자가 '습관'의 중요성에 유의해야 하는 이유로 올바른 것은?

① **잘못된 운전습관은 교통사고로 이어질 수 있다.**
② 습관은 한 번 형성되면 쉽게 바뀐다.
③ 습관은 인성 및 태도와 관계가 없다.
④ 운전습관은 사고와 무관하다.

> **출제영역** 운수종사자의 기본 소양
>
> 인성과 습관의 중요성
> - 운전자는 일반적으로 사고, 태도 및 행동특성인 인성의 영향을 받게 된다.
> - 운전자의 운전행태를 보면 어떤 행위를 오랫동안 되풀이하는 과정에서 저절로 익혀진 운전습관이 나타난다(습관형성은 쉽게 바뀌지 않는다).
> - 올바른 운전 습관은 다른 사람들에게 자신의 인격을 표현하는 방법 중의 하나이다.

44

긍정적인 이미지를 만들 위한 5요소로 옳지 않은 것은?

① 표정관리(미소)
② 음성관리(목소리)
③ **돈(재력)**
④ 용모복장(단정한 용모)

> **출제영역** 여객운수종사자의 기본자세
>
> 긍정적인 이미지를 만들 위한 5요소
> 시선처리(눈빛), 음성관리(목소리), 표정관리(미소), 용모복장(단정한 용모), 제스쳐(손짓, 자세)

45

다음 중 인사방법을 잘못 설명한 것은?

① 인사: 상대방이 먼저하기를 기다린다.
② 고개: 반듯하게 들되, 턱을 내밀지 않고 자연스럽게 당긴다.
③ 표정: 밝고 부드러운 미소를 짓는다.
④ 음성: 적당한 크기와 속도로 자연스럽고 부드럽게 말한다.

출제영역 여객운수종사자의 기본자세

인사: 본 사람이 먼저 하는 것이 좋으며, 상대방이 먼저 인사한 경우에는 "네, 안녕하십니까"로 응대한다.

46

'승객만족'을 설명하는 핵심 문장으로 옳은 것은?

① 승객의 기대에 맞춰가는 서비스를 제공함으로써 만족감을 느끼게 한다.
② 무조건 요금을 할인해준다.
③ 택시 운전기사는 승객의 불만에 대응하지 않는다.
④ 승객의 요구를 무시한다.

출제영역 여객운수종사자의 기본자세

승객만족: 승객의 욕구와 불만을 파악하고, 승객의 기대에 맞춘 서비스를 제공함으로써 만족감을 느끼게 하는 것

47

다음 중 '일반적인 승객의 욕구'에 포함되지 않는 것은?

① 중요한 사람으로 인식되고 싶어한다.
② 환영받고 싶어한다.
③ 존중받고 싶어한다.
④ 승객 스스로 운전하고 싶어한다.

출제영역 여객운수종사자의 기본자세

일반적인 승객의 욕구
• 환영받고 싶어한다.
• 편안해지고 싶어한다.
• 중요한 사람으로 인식되고 싶어한다.
• 존중받고 싶어 한다.
• 자신의 기대와 욕구를 수용하고 인정받고 싶어 한다.

48

표정의 중요성으로 옳지 않은 것은?

① 첫인상은 대면 직후 결정되는 경우가 많다.
② 갑자기 표정이 자주 변하는 얼굴은 호감도가 높다.
③ 밝고 환한 표정은 첫인상을 좋게 만든다.
④ 밝은 표정과 미소는 신체와 정신 건강을 향상시킨다.

출제영역 여객운수종사자의 기본자세

표정의 중요성
• 밝고 환한 표정은 첫인상을 좋게 만든다.
• 첫인상은 대면 직후 결정되는 경우가 많다.
• 좋은 첫인상은 긍정적인 호감도로 이어진다.
• 상대방과의 원활하고 친근한 관계를 만들어 준다.
• 업무 효과를 높일 수 있다.
• 밝은 표정은 호감 가는 이미지를 형성하여 사회생활에 도움을 준다.
• 밝은 표정과 미소는 신체와 정신 건강을 향상시킨다.

49

고객이 거래를 중단하는 주된 이유로 가장 높은 비율(%)을 차지하는 것은?

① 종사자의 불친절
② 제품에 대한 불만
③ 경쟁사의 회유
④ 가격

출제영역 여객운수종사자의 기본자세

고객이 거래를 중단하는 이유: 종사자의 불친절(68%), 제품에 대한 불만(14%), 경쟁사의 회유(9%), 가격이나 기타(9%)

50

금연을 해야 하는 장소로 옳은 것은?

① 공공시설 흡연부스
② 지정흡연가능 구역
③ 택시 안
④ 다른 사람에 간접흡연의 영향을 주지 않고 흡연이 가능한 장소

> **출제영역** 여객운수종사자의 기본자세
>
> 금연해야 하는 장소
> 택시 안, 보행중인 도로, 승객대기실 또는 승강장, 금연식당 및 공공장소, 간접흡연의 영향을 줄 수 있는 장소, 사무실 내

51

승객을 위한 행동예절 중 올바른 악수 방법이 아닌 것은?

① 친밀감의 표현으로 악수하는 손을 꽉 잡고 크게 흔들어 준다.
② 악수하는 도중 상대방의 시선을 피하거나 다른 곳을 응시하여서 아니 된다.
③ 상대방이 악수를 청할 경우 먼저 가볍게 목례를 한 후 오른손을 내민다.
④ 악수는 상대방과의 신체접촉을 통한 친밀감을 표현하는 행위로 바른 동작이 필요하다.

> **출제영역** 여객운수종사자의 기본자세
>
> 올바른 악수 방법
> - 악수는 상대방과의 신체접촉을 통한 친밀감을 표현하는 행위로 바른 동작 필요하다.
> - 상대방이 악수를 청할 경우 먼저 가볍게 목례를 한 후 오른손을 내민다.
> - 악수하는 손을 흔들거나, 꽉 잡거나, 손끝만 잡는 것은 좋은 태도가 아니다.
> - 악수 중 시선을 피하거나 다른 곳을 응시하여서는 아니 된다.

52

직업의 의미와 설명으로 옳지 않은 것은?

① 경제적 의미: 직업을 통해 안정된 삶을 영위해 나갈 수 있다.
② 사회적 의미: 직업은 사회적으로 유용한 것이어야 하며, 사회발전 및 유지에 도움이 되어야 한다.
③ 심리적 의미: 삶의 보람과 자기실현에 중요한 역할을 하는 것으로 사명감과 소명의식을 갖고 정성과 정열을 쏟을 수 있는 것이다.
④ 성과적 의미: 개인이 생각한 목표치를 수단과 방법을 가리지 않고 달성해야 한다.

> **출제영역** 여객운수종사자의 기본자세
>
> 직업의 의미와 설명으로 ④는 옳지 않다.

53

택시운송사업자가 차량 운행정보(미터기 정보 등)를 보존해야 하는 기간으로 옳은 것은?

① 1년 이상
② 6개월 이상
③ 3년 이상
④ 3개월 이상

> **출제영역** 운송사업자 및 운수종사자 준수사항
>
> 택시운송사업자가 차량 운행정보(미터기 정보 등)를 보존해야 하는 기간은 1년 이상이다.

54

다음 중 운수종사자 준수사항으로 옳지 않은 것은?

① 여객자동차운송사업에 사용되는 자동차 안에서 담배를 피워서는 안된다.
② 영수증 발급기 및 신용카드 결제기기를 설치하는 택시의 경우 승객이 요구하면 영수증 발급 또는 신용카드 결제에 응해야 한다.
③ 문을 완전히 닫고 자동차를 출발시키거나 운행해야 한다.
④ 상황에 따라 택시요금미터기를 조작할 수 있다.

> 출제영역 운송사업자 및 운수종사자 준수사항
> 운수종사자는 택시요금미터기를 조작하여서는 안된다.

55

운수종사자가 차량 출발 전에 반드시 안내해야 하는 내용으로 옳은 것은?

① 승객의 좌석안전띠 착용
② 목적지 변경 여부
③ 요금 흥정
④ 차량 내 음주 가능 여부

> 출제영역 운송사업자 및 운수종사자 준수사항
> 운수종사자는 차량 출발 전에 반드시 승객의 좌석안전띠 착용을 안내해야 한다.

56

사업용 운전자의 사명과 자세로 옳지 않은 것은?

① 사업용 운전자는 '공인'이라는 사명감이 필요하다.
② 타인의 생명도 내 생명처럼 존중한다.
③ 승객의 요구라면 약간의 규칙 위반은 가능하다.
④ 안전운행을 통해 승객의 소중한 생명을 보호할 의무가 있다.

> 출제영역 운수종사자의 기본 소양
> 사업용 운전자의 사명과 자세
> • 타인의 생명도 내 생명처럼 존중
> • 사명감 필요
> • 교통법규 이해와 준수
> • 양보운전, 주의력 집중, 심신상태 안정
> • 추측운전 금지, 운전기술 과신 금물
> • 대기오염 및 소음공해 최소화

57

출혈 또는 골절환자 발생 시 응급처치방법으로 옳은 것은?

① 지혈이 필요한 경우 골절 부분은 건드리지 않도록 주의하여 지혈한다.
② 부상자가 입고 있는 옷을 이용하여 최대한 조여주고 하반신을 낮게 한다.
③ 출혈이 심한 경우 심장부위에서 가장 먼 곳을 꽉 잡아 맨다.
④ 팔이 골절되었다면 굽히거나 펴는 것을 시도해 본다.

> 출제영역 운수종사자의 기본 소양
> 출혈
> • 출혈이 심하다면 출혈부위보다 심장에 가까운 부위를 헝겊 또는 손수건 등으로 지혈될 때까지 꽉 잡아맨다.
> • 출혈이 적을 때에는 거즈나 깨끗한 손수건으로 상처를 꽉 누른다.
> • 가슴이나 배를 강하게 부딪쳐 내출혈이 발생하였을 때에는 얼굴이 창백해지며 핏기가 없어지고 식은땀을 흘리며 호흡이 얕고 빨라지는 쇼크증상이 발생한다.
>
> 골절
> 골절 부상자는 잘못 다루면 오히려 위험해질 수 있으므로 구급차가 올 때까지 가급적 기다리는 것이 바람직하다.

58

운전자가 삼가야 하는 행동에 대한 설명으로 옳지 않은 것은?

① 운전 중 갓길을 적극적으로 이용하여 운행한다.
② 운행 중 갑자기 끼어들거나 다른 운전자에게 욕설하지 않는다.
③ 교통 경찰관의 단속에 불응하거나 항의하는 행위를 하지 않는다.
④ 지그재그 운전으로 다른 운전자를 불안하게 만드는 행동을 하지 않는다.

> **출제영역** 운수종사자의 기본 소양
> 갓길로는 통행하지 않는 것이 바람직하다.

59

교통관련 법규 및 사내 안전관리 규정 준수사항으로 옳은 것은?

① 자동차 전용도로, 급한 경사길 등에서는 주·정차를 하면 안된다.
② 철길건널목은 최대한 빠르게 통과한다.
③ 효율성을 위해 승객이 있더라도 타인을 승차시킬 수 있다.
④ 상황에 따라 취득면허 이외의 차량으로 변경하여 차량운전이 가능하다.

> **출제영역** 운수종사자의 기본 소양
> 교통관련 법규 및 사내 안전관리 규정 준수사항
> • 배차지시 없이 임의 운행금지
> • 노선 임의 변경 금지
> • 대리운전 금지
> • 타인 승차 금지
> • 음주 및 약물복용 후 운전 금지
> • 철길건널목 일시정지 준수, 정차 금지
> • 운전면허 종류 외 차량 운전 금지
> • 자동차 전용도로·경사길 등 주·정차 금지
> • 차량 내·외 청결 유지

60

다음 중 올바른 운전예절에 해당하지 않는 것은?

① 횡단보도에서 보행자가 통행 중이면 일시정지한다.
② 과속할 경우 급브레이크는 필연적이다.
③ 교차로 전방 정체 시 진입하지 않는다.
④ 전조등을 올바르게 사용한다.

> **출제영역** 운수종사자의 기본 소양
> 과속으로 운행하며 급브레이크를 밟는 행위는 하지 않는다.

4-1 서울지역 지리

61

다음 중 서울지하철 4호선이 지나지 않는 자치구는?

① 강동구 ② 동작구
③ 노원구 ④ 중구

62

서울특별시 관내에서 경부고속도로 진입이 가장 쉬운 지역(진입IC)은?

① 양재IC ② 상일IC
③ 고속터미널 ④ 창동IC

63

서울특별시의 대표적인 한강공원 중 서쪽에 위치한 곳은?

① 망원한강공원 ② 잠실한강공원
③ 뚝섬한강공원 ④ 이촌한강공원

64
다음 중 서울특별시의 전통시장으로 유명한 곳은?

① 광장시장 ② 가락시장
③ 농수산물시장 ④ 신세계백화점

65
서울지하철 6호선의 동쪽 종착역은?

① 봉화산역 ② 응암역
③ 신내역 ④ 한강진역

66
서울특별시의 남서쪽 관문 역할을 하며 김포공항이 위치한 자치구는?

① 강서구 ② 구로구
③ 영등포구 ④ 동작구

67
서울특별시 중 구청 소재지가 '삼성동'에 위치한 자치구는?

① 강남구 ② 송파구
③ 강동구 ④ 서초구

68
다음 중 러시아 대사관의 위치로 옳은 것은?

① 용산구 동빙고동 ② 종로구 중학동
③ 중구 정동 ④ 용산구 후암동

69
서울특별시 마포구에 위치한 대표적인 대형공연장은?

① 마포아트센터 ② 예술의전당
③ 세종문화회관 ④ 국립극장

70
다음 중 서울 YMCA가 위치한 곳으로 옳은 것은?

① 종로1가 ② 종로2가
③ 종로3가 ④ 종로4가

4-2 경기지역 지리

61
경기도 이천시의 대표적인 온천 관광지는?

① 설봉온천 ② 율암온천
③ 동서울온천 ④ 광명스파돔

62
경기도에서 서울로 이동할 때, '자유로'를 통해 바로 진입 가능한 시는?

① 고양시 ② 파주시
③ 하남시 ④ 부천시

63
경기도 의정부시의 대표적 전통시장은?

① 의정부제일시장 ② 남문시장
③ 평택중앙시장 ④ 수원남문시장

64
경기도 안양시와 군포시의 경계에 위치한 대형공원은?

① 안양예술공원 ② 산본중앙공원
③ 안양천생태공원 ④ 만안공원

65

경기도 수원시와 오산시, 화성시를 잇는 국도는?

① 1번국도 ② 42번국도
③ 43번국도 ④ 45번국도

66

조선 제22대 국왕 정조와 효의왕후 청풍김씨의 합장 단릉(화성건릉)이 위치한 곳은?

① 화성시 남양읍 ② 화성시 안녕동
③ 화성시 향남읍 ④ 화성시 송산동

67

경기도 양주시의 대표 자연 명소는?

① 장흥계곡 ② 두물머리
③ 왕송호수 ④ 왕방산

68

다음 중 세종대왕릉이 있는 곳으로 옳은 것은?

① 경기도 가평군 ② 경기도 이천시
③ 경기도 여주시 ④ 경기도 남양주시

69

경기도 하남시의 대표적 쇼핑몰은?

① 스타필드 하남
② 현대백화점 판교점
③ 롯데백화점 광명점
④ 신세계백화점 의정부점

70

경기도 고양시와 파주시를 연결하는 대표적 도로는?

① 자유로 ② 경의로
③ 일산로 ④ 파주로

4-3 인천지역 지리

61

인천국제공항 제1여객터미널과 직접 연결되는 역은?

① 공항화물청사역
② 인천공항1터미널역
③ 영종역
④ 청라국제도시역

62

인천광역시 연수구의 대표적인 업무지구는?

① 송도국제도시 ② 검단신도시
③ 청라국제도시 ④ 루원시티

63

인천광역시에서 가장 남쪽에 위치한 군은?

① 강화군 ② 옹진군
③ 계양구 ④ 중구

64

인천광역시에서 가장 오래된 근대식 공원으로, '대한민국 최초의 공원'이라 불리는 곳은?

① 자유공원 ② 인천대공원
③ 청량산공원 ④ 만월산공원

65

다음 중 인천광역시 동구와 행정경계를 맞대고 있지 않은 구는?

① 중구　　　　　② 남동구
③ 미추홀구　　　④ 연수구

66

인천에서 해양 레저와 선상 낚시로 유명한 곳은?

① 영흥도　　　　② 검단
③ 부개동　　　　④ 계산동

67

인천지하철 2호선의 '아시아드경기장역'이 위치한 구는?

① 서구　　　　　② 남동구
③ 부평구　　　　④ 계양구

68

다음 중 인천광역시 중구에 위치하지 않은 곳은?

① 차이나타운　　② 월미테마파크
③ 신포국제시장　④ 삼산동

69

인천광역시의 북쪽 경계를 이루는 군은?

① 옹진군　　　　② 강화군
③ 서구　　　　　④ 계양구

70

다음 중 인천에서 '소래포구'가 위치한 구는?

① 부평구　　　　② 남동구
③ 계양구　　　　④ 동구

CHAPTER 06 제6회 CBT 기출복원문제

1 교통 및 여객자동차 운수사업 법규

★★★ 01

여객자동차 운수사업법상 '중대한 교통사고'에 해당하는 사고가 아닌 것은?

① 전복 사고
② 부상자가 1명 이상이 발생한 사고
③ 화재가 발생한 사고
④ 사망자 1명과 중상자 3명 이상이 발생한 사고

> **출제영역** 여객자동차 운수사업법령
> 중대한 교통사고
> • 전복 사고
> • 화재가 발생한 사고
> • 사망자 2명 이상이 발생한 사고
> • 사망자 1명과 중상자 3명 이상이 발생한 사고
> • 중상자 6명 이상이 발생한 사고

★★★ 02

여객자동차운송사업의 운전업무에 종사하려는 사람의 자격으로 옳지 않은 것은?

① 운전하기에 적합한 운전면허를 보유할 것
② 국토교통부장관이 정하는 운전 적성에 대한 정밀검사 기준에 맞을 것
③ 운전경력이 10년 이상일 것
④ 이론 및 실기교육을 이수하고 자격증을 취득할 것

> **출제영역** 여객자동차 운수사업법령
> 여객자동차운송사업의 운전업무 종사자격 기본 요건
> • 해당 자동차 운전면허 소지
> • 20세 이상 및 운전경력 1년 이상
> • 운전 적성 정밀검사 기준 적합
> • 자격시험 합격 또는 교통안전체험교육 이수

★ 03

교통사고 대응요령과 여객자동차 운수사업법령 등에 관하여 실시하는 이론 및 실기교육을 실시하는 기관은?

① 한국교통안전공단　② 안전체험관
③ 소방청　　　　　　④ 경찰청

> **출제영역** 여객자동차 운수사업법령
> 교통사고 대응요령, 여객자동차 운수사업법령 등에 관하여 교육 실시 기관은 한국교통안전공단이다.

★★★ 04

차도와 보도의 구별이 없는 도로의 경우 도로의 오른쪽 가장자리로부터 중앙으로 몇 센티미터 이상의 거리를 두어야 하는가?

① 100cm　　　　　② 80cm
③ 50cm　　　　　 ④ 20cm

> **출제영역** 도로교통법령
> 모든 차의 운전자는 도로에서 정차할 때에는 차도의 오른쪽 가장자리에 정차하여야 한다. 다만, 차도와 보도의 구별이 없는 도로의 경우에는 도로의 오른쪽 가장자리로부터 중앙으로 50cm 이상의 거리를 두어야 한다.

05

사업구역과 인접한 주요 교통 시설 및 범위를 설명한 것으로 옳지 않은 것은?

① 고속철도 역 경계선 기준 10킬로미터
② 공항의 경계선 기준 50킬로미터
③ 무역항 경계선 기준 50킬로미터
④ 복합환승센터 경계선 기준 5킬로미터

> **출제영역** 도로교통법령
> 사업구역과 인접한 주요 교통 시설 및 범위
> • 고속철도 역 경계선 기준 10킬로미터
> • 공항의 경계선 기준 50킬로미터
> • 무역항 경계선 기준 50킬로미터
> • 복합환승센터 경계선 기준 10킬로미터

06

국가경찰공무원 및 자치경찰공무원을 보조하는 경찰보조자를 잘못 설명한 것은?

① 시민봉사자
② 모범운전자
③ 군사훈련 및 작전에 동원되는 부대의 이동을 유도하는 군사경찰
④ 본래의 긴급한 용도로 운행하는 소방차·구급차를 유도하는 소방공무원

> **출제영역** 도로교통법령
> 경찰보조자: 모범운전자, 군사경찰, 소방공무원

07

제1종 보통면허의 운전할 수 있는 차량의 종류로 옳지 않은 것은?

① 승용자동차
② 구난차
③ 원동기장치자전거
④ 총중량 10톤 미만의 특수자동차

> **출제영역** 도로교통법령
> 제1종 보통면허의 운전할 수 있는 차량
> • 승용자동차
> • 승차정원 15명 이하의 승합자동차
> • 적재중량 12톤 미만의 화물자동차
> • 건설기계(도로를 운행하는 3톤 미만 지게차 한정)
> • 총중량 10톤 미만의 특수자동차(구난차등 제외)
> • 원동기장치자전거

08

철길 건널목 통과 방법 위반의 벌점은? (단, 승합자동차에 한함)

① 30점
② 10점
③ 20점
④ 40점

> **출제영역** 교통사고처리특례법령
> 승합자동차의 철길 건널목 통과 방법 위반 시 벌점은 30점이다.

09

사고운전자가 피해자에게 상해를 입히거나 유기·도주한 경우의 형벌로 옳은 것은?

① 1년 이상 유기징역
② 3년 이상 유기징역
③ 무기 또는 5년 이상
④ 3년 이하 금고

> **출제영역** 교통사고처리특례법령
> 피해자 상해, 유기·도주한 경우 3년 이상 유기징역

10 ★★★

자동차등의 운전에 필요한 적성의 기준 중 보청기를 사용하는 사람의 청각 기준으로 옳은 것은?

① 10 데시벨 ② 20 데시벨
③ 30 데시벨 ④ **40 데시벨**

> **출제영역** 도로교통법령
>
> 청각 기준: 55데시벨(보청기를 사용하는 사람은 40데시벨)

11 ★★★

노면표시의 색채 중 청색이 의미하는 것으로 옳은 것은?

① 중앙선표시
② 주차금지표시
③ 어린이보호구역
④ **버스전용차로표시**

> **출제영역** 도로교통법령
>
> 청색: 버스전용차로표시 및 다인승차량 전용차선표시(지정방향 교통류 분리 표시)

12 ★★

특별 교통안전 권장 교육 내용으로 옳지 않은 것은?

① 법규준수교육 ② 벌점감점교육
③ 현장참여교육 ④ **과태료회피교육**

> **출제영역** 도로교통법령
>
> 특별 교통안전 권장 교육
> • 법규준수교육: 6시간
> • 벌점감점교육: 4시간
> • 현장참여교육: 8시간
> • 고령운전교육: 3시간

13 ★★★

신호·지시위반 사고의 성립요건 중 운전자과실의 예외사항으로 옳은 것은?

① 의도적과실
② 고의적 과실
③ **불가항력적 과실**
④ 부주의에 의한 과실

> **출제영역** 교통사고처리특례법령
>
> 운전자과실의 예외사항
> • 불가항력적 과실
> • 만부득이한 과실

14 ★★★

다음 중 중앙선침범 피해자요건 중 예외사항으로 옳은 것은?

① 중앙선침범 자동차에 충돌되어 인적피해를 입은 경우
② 자동차전용도로나 고속도로에서의 횡단 자동차에 충돌되어 인적피해를 입은 경우
③ **대물피해만 입은 경우**
④ 자동차전용도로나 고속도로에서의 후진 자동차에 충돌되어 인적피해를 입은 경우

> **출제영역** 교통사고처리특례법령
>
> 중앙선침범 피해자요건
> • 중앙선침범 자동차에 충돌되어 인적피해를 입은 경우
> • 자동차전용도로나 고속도로에서의 횡단·후진·유턴 자동차에 충돌되어 인적피해를 입은 경우
>
> 예외사항
> 대물피해만 입은경우

15

교통사고 발생 후 피해자가 몇 시간 내 사망하면 벌점 및 형사적 책임이 부과되는가?

① 90시간
② 72시간
③ 60시간
④ 52시간

출제영역 교통사고처리특례법령

사고발생 시부터 72시간 이내에 사망한 때 벌점 및 형사적 책임이 부과된다.

16

속도에 대한 정의로 올바르게 연결되지 않은 것은?

① 규제속도: 법정속도와 제한속도
② 설계속도: 도로설계의 기초가 되는 자동차 속도
③ 주행속도: 정지시간을 포함한 모든 구간별 제한속도의 합산
④ 구간속도: 정지시간을 포함한 주생거리의 평균 주행속도

출제영역 교통사고처리특례법령

- 규제속도: 법정속도와 제한속도
- 설계속도: 도로설계의 기초가 되는 자동차 속도
- 주행속도: 정지시간을 제외한 실제 주행거리의 평균 주행속도
- 구간속도: 정지시간을 포함한 주생거리의 평균 주행속도

17

차의 교통으로 인하여 사람을 사상하거나 물건을 손괴하는 것을 의미하는 단어로 옳은 것은?

① 대형사고
② 충돌
③ 교통사고
④ 추돌

출제영역 교통사고처리특례법령

교통사고: 차의 교통으로 인하여 사람을 사상하거나 물건을 손괴하는 것

18

보행자의 도로 횡단으로 옳은 것은?

① 보행자는 모든 도로에서 횡단이 가능하다
② 횡단보도가 설치되어 있지 아니한 도로에서는 가장 짧은 거리로 횡단하여야 한다.
③ 보행자는 모든 차와 노면전차의 바로 뒤나 앞으로 횡단이 가능하다
④ 보행자는 안전표지 등에 의하여 횡단이 금지되어 있는 도로의 부분에서는 그 도로를 필요에 의해서는 횡단 가능하다.

출제영역 도로교통법령

보행자의 도로 횡단
- 보행자는 횡단보도, 지하도·육교나 그 밖의 도로 횡단 시설이 설치되어 있는 도로에서는 그곳으로 횡단하여야 한다. 다만, 지하도나 육교 등의 도로 횡단 시설을 이용할 수 없는 지체 장애인의 경우에는 다른 교통에 방해가 되지 않는 방법으로 도로 횡단 시설을 이용하지 않고 도로를 횡단할 수 있다.
- 횡단보도가 설치되어 있지 않은 도로에서는 가장 짧은 거리로 횡단하여야 한다.
- 보행자는 모든 차와 노면전차의 바로 앞이나 뒤로 횡단하여서는 아니 된다. 다만, 횡단보도를 횡단하거나 신호기 또는 경찰 공무원 등의 신호나 지시에 따라 도로를 횡단하는 경우에는 그렇지 않다.
- 보행자는 안전표지 등에 의하여 횡단이 금지되어 있는 도로의 부분에서는 그 도로를 횡단하여서는 아니 된다.

19

택시운전 자격의 필기시험과목으로 옳지 않은 것은?

① 형사소송법
② 교통 및 운수관련 법규
③ 안전운행 요령
④ 운송서비스 및 지리에 관한 사항

출제영역 여객자동차 운수사업법령

택시운전 자격의 필기시험과목
- 교통 및 운수관련 법규
- 안전운행 요령
- 운송서비스
- 지리에 관한 사항

20

다음 중 복지 기금의 재원의 종류로 옳지 않은 것은?

① 출연금
② 복지기금운용 수익금
③ **택시운용 외 발생하는 모든 종류의 수입금**
④ 광고 사업에 따라 발생하는 광고 수입 중 택시운송사업자가 조성하는 수입금

> **출제영역** 택시 운송사업 발절 법령
>
> 복지 기금의 수입 재원
> - 출연금(개인·단체·법인으로부터의 출연금 한정)
> - 복지 기금의 운용 수입
> - 액화석유가스를 연료로 사용하는 차량을 판매하여 발생한 수입 중 일부로서 택시운송사업자가 조성하는 수입금
> - 그 밖에 대통령령으로 정하는 수입금: 택시 표시 등 이용 광고 사업에 따라 발생하는 광고 수입 중 택시운송사업자가 조성하는 수입금

2　안전운행요령

21

운행 전 자동차 점검의 종류로 옳지 않은 것은?

① 운전석에서 점검
② **점검생략**
③ 엔진점검
④ 외관점검

> **출제영역** 자동차 관리
>
> 운행 전 자동차 점검의 종류
> - 운전석에서 점검
> - 엔진점검
> - 외관점검
> - 경고등·표시등 확인

22

다음 경고등 및 표시등의 설명으로 옳은 것은?

① 비상경고등 스위치를 누르면 점멸
② 주차 브레이크가 작동되어 있을 경우에 경고등이 점등
③ 전조등이 주행빔일 때 점등
④ **안전벨트 미착용 경고등으로 시동키 ON일 때 안전벨트 미착용 시 점등**

> **출제영역** 자동차 관리
>
> 안전벨트 미착용 경고등으로 시동키 ON일 때 안전벨트 미착용 시 점등된다는 표시이다.

23

ABS 조작 시 키 스위치를 ON 했을 때 ABS가 정상일 경우 ABS 경고등은 대략 몇 초 동안 점등된 후 소등되는가?

① 1초
② 계속 점등
③ **3초**
④ 10초

> **출제영역** 자동차 관리
>
> ABS 조작 시 키 스위치를 ON 했을 때 ABS가 정상일 경우 ABS 경고등은 3초 동안 점등(자가진단)된 후 소등된다. 계속 점등 시 점검이 필요하다.

24

자동차의 응급조치 상황과 점검요령이 알맞게 이뤄진 것은?

응급조치 상황	점검요령
① 가속 페달을 힘껏 밟는 순간 '끼익'하는 소리 발생	플러그 배선의 빠짐여부와 플러그 불량확인
② 클러치를 밟고 있을 때 '달달달' 떨리는 소리와 함께 차체에서 진동이 발생	브레이크 라이닝의 마모 정도나 라이닝 결함
③ 운행 중 매우 심한 핸들의 흔들림 발생	바퀴의 휠 너트의 이완 및 바퀴의 공기 부족 확인
④ 비포장도로 등 험한 노면을 달릴 때 '딱각딱각'하거나 쿵쿵 소리 발생	완충(현가)장치 고장 확인

출제영역 자동차 응급조치요령

완충(현가)장치
- 비포장도로 노면을 달릴 때 딱각딱각 소리 발생
- 쿵쿵 하는 소리 발생
- 쇽업소버의 고장 확인

25

저속 회전하면 엔진이 쉽게 꺼지는 경우 추정 원인으로 옳은 것들을 모두 고르면?

> 가. 공회전 속도가 낮다.
> 나. 에어 클리너 필터가 오염되었다.
> 다. 연료 필터가 막혀 있다.
> 라. 밸브 간극이 비정상이다.

① 가,
② 나, 다
③ 가, 나, 다
④ 가, 나, 다, 라

출제영역 자동차 응급조치요령

저속 회전시 엔진이 쉽게 꺼지는 경우 추정 원인
- 공회전 속도가 낮다.
- 에어 클리너 필터가 오염되었다.
- 연료 필터가 막혀 있다.
- 밸브 간극이 비정상이다.

26

클러치의 구비조건으로 옳지 않은 것은?

① 냉각이 잘 되어 과열하지 않아야 한다.
② 회전력 단속 작용이 확실하며 조작이 쉬워야 한다.
③ 구조가 복잡하고 다루기 어려워야 한다.
④ 회전관성이 적어야 한다.

출제영역 자동차 구조 및 특성

클러치의 구비조건
- 냉각이 잘 되어 과열하지 않아야 한다.
- 구조가 간단하고, 다루기 쉬우며 고장이 적어야 한다.
- 회전력 단속 작용이 확실하며, 조작이 쉬워야 한다.
- 회전부분의 평형이 좋아야 한다.
- 회전관성이 적어야 한다.

27

좌우 바퀴가 서로 다르게 상·하 운동을 할 때 작용하여 차체의 기울기를 감소시켜주는 장치는?

① 캐스터
② 캠버
③ 퓨즈
④ 스태빌라이저

출제영역 자동차 구조 및 특성

좌우 바퀴가 서로 다르게 상·하 운동을 할 때 작용하여 차체의 기울기를 감소시켜주는 장치는 스태빌라이저이다.

28 ★★

휠 얼라인먼트(차륜정렬)가 필요한 시기로 옳지 않은 것은?

① 자동차 하체가 충격을 받은 경우
② 핸들의 중심이 어긋난 경우
③ 차량 앞유리를 교체한 경우
④ 타이어 편마모가 발생한 경우

출제영역 자동차 구조 및 특성

휠 얼라인먼트(차륜정렬)가 필요한 시기
- 자동차 하체가 충격을 받았거나 사고가 발생한 경우
- 타이어를 교환한 경우
- 핸들의 중심이 어긋난 경우
- 타이어 편마모가 발생한 경우
- 자동차가 한 쪽으로 쏠림현상이 발생한 경우
- 자동차에서 롤링(좌·우진동)이 발생한 경우
- 핸들이나 자동차의 떨림이 발생한 경우

29 ★★

자동차 신규등록을 하고자 할 때 신규검사를 받아야 하는 경우가 아닌 것은?

① 자동차 자기인증을 하기 위해 등록한 자
② 자동차 사설정비소를 보유한 자
③ 자동차 연구개발 목적의 기업부설연구소를 보유한 자
④ 해외자동차업체와 계약을 체결하여 부품개발 등의 개발업무를 수행하는 자

출제영역 자동차 검사 및 보험

신규검사를 받아야 하는 경우
- 면허, 등록, 인가 또는 신고가 실효하거나 취소되어 말소한 경우
- 자동차를 교육·연구 목적으로 사용하는 등 대통령령이 정하는 사유에 해당되는 경우
- 자동차의 차대번호가 등록원부상의 차대번호와 달라 직권 말소된 자동차
- 속임수나 그 밖의 부정한 방법으로 등록되어 말소된 자동차
- 수출을 위해 말소한 자동차
- 도난당한 자동차를 회수한 경우

30 ★★

예측회피 운전의 기본적 방법으로 옳지 않은 것은?

① 속도 가속, 감속
② 진로변경
③ 차량개조
④ 다른 운전자에게 신호

출제영역 안전운전의 기술

예측회피 운전의 기본적 방법
- 속도 가속, 감속: 상황에 따라 가속 및 감속할지 판단
- 위치 바꾸기(진로변경): 사고에 대비해 회피할 수 있는 완충 공간을 확보하며 운전, 필요한 경우 이 공간으로 이동
- 다른 운전자에게 신고하기: 등화나 그 밖의 신호 방법으로 진로 방향을 사전에 신호

31 ★

비가 몹시 내리는 상황에서 주행할 때는 추종거리를 몇 초로 늘려 잡아야 하는가?

① 3~4초   ② 5~6초
③ 6~7초   ④ 8~10초

출제영역 안전운전의 기술

우천 시 추종거리는 5~6초 늘려 잡아야 한다.

32 ★★★

어린이 보호구역에서는 시속 몇 킬로미터 이하로 운전해야 하는가?

① 20km   ② 30km
③ 40km   ④ 50km

출제영역 안전운전의 기술

어린이 보호구역 속도제한: 시속 30km

33

편도 3차로 이상 왼쪽차로에 통행할 수 있는 차종으로 옳지 않은 것은?

① 승용자동차 ② 화물자동차
③ 경형차 ④ 중형차

출제영역 안전운전의 기술

편도 3차로 이상 왼쪽차로 통행차량
승용자동차 및 경형·소형·중형 승합자동차

34

부상자의 구호로 옳지 않은 것은?

① 부상자에게는 깨끗한 손수건으로 지혈하는 등의 응급조치를 한다.
② 두부에 상처를 입은 부상자는 긴급한 상황이므로 빠르게 부축하여 움직인다.
③ 경찰공무원등에게 신고한다.
④ 사고 차량의 운전자는 경찰관이 말하는 부상자 구호와 교통안전상 필요한 사항을 지킨다.

출제영역 안전운전의 기술

부상자의 구호
• 사고 현장에 의사, 구급차 등이 도착할 때까지 부상자에게는 가제나 깨끗한 손수건으로 지혈하는 등 응급조치를 한다.
• 함부로 부상자를 움직여서는 안 되며, 특히 두부에 상처를 입었을 때에는 움직이지 말아야 한다. 단, 2차사고의 우려가 있을 경우에는 안전한 장소로 이동시킨다.
• 경찰공무원등에게 신고한다.

35

주행방법에 따른 경제운전의 요소로 볼 수 없는 것은?

① 속도
② 차량 내 과적
③ 기어변속
④ 제동과 관성 주행

출제영역 안전운전의 기술

주행방법에 따른 경제운전의 요소: 속도, 기어변속, 제동과 관성 주행, 교통류에의 합류와 분류, 위험예측운전, 경제운전과 방어운전

36

전조등 스위치 조절 1단계에 해당하지 않는 것은?

① 차폭등 ② 미등
③ 전조등 ④ 계기판

출제영역 자동차 관리

전조등 스위치 조절
• 1단계: 차폭등, 미등, 번호판 등, 계기판등
• 2단계: 차폭등, 미등, 번호판 등, 계기판등, 전조등

37

자동차의 브레이크 장치의 종류로 옳지 않은 것을 고르면?

① 유동형 브레이크 ② 풋 브레이크
③ 주차 브레이크 ④ 엔진 브레이크

출제영역 자동차 관리

자동차의 브레이크 종류
• 풋 브레이크: 주행 중 발을 이용하여 조작하는 주 제동 장치
• 주차 브레이크: 자동차를 주차 또는 정차시킬 때 사용하는 제동 장치
• ABS: 제동 시에 바퀴를 잠그지 않음으로써 브레이크가 작동하는 동안에도 조향이 용이하고 제동 거리를 짧게하는 제동 장치
• 엔진 브레이크: 저단 기어로 바꾸거나 가속 페달에서 발을 놓으면 엔진 브레이크가 작동되어 감속

38

타이어 펑크 시 조치사항으로 옳지 않은 것은?

① 운행 중 타이어 펑크시 핸들이 돌아가지 않도록 견고하게 잡고, 비상 경고등 작동
② 가속 페달에서 발을 떼어 속도를 서서히 감속시키면서 길 가장자리로 이동
③ 브레이크를 밟아 차를 도로 옆 평탄하고 안전한 장소에 주차한 후 주차 브레이크를 당겨 놓는다
④ **자동차의 전방에서 접근하는 차량들의 운전자들이 확인할 수 있는 위치에 표지를 설치하고 밤에는 사방 5m 지점에서 식별할 수 있는 적색의 섬광 신호, 전기제등 또는 불꽃 신호를 추가로 설치**

> **출제영역** 자동차 응급조치요령
>
> 자동차의 운전자가 고장난 자동차의 표지를 직접 설치하는 경우 그 자동차의 후방에서 접근하는 차량들의 운전자들이 확인할 수 있는 위치에 설치, 밤에는 사방 500m 지점에서 식별할 수 있는 적색의 섬광 신호, 전기제등 또는 불꽃 신호를 추가로 설치

39

동력발생장치에서 발생한 동력을 주행상황에 맞는 적절한 상태로 변화를 주어 바퀴에 전달하는 장치로 옳은 것은?

① 변속시
② **동력전달장치**
③ 클러치
④ 토크 컨버터

> **출제영역** 자동차 구조 및 특성
>
> 동력전달장치: 자동차의 주행과 주행에 필요한 보조 장치들을 작동시키기 위한 동력을 발생시키는 장치

40

자동차 종합검사에서 부적합 판정을 받은 경우 재검사는 몇 일 이내 실시하여야 하는가?

① 1개월
② 30일
③ 60일
④ **10일**

> **출제영역** 자동차 검사 및 보험
>
> 자동차 종합검사에서 부적합 판정을 받은 날부터 10일 이내 재검사를 실시하여야 한다.

3 운송서비스

41

올바른 서비스 제공 5요소로 옳지 않은 것은?

① 친근한 말과 따뜻한 응대
② 공손한 인사
③ 밝은 표정
④ **편안하고 편리한 복장**

> **출제영역** 여객운수종사자의 기본자세
>
> 올바른 서비스 제공을 위한 5요소
> - 단정한 용모 및 복장
> - 밝은 표정
> - 공손한 인사
> - 친근한 말
> - 따뜻한 응대

42

다음 중 운송사업자가 차량 운행 전에 반드시 확인해야 하는 사항이 아닌 것은?

① 운수종사자의 신체 건강상태
② 음주 여부
③ 운수종사자의 가족관계증명서류
④ 운행경로 숙지 여부

출제영역 운송사업자 및 운수종사자 준수사항

운송사업자는 차량 운행 전에 운수종사자의 건강상태, 음주 여부 및 운행경로 숙지 여부 등을 확인해야 하고, 확인 결과 운수종사자가 질병·피로·음주 또는 그 밖의 사유로 안전한 운전을 할 수 없다고 판단되는 경우에는 해당 운수종사자가 차량을 운행하도록 해서는 안된다.

43

승객만족을 위한 기본예절로 옳지 않은 것은?

① 승객의 입장을 이해하고 존중한다.
② 승객의 여건, 능력, 개인차를 수용하고 배려한다.
③ 한결같은 마음으로 진정성 있게 승객을 대한다.
④ 나이를 불문하고 격없이 편하게 한다면 승객의 호응을 얻어낼 수 있다.

출제영역 여객운수종사자의 기본 자세

승객만족을 위한 기본 예절
• 승객을 환영한다.
• 자신의 입장에서만 생각하는 태도는 만족의 저해 요소이다.
• 약간의 어려움을 감수하는 것은 지속적인 고객을 위한 투자이다.
• 모든 인간관계는 성실을 바탕으로 한다.
• 연장자는 사회의 선배로서 존중하며 공·사를 구분한다.
• 상대가 불쾌, 불편해하는 말은 금지한다.
• 승객에게 관심을 갖는 것은 좋은 이미지를 준다.

44

자동차가 도로의 절벽 등 높은 곳에서 떨어진 사고의 용어로 옳은 것은?

① 충돌사고
② 추돌사고
③ 접촉사고
④ 추락사고

출제영역 운수종사자의 기본 소양

자동차가 도로의 절벽 등 높은 곳에서 떨어진 사고는 추락사고이다.

45

서비스의 특징 중 '변동성'에 대한 설명으로 옳은 것은?

① 서비스는 누릴 수는 있으나 소유할 수는 없다.
② 운송서비스의 소비활동은 택시 실내의 공간적 제약 요인으로 상황의 발생 정도에 따라 시간, 요일 및 계절별로 변동성을 가질 수 있다.
③ 서비스는 언제나 눈에 보인다.
④ 서비스는 오래 남아있는 것이 아니라 제공이 끝나면 즉시 사라져 남지 않는다.

출제영역 여객운수종사자의 기본 자세

'변동성'에 대한 설명으로 ②가 옳다.

46

운수종사자가 승객에게 사용하는 호칭으로 바람직하지 않은 것은?

① 어르신
② 손님
③ 아가씨
④ 선생님

출제영역 여객운수종사자의 기본 자세

운수종사자가 승객에게 사용하는 호칭으로 바람직한 것은 승객, 손님, 어르신 또는 선생님, 어린이 학생 등이다.

47

직업관의 잘못된 유형에 해당하는 것은 모두 고르면?

> 가. 소명의식을 지닌 직업관
> 나. 지위 지향적 직업관
> 다. 귀속적 직업관
> 라. 차별적 직업관

① 가, 나, 다, 라
② 가, 나, 다
③ 나, 다, 라
④ 가, 다, 마

출제영역 여객운수종사자의 기본 자세

바람직한 직업관
- 소명의식을 지닌 직업관
- 사회구성원으로서의 역할 지향적 직업관
- 미래 지향적 전문능력 중심의 직업관

48

다음 중 교통사고조사규칙상 '추돌사고'의 정의로 옳은 것은?

① 동일 방향 주행 중 뒤차가 앞차 후면을 충격
② 차가 반대방향에서 정면 충돌
③ 추월 중 측면을 스침
④ 도로 절벽 등에서 차량이 떨어진 사고

출제영역 운수종사자의 기본 소양

추돌사고는 동일 방향 주행 중 뒤차가 앞차 후면을 충격한 것을 말한다.

49

운수종사자가 운행 중 보행자가 신호등 없는 횡단보도를 통행하고 있을 때 옳은 행동은?

① 일시정지 후 보행자 보호
② 신호 없이 통과
③ 경음기 사용 후 지나감
④ 신호등이 없기 때문에 정지는 필요없다.

출제영역 운수종사자의 기본 소양

횡단보도에서의 올바른 행동: 보행자가 있으면 일시정지하여 보행자 보호

50

올바른 직업윤리가 아닌 것은?

① 봉사정신
② 전문의식
③ 책임의식
④ 개인주의

출제영역 여객운수종사자의 기본 자세

올바른 직업윤리: 소명의식, 천직의식, 직분의식, 봉사정신, 전문의식, 책임의식

51

택시운송사업용 자동차의 윗부분에 반드시 설치해야 하는 장치는?

① 택시 표시 설비, 빈차알림 조명장치
② 네비게이션
③ 운수종사자 신분증
④ 협약된 광고 관련 물품

출제영역 운송사업자 및 운수종사자 준수사항

택시운송사업용 자동차[대형(승합자동차를 사용하는 경우로 한정한다) 및 고급형 택시운송사업용 자동차는 제외한다] 윗부분에는 택시운송사업용 자동차임을 표시하는 설비를 설치하고, 빈차로 운행 중일 때에는 외부에서 빈차임을 알 수 있도록 하는 조명장치가 자동으로 작동되는 설비를 갖춰야 한다.

52

택시운전사가 지켜야 하는 언어예절에 대한 설명으로 옳지 않은 것은?

① 밝고 적극적으로 말한다.
② 명료하게, 공손하게, 품위 있게 말한다.
③ 승객의 입장을 고려하여 말한다.
④ 나의 이야기를 최대한 많이 전달한다.

> 출제영역 여객운수종사자의 기본 자세
> 택시운전사 언어예절
> • 밝고 적극적으로 말한다.
> • 공손, 명료, 품위있게 말한다.
> • 상대방의 입장을 고려해 말한다.

53

운송사업자의 일반적인 준수사항으로 옳지 않은 것은?

① 노약자・장애인 등에 대해서는 특별한 편의를 제공해야 한다.
② 운송사업자는 정비가 불량한 사업용자동차를 운행하지 않도록 해야 한다.
③ 교통사고를 일으켰을 때에는 긴급조치 및 신고의 의무를 충실하게 이행하도록 해야 한다.
④ 택시의 운행정보를 일주일 간격으로 보존하고 삭제해야 한다.

> 출제영역 운송사업자 및 운수종사자 준수사항
> 운행정보 보존기간은 1년 이상이다.

54

운전자가 가져야 할 사명과 기본자세로 옳지 않은 것은?

① 대기오염 및 소음공해 최소화
② 우선적 이윤추구
③ 추측운전 금지
④ 운전기술 과신은 금물

> 출제영역 운수종사자의 기본 소양
> 우선적 이윤추구는 운전자가 가져야 할 사명과 기본자세로 볼 수 없다.

55

사고현장 측정 및 촬영방법으로 옳지 않은 것은?

① 사고지점 위치
② 차량 및 노면에 나타난 물리적 흔적 및 시설물 등의 위치
③ 탑승자, 운전자, 목격자 얼굴촬영
④ 사고현장, 사고차량, 물리적 흔적 등에 대한 사진촬영

> 출제영역 운수종사자의 기본 소양
> 사고현장 측정 및 사진촬영
> • 사고지점 부근의 도로선형
> • 사고지점의 위치
> • 차량 및 노면에 나타난 물리적 흔적
> • 사고현장의 가로, 세로 길이
> • 곡선구간의 곡선반경, 노면의 경사도
> • 도로의 시거 및 시설물 위치 등

56 ★★★

운행 중 주의사항으로 옳은 것은?

① 내리막길에서는 풋브레이크를 장시간 사용하지 않고 엔진브레이크 등을 적절히 사용한다.
② 뒤따라오는 차량이 추월하는 경우는 앞을 막아 추월을 방지한다.
③ 보행자, 이륜차, 자전거 등과 교행, 나란히 진행할 때에는 빠른속도로 추월한다.
④ 눈길, 빙판길 등에서 체인이나 스노타이어 장착은 위험하다.

> **출제영역** 운수종사자의 기본 소양
>
> 운행 중 주의사항
> • 뒤따라오는 차량이 추월하는 경우 감속 등을 통한 양보운전을 한다.
> • 보행자, 이륜차, 자전거 등과 교행, 나란히 진행할 때에는 서행하며 안전거리를 유지하면서 운행한다.
> • 눈길, 빙판길 등은 체인이나 스노타이어를 장착한 후 안전하게 운행한다.

57 ★★★

교통사고 발생 시 운전자의 조치사항으로 옳은 것은?

① 인명구출 시 부상자, 노인, 어린아이 및 부녀자 등 노약자를 우선적으로 구조한다.
② 교통사고 발생 시 엔진을 멈추게 하고 차량 안에서 대기하는 것을 우선으로 한다.
③ 보험회사나 경찰에게 연락은 후순위이다.
④ 고장발생 시 차에서 당장 나와 차도로 뛰어나와 손을 흔들어 사고를 알린다.

> **출제영역** 운수종사자의 기본 소양
>
> 교통사고 발생 시 부상자, 노인, 어린아이 및 부녀자 등 노약자를 우선적으로 구조한다.

58 ★★

응급처치방법 중 부상자의 의식상태 확인 방법으로 옳지 않은 것은?

① 의식이 없거나 구토할 때는 목이 오물로 막혀 질식하지 않도록 옆으로 눕힌다.
② 목뼈 손상의 가능성이 있는 경우 목을 스트레칭 시켜 손상정도를 파악한다.
③ 환자의 몸을 심하게 흔드는 것을 금지한다.
④ 의식이 없다면 기도확보가 우선이다.

> **출제영역** 운수종사자의 기본 소양
>
> 목뼈 손상의 가능성이 있는 경우 목 뒤쪽을 한 손으로 받쳐준다.

59 ★★★

아래 상황에서 올바른 조치를 고르면?

> 야간에 고속도로 주행 중 차량 고장으로 정차해야 한다.

① 비상등 점멸, 후방에 고장자동차 표지와 적색 섬광신호·전기제등 또는 불꽃신호를 500m 거리에서 설치, 안전지대 대피
② 차 내에서 계속 대기
③ 차에서 빠르게 도로로 나와 손을 흔들며 차량통제
④ 즉시 보험사에 연락만 함

> **출제영역** 운수종사자의 기본 소양
>
> 차량 고장으로 정차해야 할 때: 비상등 점멸, 후방에 고장자동차 표지와 적색 섬광신호·전기제등 또는 불꽃신호를 500m 거리에서 설치, 안전지대 대피

60 ★★

재난발생 시 운전자의 조치사항으로 옳지 않은 것은?

① 신속하게 차량을 안전지대로 이동한 후 즉각 유관기관에 보고한다.
② 승객의 안전조치를 우선적으로 취한다.
③ **재난발생 즉시 차량 정비가 우선이다.**
④ 장기간 고립 시에는 유류, 비상식량, 구급환자발생 등을 즉시 신고하고, 한국도로공사 및 인근 유관기관 등에 협조를 요청한다.

출제영역 운수종사자의 기본 소양

재난발생 시 운전자의 조치사항
- 신속하게 차량을 안전지대로 이동한 후 즉각 회사 및 유관기관에 보고한다.
- 장시간 고립 시에는 유류, 비상식량, 구급환자발생 등을 즉시 신고하고, 한국도로공사 및 인근 유관기관 등에 협조를 요청한다.
- 승객의 안전조치를 우선적으로 취한다.
- 노약자를 우선적으로 대피시킨다.

4-1 서울지역 지리

61

서울지하철 5호선과 8호선이 만나는 환승역은?

① **천호역** ② 잠실역
③ 왕십리역 ④ 올림픽공원역

62

서울특별시 강남구에 위치한 씨라이프 코엑스 아쿠아리움에서 가장 가까운 전철역은?

① 삼성중앙역 ② 청담역
③ **봉은사역** ④ 삼성역

63

서울특별시 중구와 용산구의 경계에 위치한 대표적 산은?

① **남산** ② 인왕산
③ 북악산 ④ 관악산

64

조선 제9대 성종과 계비 정현왕후의 능(선릉성종왕릉)이 있는 곳은?

① 도봉구 ② **강남구**
③ 강서구 ④ 강동구

65

다음 중 서울지하철 2호선이 가장 많은 환승 노선과 만나는 역은?

① 신도림역 ② 강남역
③ 교대역 ④ **왕십리역**

66
서울특별시 관악구 신림동에 위치한 대표 상권 거리는?

① 신림사거리 ② 사당역로데오거리
③ 노량진수산시장 ④ 이수먹자골목

67
서울특별시 강동구에서 한강과 맞닿아 있는 대표적인 동은?

① 암사동 ② 천호동
③ 명일동 ④ 둔촌동

68
서울특별시 관내 한강을 횡단하는 남단의 지하철 노선은?

① 9호선 ② 7호선
③ 8호선 ④ 6호선

69
다음 중 서울 강남구에 위치한 주요 코엑스몰이 위치한 동은?

① 삼성동 ② 역삼동
③ 도곡동 ④ 청담동

70
서울지하철 1호선, 3호선, 5호선이 모두 만나는 대표 환승역은?

① 종로3가역 ② 신도림역
③ 왕십리역 ④ 시청역

4-2 경기지역 지리

61
경기도에서 '에버랜드'가 위치한 도시는?

① 용인시 ② 수원시
③ 성남시 ④ 안양시

62
경기도 구리시와 남양주시를 잇는 대표적 하천은?

① 왕숙천 ② 한강
③ 탄천 ④ 안성천

63
경기도의 행정구역 중 바다에 접해 있지 않은 시군은?

① 평택시 ② 안성시
③ 안산시 ④ 김포시

64
경기도 군포시와 경계를 맞대지 않은 도시는?

① 안양시 ② 의왕시
③ 수원시 ④ 시흥시

65
경기도 성남시 분당구와 가장 가까운 호수공원은?

① 판교호수공원 ② 분당중앙공원
③ 탄천생태공원 ④ 수지호수공원

66

경기도 파주시에서 경의중앙선 종점인 역은?

① 문산역　　　　② 운정역
③ 금촌역　　　　④ 교하역

67

경기도 안산시에서 '시화호'와 가장 가까운 동은?

① 반월동　　　　② 원곡동
③ 성포동　　　　④ 대부동

68

경기도 의왕시에 위치한 대표적인 자연생태공원은?

① 왕송호수　　　② 광교호수공원
③ 운정호수공원　④ 일산호수공원

69

경기도 동두천시와 인접한 군은?

① 연천군　　　　② 포천시
③ 가평군　　　　④ 양평군

70

경기도에서 강원도와 가장 넓은 경계선을 이루는 시군은?

① 가평군　　　　② 연천군
③ 여주시　　　　④ 이천시

4-3 인천지역 지리

61

인천광역시의 대표적인 복합쇼핑몰인 '스퀘어원'이 위치한 구는?

① 연수구　　　　② 서구
③ 계양구　　　　④ 부평구

62

인천광역시 동구에 위치한 공공 의료기관은?

① 인천의료원　　② 인천사랑병원
③ 가천대길병원　④ 인하대병원

63

인천지하철 2호선 검암역과 바로 연결되는 또 다른 철도는?

① 경의중앙선　　② 공항철도
③ 경춘선　　　　④ 수인분당선

64

인천광역시 남동구와 연수구의 경계에 위치한 대표적 산업단지는?

① 남동국가산업단지
② 송도국제도시산업단지
③ 부평공단
④ 청라국제도시산업단지

65

인천광역시 중구와 바로 경계를 접하지 않는 행정구역은?

① 동구　　　　　② 부평구
③ 미추홀구　　　④ 옹진군

66
인천광역시 부평구의 대표적 도심공원은?

① 굴포천근린공원 ② 자유공원
③ 청량산공원 ④ 인천대공원

67
인천지하철 1호선의 '원인재역'에서 환승 가능한 노선은?

① 수인분당선 ② 경의중앙선
③ 공항철도 ④ 서울7호선

68
인천광역시 부평구와 직접 경계를 맞대고 있는 구가 아닌 곳은?

① 계양구 ② 서구
③ 남동구 ④ 연수구

69
인천지하철 2호선 '가정역'이 위치한 행정구는?

① 서구 ② 계양구
③ 미추홀구 ④ 동구

70
인천광역시 옹진군의 대표적인 관광지로, 바지락 칼국수로 유명한 섬은?

① 영흥도 ② 덕적도
③ 무의도 ④ 백령도

CHAPTER 07 제7회 CBT 기출복원문제

1 교통 및 여객자동차 운수사업 법규

★★ 01
다음 중 긴급자동차의 종류로 옳지 않은 것은?

① 어린이 통학버스
② 혈액 공급차량
③ 국내외 요인에 대한 경호업무 수행에 공무로 사용되는 자동차
④ 전기사업 기관에서 위험 방지를 위한 작업에 사용되는 자동차

출제영역 도로교통법령
긴급 자동차
다음의 자동차로서 그 본래의 긴급한 용도로 사용되고 있는 자동차
1. 소방차
2. 구급차
3. 혈액 공급 차량
4. 그 밖에 대통령령으로 정하는 자동차

★★★ 02
운수종사자의 준수사항으로 옳은 것을 모두 고르면?

가. 허위 기록 금지
나. 일정 기준액을 정하여 수납하지 않을 것
다. 좌석안전띠 정상 작동 상태 유지
라. 여객 승차 거부 및 중도 하차 금지

① 가, 나
② 다, 라
③ 가, 나, 다
④ 가, 나, 다, 라

출제영역 도로교통법령
모두 운수종사자의 준수사항에 해당된다.

★ 03
다음 중 특별교통안전교육 미이수 시 부과되는 과태료 금액은?

① 3만원
② 10만원
③ 13만원
④ 15만원

출제영역 도로교통법령
특별교통안전교육 미이수 시 부과되는 과태료는 15만원이다.

★★★ 04
사고운전자가 피해자를 사망에 이르게 하고 도주하거나, 도주 후 피해자가 사망한 경우 형벌은?

① 500만원 이상 벌금
② 무기 또는 5년 이상의 징역
③ 1년 이상의 유기징역
④ 3천만원 이하 벌금

출제영역 택시 운송사업 발전 법령
사고운전자가 피해자를 사망에 이르게 하고 도주하거나, 도주 후 피해자가 사망한 경우 형벌은 무기 또는 5년 이상의 징역이다.

05 ★★

노화와 안전운전에 관한 사항의 교통안전교육을 듣는 운전자의 나이로 옳은 것은?

① 60세 이상
② 65세 이상
③ 75세 이상
④ 80세 이상

> **출제영역** 도로교통법령
> 노화와 안전운행에 관한 교통안전교육을 들어야 하는 운전자의 나이는 75세 이상이다.

06 ★★

운전 중 예외적으로 휴대용 전화사용이 가능한 경우가 아닌 것은?

① 자동차등 또는 노면전차가 운행하고 있는 경우
② 긴급자동차를 운전하는 경우
③ 범죄 및 재해 신고 등 긴급한 필요가 있는 경우
④ 안전운전에 장애를 주지 아니하는 장치로서 손으로 잡지 아니하고도 휴대용 전화를 사용할 수 있도록 장치를 이용하는 경우

> **출제영역** 도로교통법령
> 운전 중 휴대용 전화사용 예외사항
> • 자동차 등 또는 노면 전차가 정지하고 있는 경우
> • 긴급 자동차를 운전하는 경우
> • 각종 범죄 및 재해 신고 등 긴급한 필요가 있는 경우
> • 안전 운전에 장애를 주지 아니하는 장치로서 손으로 잡지 아니하고도 휴대용 전화(자동차용 전화 포함)를 사용할 수 있도록 해주는 장치를 이용하는 경우

07 ★★★

좌석안전띠를 매지 않아도 되는 사유가 아닌 것은?

① 운행 중 귀찮고 답답한 경우
② 비만, 그 밖의 신체의 상태에 의하여 좌석안전띠의 착용이 적당하지 아니하다고 인정되는 자가 자동차를 운전하거나 승차하는 때
③ 긴급자동차가 그 본래의 용도로 운행할 경우
④ 경호 등을 위한 경찰용 자동차에 의하여 호위되거나 유도되고 있는 자동차를 운전하거나 승차하는 경우

> **출제영역** 도로교통법령
> ①은 좌석안전띠를 매지 않아도 되는 사유에 해당하지 않는다.

08 ★★

다음 중 교통약자에 해당하지 않는 사람은?

① 취객
② 장애인
③ 영유아를 동반한 사람
④ 일상생활에서 이동에 불편을 느끼는 사람

> **출제영역** 도로교통법령
> 교통약자란 장애인, 고령자, 임산부, 영유아를 동반한 사람, 어린이 등 일상생활에서 이동에 불편을 느끼는 사람을 말한다.

09 ★★★

교통안전교육을 하는 교통안전교육기관이 아닌 것은?

① 자동차운전학원
② 도로교통공단
③ 자동차관련 업소 및 정비소
④ 제주특별자치도 또는 시·군·자치구에서 운영하는 교육시설

> **출제영역** 도로교통법령
> 교통안전교육기관: 자동차운전학원, 도로교통공단, 제주특별자치도 또는 시·군·자치구에서 운영하는 교육시설 등

10

다음 백색 노면표시가 의미하는 것으로 옳은 것은?

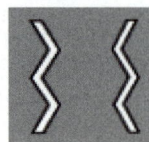

① 정지
② 서행
③ 유도
④ 안전지대

출제영역 도로교통법령

'서행'을 의미하는 표시이다.

11

철길건널목 통과방법위반 사고의 성립요건 중 운전자 과실의 예외사항으로 옳은 것은?

① 철길건널목 통과방법 위반 사고로 인적피해를 입은 경우
② 철길건널목 신호기 등의 고장으로 일어난 사고
③ 안전미확인 통행 중 사고
④ 차량이 고장난 경우 승객대피, 차량이동 조치 불이행

출제영역 교통사고처리특례법령

철길건널목 통과방법위반 예외사항: 철길건널목 신호기·경보기 등의 고장으로 일어난 사고
* 신호기 등이 표시하는 신호에 따르는 때에는 일시정지하지 않고 통과할 수 있다.

12

보도침범·보도횡단방법위반 사고의 성립요건 중 운전자과실 내용에 해당하지 않는 사항은?

① 고의적 과실
② 의도적 과실
③ 불가항력적 과실
④ 현저한 부주의 과실

출제영역 교통사고처리특례법령

운전자 과실: 고의적 과실, 의도적 과실, 현저한 부주의 과실

13

특별교통안전 의무교육을 연기받은 사람은 그 사유가 없어진 날부터 몇 일 이내에 특별교통안전 의무교육을 받아야 하는가?

① 10일
② 20일
③ 30일
④ 40일

출제영역 도로교통법령

특별교통안전 의무교육을 연기 받은 사람은 그 사유가 없어진 날부터 30일 이내 특별교통안전 의무교육을 받아야 한다.

14

제1종 소형면허의 운전할 수 있는 차량의 종류로 옳지 않은 것은?

① 3륜화물자동차
② 승용자동차
③ 3륜승용자동차
④ 원동기장치자전거

출제영역 도로교통법령

제1종 소형면허의 운전할 수 있는 차량
• 3륜화물자동차
• 3륜승용자동차
• 원동기장치자전거

15

어린이 통학버스의 안전교육 중 정기 안전교육의 주기로 옳은 것은?

① 1년
② 2년
③ 3년
④ 4년

출제영역 도로교통법령

어린이 통학버스 정기안전교육은 2년마다 실시된다.

16

택시운전자격 필기시험의 합격은 총점의 몇 점 이상을 얻어야 하는가?

① 총점의 6할 이상
② 총점의 5할 이상
③ 총점의 4할 이상
④ 총점의 3할 이상

출제영역 여객자동차 운수사업법령

택시운전자격의 필기시험은 총점의 60% 이상 득점 시 합격된다.

17

도로의 중앙을 통행할 수 있는 경우로 옳은 것은?

① 말 등의 큰 동물을 몰고 가는 사람
② 장의 행렬
③ 도로에서 청소나 보수 등 작업을 하고 있는 사람
④ 사회적으로 중요한 행사에 따라 시가를 행진하는 경우

출제영역 도로교통법령

행렬 등은 사회적으로 중요한 행사에 따라 시가를 행진하는 경우에는 도로의 중앙을 통행할 수 있다.

18

차의 급제동으로 인하여 타이어의 회전이 정지된 상태에서 노면에 미끄러져 생긴 타이어 마모흔적 또는 활주흔적은?

① 스키드마크
② 요마크
③ 사이드마크
④ 차흔

출제영역 교통사고처리특례법령

스키드 마크: 차의 급제동으로 인하여 타이어의 회전이 정지된 상태에서 노면에 미끄러져 생긴 타이어 마모흔적 또는 활주흔적

19

승객추락방지의무위반 사고의 성립요건 중 장소적요건에 해당하는 것을 모두 고르면?

가. 승용차
나. 건설기계차량
다. 이륜자동차
라. 화물차

① 가, 나, 라
② 가, 다, 라
③ 나, 다
④ 가, 나, 다, 라

출제영역 교통사고처리특례법령

승객추락방지의무위반 사고의 장소적요건: 승용, 승합, 화물, 건설기계 등 자동차에만 적용

20

교통사고의 정의로 옳은 것은?

① 차가 교행 등을 하려다가 차의 좌우측면을 스친 것
② **교통으로 인하여 사람을 사상하거나 물건을 손괴한 것**
③ 20명 이상의 사상자가 발생한 사고
④ 반대방향 또는 측방에서 진입하여 측면을 충격한 것

> **출제영역** 교통사고처리특례법령
>
> 교통사고의 정의: 차의 교통으로 인하여 사람을 사상하거나 물건을 손괴한 것

2 안전운행요령

21

운전석에서의 점검사항으로 옳지 않은 것은?

① 연료 게이지량
② 와이퍼 작동상태
③ **타이어의 마모 상태**
④ 룸미러 각도

> **출제영역** 자동차 관리
>
> 운전석에서의 점검사항
> • 연료 게이지량
> • 브레이크 페달 유격 및 작동 상태
> • 룸미러 각도, 경음기 작동 상태, 계기 점등 상태
> • 와이퍼 작동 상태
> • 스티어링 휠(핸들) 및 운전석 조정

22

적절한 세차시기로 옳지 않은 것은?

① 해안 지대를 주행하였을 경우
② **계절에 상관없이 수시로 실시**
③ 아스팔트 공사 도로를 주행하였을 경우
④ 먼지 등으로 심하게 오염되었을 경우

> **출제영역** 자동차 관리
>
> 적절한 세차시기
> • 겨울철 동결 방지제(염화칼슘, 모래 등)가 뿌려진 도로를 주행하였을 경우
> • 해안 지대를 주행하였을 경우
> • 진흙 및 먼지 등으로 심하게 오염되었을 경우
> • 옥외에서 장시간 주차하였을 경우
> • 아스팔트 공사 도로를 주행하였을 경우
> • 새의 배설물, 벌레 등이 붙어 도장이 손상되었을 가능성이 있는 경우

23

LPG 자동차의 단점을 설명한 것은?

① **가스 누출 시 폭발의 위험성이 있다.**
② 노킹현상이 거의 발생하지 않는다.
③ 경제적이다.
④ 소음이 적다.

> **출제영역** 자동차 관리
>
> LPG 자동차의 단점
> • LPG 충전소가 적어 연료 충전이 불편하다.
> • 겨울철 시동이 잘 걸리지 않는다.
> • 가스가 누출되는 경우 잔류하여 폭발 위험성이 있다.

24

경제운전에 영향을 미치는 요인을 모두 고르면?

| 가. 도심 교통 상황에 따른 요인 |
| 나. 도로조건 |
| 다. 기상조건 |
| 라. 개인의 경제여건 |

① 가, 나
② 나, 다
③ 가, 나, 다
④ 가, 나, 다, 라

출제영역 안전운전의 기술

경제운전에 영향을 미치는 요인
- 도심 교통 상황에 따른 요인
- 도로조건
- 기상조건

25

교차로 통행 시 좌·우로 회전할 때 회전하고자 하는 지점에 이르기 전 몇 미터 이상의 지점에 이르렀을 때 방향지시등을 작동시키는가?

① 30m
② 50m
③ 80m
④ 120m

출제영역 안전운전의 기술

교차로 통행 시 좌·우로 회전할 때 회전하고자 하는 지점에 이르기 전 30m 이상의 지점에 이르렀을 때 방향지시등을 작동시킨다 (고속도로는 100m).

26

다음 내용은 자동차의 어느 부분의 응급조치에 대한 설명인가?

- 주행 시작 전 특이한 진동이 느껴질 때
- 엔진에서의 고장이 주요 원인
- 플러그 배선의 빠짐 여부와 플러그 불량 확인

① 브레이크
② 엔진의 점화장치
③ 조향장치
④ 완충장치

출제영역 자동차 응급조치요령

엔진의 점화장치 확인
- 주행 시작 전 특이한 진동
- 엔진에서의 고장이 주요 원인
- 플러그 배선의 빠짐 여부와 불량 확인

27

시동 모터가 작동되지 않거나 천천히 회전하는 경우 추정 원인으로 옳지 않은 것은?

① 배터리 방전
② 배터리 단자의 부식, 접지 케이블 이완
③ 공회전 속도가 낮음
④ 엔진 오일의 점도가 너무 높음

출제영역 자동차 응급조치요령

시동 모터가 작동되지 않거나 천천히 회전하는 경우 추정 원인
- 배터리 방전
- 배터리 단자의 부식, 이완, 빠짐 현상
- 접지 케이블이 이완
- 엔진 오일의 점도가 너무 높음

28 ★★★

연료 소비량이 많을 때 조치사항으로 옳은 것을 모두 고르면?

> 가. 에어 클리너 필터를 청소한다.
> 나. 연료 계통을 점검하고 누출 부위를 정비한다.
> 다. 적정 공기압으로 조정한다.
> 라. 규정에 맞는 엔진오일로 교환한다.

① 가,
② 나, 다
③ 가, 나, 다
④ 가, 나, 다, 라

출제영역 자동차 응급조치요령

연료 소비량이 많을 때 조치사항
- 연료 계통을 점검하고 누출 부위를 정비
- 적정 공기압으로 조정
- 클러치의 간극을 조정하거나 클러치 디스크를 교환
- 브레이크 라이닝 간극을 조정

29 ★★

클러치 차단이 잘 안되는 원인으로 옳지 않은 것은?

① 클러치 페달의 자유간극이 큰 경우
② 릴리스 베어링이 손상된 경우
③ 클러치 디스크의 흔들림이 작은 경우
④ 유압장치에 공기가 혼입된 경우

출제영역 자동차 구조 및 특성

클러치 차단이 잘 안되는 원인
- 클러치 페달의 자유간극이 크다.
- 릴리스 베어링이 손상되었거나 파손되었다.
- 클러치 디스크의 흔들림이 크다.
- 유압장치에 공기가 혼입되었다.
- 클러치 구성부품이 심하게 마멸되었다.

30 ★

와이퍼에 대한 설명과 고장 시 응급조치요령으로 옳지 않은 것은?

① 급정거하여 와이퍼를 강제로 떼어버린다.
② 운행 중 와이퍼 고장이 있다면 시야의 확보가 어려워 사고를 유발할 수 있다.
③ 눈이나 비가 오는 날 와이퍼는 필수이다.
④ 비눗물로 차량 유리를 문지르면 효과가 있다.

출제영역 자동차 응급조치요령

와이퍼 고장 시 응급조치
차량을 안전한 곳으로 이동시킨 후 담배 가루나 나뭇잎, 비눗물로 차량의 유리를 문질러주면 일정 시간 동안 시야를 확보할 수 있다.

31 ★★★

ABS 브레이크의 특징으로 옳지 않은 것은?

① 바퀴의 미끄러짐이 없는 제동 효과를 얻을 수 있다.
② 자동차의 방향 안정성, 조종성능을 확보해 준다.
③ 뒷바퀴의 고착에 의한 조향 능력 상실을 방지한다.
④ 노면이 비에 젖더라도 우수한 제동효과를 얻는다.

출제영역 자동차 구조 및 특성

앞바퀴의 고착에 의한 조향 능력 상실을 방지한다.

32

재검사 결과 적합 판정을 받은 경우 자동차 종합검사 유효기간 계산 방법으로 옳은 것은?

① 자동차 종합검사를 받은 것으로 보는 날의 다음 날부터 계산
② 신규등록일부터 계산
③ 직전 검사 유효기간 마지막 날의 다음 날부터 계산
④ 자동차 종합검사를 받은 날의 다음 날부터 계산

출제영역 자동차 검사 및 보험

재검사 결과 적합 판정을 받은 경우 자동차 종합검사를 받은 것으로 보는 날의 다음 날부터 계산한다.

33

안전운전의 5가지 기본기술로 옳지 않은 것은?

① 운전 중에 전방을 멀리 본다.
② 전체적으로 살핀다.
③ 타인이 자신을 볼 수 없게 한다.
④ 눈을 계속해서 움직인다.

출제영역 안전운전의 기술

안전운전의 5가지 기본기술
- 운전 중에 전방을 멀리 본다.
- 전체적으로 살펴본다
- 눈을 계속해서 움직인다.
- 다른 사람들이 자신을 볼 수 있게 한다.
- 차가 빠져나갈 공간을 확보한다.

34

앞지르기 순서 및 방법 주의사항으로 옳지 않은 것은?

① 앞지르기 금지장소 여부를 확인한다.
② 전방의 안전을 확인, 후사경으로 좌측 및 좌후방을 확인한다.
③ 비상경고등을 켜고 빠르게 앞지르기를 한다.
④ 차가 일직선이 되었을 때 방향지시등을 끈 다음 앞지르기 당하는 차의 좌측을 통과한다.

출제영역 안전운전의 기술

앞지르기 순서 및 방법 주의사항
- 차가 일직선이 되었을 때 방향지시등을 끈 다음 앞지르기 당하는 차의 좌측을 통과한다.
- 앞지르기 당하는 차를 후사경으로 볼 수 있는 거리까지 주행한 후 우측 방향 지시등을 켠다.
- 진로를 서서히 우측으로 변경한 후 차가 일직선이 되었을 때 방향지시등을 끈다.
- 좌측 방향지시등을 켠다.

35

편도 3차로 이상 오른쪽 차로에 통행할 수 있는 차종으로 옳지 않은 것은?

① 화물자동차
② 특수자동차
③ 소형 승합자동차
④ 대형 승합자동차

출제영역 안전운전의 기술

편도 3차로 이상 오른쪽 차로 통행가능 차량: 대형 승합자동차, 화물자동차, 특수자동차, 건설기계

36 ★★

봄철 자동차 관리로 옳지 않은 것은?

① 세차
② 월동장비 정리
③ **방향제 비치**
④ 배터리 및 오일류 점검

> **출제영역** 안전운전의 기술
> 봄철 자동차 관리
> • 세차
> • 월동장비 정리
> • 배터리 및 오일류 점검
> • 기타 점검(배선 및 부식된 부분 등)

37 ★★

책임보험에 가입하지 않는 자동차 운전 시 1년 이하의 징역 또는 얼마 이하의 벌금이 부과되는가?

① 200만원
② 300만원
③ 400만원
④ **500만원**

> **출제영역** 자동차 검사 및 보험
> 책임보험에 가입하지 않는 자동차 운전 시 1년 이하의 징역 또는 500만원 이하 벌금이 부과된다.

38 ★★

안전운전을 하는데 필수적인 과정이자 운전자의 안전 의무로 볼 수 없는 것은?

① 확인
② 예측
③ 판단
④ **가설**

> **출제영역** 안전운전의 기술
> 안전운전을 하는데 필수적인 과정이자 운전자의 안전의무인 것은 확인, 예측, 판단, 실행이다.

39 ★★★

토크 컨버터의 역할로 옳은 것은?

① 냉각수 교환을 원활하게 시켜준다.
② 유압을 조절한다.
③ 노면으로부터 전달되는 충격을 완화시킨다.
④ **유체 커플링 역할 및 토오크를 증대한다.**

> **출제영역** 자동차 구조 및 특성
> 토크 컨버터
> • 기관의 회전력을 변속기에 전달한다.
> • 유체 커플링 역할 및 토크를 증대한다.

40 ★★★

배터리가 자주 방전되는 추정 원인과 조치사항 연결로 옳지 않은 것은?

① 베터리 단자의 벗겨짐 - 벗겨진 부분을 제거하고 조인다.
② **배터리의 수명이 다 됨 - 냉각수 순환배관을 교체한다.**
③ 팬벨트가 느슨함 - 팬벨트의 장력을 조정한다.
④ 배터리액 부족 - 배터리액을 보충한다.

> **출제영역** 자동차 응급조치요령
> 배터리의 수명이 다 되었을 경우 배터리를 교환해야 한다.

3 운송서비스

41

운수종사자가 운전업무를 마치고 '교대' 시 반드시 해야 할 중요한 조치는?

① 해당 도로의 이상 유무 등 운전업무 중 알게 된 사항을 다음 운전자에게 정확히 전달한다.
② 정보를 전달보다는 교대에 집중한다.
③ 자신이 맡았던 차량만 확인한다.
④ 승객에게만 정보를 전달한다.

출제영역 운송사업자 및 운수종사자 준수사항

교대 시 해당 도로의 이상 유무 등 운전업무 중 알게 된 사항을 다음 운전자에게 정확히 전달해야 한다.

42

운송서비스의 '인적 의존성'에 대한 설명으로 옳지 않는 것은?

① 생산과 소비가 동시에 발생하므로 재고가 발생하지 않는다.
② 운전자에 의해 생산된다.
③ 승객과 대면하는 운전자의 태도, 복장, 말씨 등은 운송서비스에 있어 중요한 영향을 미친다.
④ 서비스는 사람에 의해 생산되어 사람에게 제공된다.

출제영역 여객운송종사자의 기본자세

①은 동시성에 대한 설명이다.

43

다음 중 운행 전 일상점검에 반드시 포함해야 할 사항을 모두 고르면?

가. 차량 내·외부 청결
나. 용모 및 복장 점검
다. 안전설비 및 등화장치 이상유무 확인
라. 배차사항, 전달사항 확인

① 가, 나, 라
② 가, 다, 라
③ 가, 나, 다
④ 가, 나, 다, 라

출제영역 운송사업자 및 운수종사자 준수사항

운행 전 준비
• 용모 및 복장 확인
• 승객에게 항상 친절
• 차량 내·외 항상 청결 유지
• 안전설비 및 등화장치 이상유무를 확인하고 이상발견 시 관리자에게 즉시 보고
• 배차사항, 지시 및 전달사항 확인

44

승객만족을 위한 기본예절로 옳지 않은 것은?

① 승객과 운행가격에 대한 적절한 협상을 실시한다.
② 자신의 입장에서만 생각하는 태도는 승객만족 저해 요소이다.
③ 승객을 환영한다.
④ 상대가 불쾌하거나 불편해하는 말은 하지 않는다.

출제영역 여객운수종사자의 기본자세

승객만족을 위한 기본 예절
• 승객을 환영
• 자신의 입장에서만 생각하는 태도는 만족의 저해 요소
• 약간의 어려움을 감수하는 것은 지속적인 고객을 위한 투자
• 모든 인간관계는 성실을 바탕
• 연장자는 사회의 선배로서 존중, 공·사 구분
• 상대가 불쾌, 불편해하는 말 금지
• 승객에게 관심을 갖는 것은 좋은 이미지를 줌

45

어르신 승객이 탑승해 '병원까지 안전하게 좀 부탁합니다'라고 할 때, 운수종사자 C씨가 가장 바람직하게 응대하는 답변은?

① 네, 어르신. 안전하게 모시겠습니다.
② 알았어요.
③ 목적지 말씀하세요.
④ 목적지 입력을 먼저한다.

출제영역 여객운수종사자의 기본자세
연장자 탑승 시 어르신 또는 선생님 호칭을 사용한다.

46

'밝은 표정'이 택시 운수종사자에게 미치는 영향으로 옳지 않은 것은?

① 밝은 표정은 승객과 긍정적 친밀감을 형성한다.
② 신체와 정신 건강에 이롭다.
③ 업무 능률 향상에 도움을 준다.
④ 운전면허 갱신을 쉽게 해준다.

출제영역 여객운수종사자의 기본자세
밝은 표정은 승객과 긍정적 친밀감, 신체와 정신건강에 이로우며 업무 능률 향상에 도움을 준다.

47

재난발생 시 운전자의 조치사항으로 옳지 않은 것은?

① 신속하게 차량을 안전지대로 이동한 후 즉각 유관기관에 보고한다.
② 승객의 안전조치를 우선적으로 취한다.
③ 차량을 우선적으로 정비해서 재난을 극복한다.
④ 장기간 고립 시에는 유류, 비상식량, 구급환자발생 등을 즉시 신고, 한국도로공사 및 인근 유관기관 등에 협조를 요청한다.

출제영역 운수종사자의 기본 소양
재난 시 차량 내부의 이상 여부 확인 및 신속하게 안전지대로 차량을 대피한다.

48

'용모 및 복장'에 대한 설명 중 복장의 기본원칙이 아닌 것은?

① 계절에 맞게
② 깨끗하게
③ 계절에 관계 없이
④ 규정에 맞게

출제영역 여객운수종사자의 기본자세
복장의 기본원칙
- 깨끗하게, 단정하게, 품위 있게, 규정에 맞게
- 통일감 있게, 계절에 맞게
- 편한 신발을 신되, 샌들이나 슬리퍼는 삼가야 함

49

다음 중 '차량 고장 시 야간 조치'에 대한 설명으로 맞는 것을 모두 고르면?

가. 후방 3미터 거리에서 적색 섬광신호·전기제등 또는 불꽃신호를 설치
나. 고장자동차 표지를 설치
다. 차내에 계속 대기
라. 야광이 되는 옷 착용 권장

① 가, 나
② 나, 라
③ 가, 나, 다, 라
④ 가, 다, 라

출제영역 운수종사자의 기본 소양
야간에 차량 고장 시 조치방법: 비상등 점멸, 후방에 고장자동차 표지와 적색 섬광신호·전기제등 또는 불꽃신호를 500m 거리에서 설치, 안전지대 대피, 야광이 되는 옷 착용 권장

50

교통사고 현장에서의 원인조사 항목으로 옳지 않은 것은?

① 노면에 나타난 흔적조사
② 사고차량 및 피해자조사
③ **사고당사자의 개인신상 및 가족관계조사**
④ 사고당사자 및 목격자조사

> **출제영역** 운수종사자의 기본 소양
>
> 교통사고 현장에서의 원인조사
> - 노면에 나타난 흔적조사
> - 사고차량 및 피해자조사
> - 사고당사자 및 목격자조사
> - 사고현장 시설물조사
> - 사고현장 측정 및 사진촬영

51

올바른 담배꽁초 처리방법은?

① **반드시 재떨이에 버린다.**
② 운행중 차창 밖으로 버린다.
③ 화장실 변기에 넣어 내려 버린다.
④ 도보위에 버리고 발로 비벼서 분해하여 버린다.

> **출제영역** 여객운송종사자의 기본자세
>
> 담배꽁초 처리방법
> - 반드시 재떨이에 버린다.
> - 차창 밖으로 버리지 않는다.
> - 화장실 변기에 버리지 않는다.
> - 바닥에다 버리지 않으며, 발로 비벼 끄지 않는다.
> - 꽁초를 손가락으로 튕겨 버리지 않는다.

52

다음 중 운전자의 올바른 행동으로 옳은 것을 모두 고르면?

> 가. 과속으로 운행하며 급브레이크를 밟지 않는다.
> 나. 오디오 볼륨을 아주 크게 작동한다.
> 다. 갓길로 통행하지 않는다.
> 라. 도로상에서 사고가 발생한 경우 차량을 세워 둔 채로 상대방과 시시비비를 가린다.

① 나
② **가, 다**
③ 다, 라
④ 가, 나, 라

> **출제영역** 운수종사자의 기본 소양
>
> 운전자가 삼가야 하는 행동
> - 지그재그 운전
> - 급브레이크
> - 시비, 다툼 등의 행위로 다른 차량 통행 방해
> - 운행 중 오디오 볼륨 크게 작동
> - 교통 경찰관의 단속에 불응하거나 항의
> - 갓길 통행

53

교통사고 조사규칙상 대형사고에 해당하는 경우는?

① 3명 사상자 발생
② 1명이 사망한 사고
③ **3명 이상이 사망(교통사고 발생일로부터 30일 이내 사망)**
④ 사상자 10명 발생

> **출제영역** 운수종사자의 기본 소양
>
> 교통사고 조사규칙상 대형사고
> - 3명 이상이 사망(교통사고 발생일로부터 30일 이내 사망한 것을 말한다)
> - 20명 이상의 사상자가 발생한 사고

54

공차상태의 자동차에 승차정원의 인원이 승차하고 최대적재량의 물품이 적재된 상태를 말하는 용어는?

① 공차상태
② 차량중량
③ 승차정원
④ 적차상태

> **출제영역** 운수종사자의 기본 소양
> 적차상태: 공차상태의 자동차에 승차정원의 인원이 승차하고 최대적재량의 물품이 적재된 상태

55

다음 중 승객 응대 마음가짐으로 옳지 않은 것은?

① 사명감을 가진다.
② 항상 긍정적으로 생각한다.
③ 승객의 니즈를 파악하려 노력한다.
④ 개선사항의 민원이 발생할 경우 일단 회피한 뒤 고려한다.

> **출제영역** 여객운송종사자의 기본자세
> 개선할 사항은 변명보다 수용의 자세를 통해 개선한다.

56

교통관련 법규 및 사내 안전관리 규정 준수사항으로 옳지 않은 것은?

① 배차지시 없이 임의 운행금지
② 자동차 전용도로, 급한 경사길 등에 주차 가능
③ 차의 내·외부를 청결하게 관리하여 쾌적한 운행환경 유지
④ 철길건널목에서는 일시정지 준수 및 정차 금지

> **출제영역** 운수종사자의 기본 소양
> 자동차 전용도로, 급한 경사길 등에서는 주·정차가 금지된다.

57

교통사고 발생 시 조치과정 중 보험회사나 경찰 등에 '연락'을 취할 때 포함되어야 할 사항이 아닌 것은?

① 사고발생지점 및 상태
② 사고발생 시점까지 요금부과 상태
③ 회사명, 운전자 성명
④ 부상정도 및 부상자 수

> **출제영역** 운수종사자의 기본 소양
> 연락을 취할 때 포함되어야 할 사항
> • 사고발생지점 및 상태
> • 부상정도 및 부상자 수
> • 회사명, 운전자 성명
> • 우편물, 신문, 여객의 휴대 화물의 상태
> • 연료 유출여부 등

58

아래 중 택시운송사업자가 차량 내에 반드시 게시해야 하는 표지판에 포함되는 내용이 아닌 것은?

① 회사명
② 자동차 번호
③ 운전자 성명
④ 경로 별 대표 관광지 연락처

> **출제영역** 운송사업자 및 운수종사자 준수사항
> 차량 내 게시 표지판에 포함되어야 할 사항
> • 회사명(개인택시 제외)
> • 자동차 번호
> • 운전자 성명
> • 불편사항 연락처 및 차고지 등

59

응급처치에서 출혈이 심할 경우 가장 우선적으로 해야 할 조치는?

① 출혈 부위보다 심장에 가까운 부위를 헝겊 등으로 꽉 묶어 지혈한다.
② 냉찜질을 한다.
③ 출혈 부위를 세척한다.
④ 환자에게 물을 준다.

> **출제영역** 운수종사자의 기본 소양
> 심한 출혈일 경우 심장에 가까운 부위를 헝겊 등으로 꽉 묶어 지혈해야 한다.

60

직업의 내재적 가치에 대한 설명으로 올바른 것은?

① 자신의 능력 최대 발휘와 자기표현, 사회적 헌신
② 권력과 경제적 도구로만 인식
③ 사회 인식만 중시
④ 생계 수단만 추구

> **출제영역** 여객운송종사자의 기본자세
> 직업의 내재적 가치
> • 자신에게 있어서 직업 그 자체에 가치를 둔다.
> • 자신의 능력을 최대한 발휘하길 원하며, 그로 인한 사회적인 헌신과 인간관계를 중시한다.
> • 자기표현이 충분히 되어야 하고 자신의 이상을 실현하는데 그 목적과 의미를 두는 것에 초점을 맞추려는 경향을 갖는다.

4-1 서울지역 지리

61

다음 중 서울특별시의 관문 역할을 하며 경부고속도로가 진입하는 동은?

① 양재동 ② 청담동
③ 신림동 ④ 동대문

62

서울특별시 구로구와 금천구 경계에 위치한 대표 전철역은?

① 가산디지털단지역 ② 구로역
③ 남구로역 ④ 시흥역

63

서울특별시 강북구에 위치한 대표적인 산은?

① 북악산 ② 우이령
③ 도봉산 ④ 북한산

64

서울특별시 송파구에 위치한 대규모 테마파크는?

① 롯데월드 ② 서울랜드
③ 에버랜드 ④ 어린이대공원

65

서울특별시 관내 광화문광장이 위치한 도로는?

① 세종대로 ② 청계천로
③ 종로 ④ 을지로

66
다음 중 서울지하철 2호선이 가장 먼저 지상 구간에 진입하는 역은?

① 당산역　　② 성수역
③ 신도림역　④ 대림역

67
서울특별시 종로구에 위치한 대한민국을 대표하는 광장은?

① 광화문광장　② 청계광장
③ 서울광장　　④ 한강공원

68
서울특별시의 동북부 관문이자 KTX·ITX 등 광역철도가 정차하는 역은?

① 청량리역　② 서울역
③ 용산역　　④ 왕십리역

69
다음 중 서울특별시의 대표적 야경명소로 꼽히는 한강변 공원은?

① 반포한강공원　② 올림픽공원
③ 남산공원　　　④ 북서울꿈의숲

70
서울특별시 관내에서 서울숲이 위치한 자치구는?

① 성동구　② 강남구
③ 노원구　④ 송파구

4-2 경기지역 지리

61
경기도 평택시와 화성시를 연결하는 대표 산업도로는?

① 평택항로　　② 서해안고속도로
③ 평택화성로　④ 동탄대로

62
경기도 인천광역시와 수원시를 연결하는 대표 국도는?

① 1번국도　　② 42번국도
③ 43번국도　④ 45번국도

63
경기도 고양시와 인천광역시를 직접 연결하는 대표 고속도로는?

① 수도권제1순환고속도로
② 경인고속도로
③ 서해안고속도로
④ 영동고속도로

64
경기도 김포시에서 인천국제공항으로 가장 빠르게 이동 가능한 교통수단은?

① 공항철도　② 경의중앙선
③ 7호선　　 ④ 5호선

65
경기도에서 포천시와 가장 멀리 떨어진 도시는?

① 평택시　　② 연천군
③ 동두천시　④ 의정부시

66
경기도 안양시의 행정동이 아닌 것은?

① 만안동　　② 비산동
③ 호계동　　④ 교하동

67
경기도 시흥시의 대표적인 국가산업단지는?

① 시화국가산업단지
② 반월국가산업단지
③ 평택포승국가산업단지
④ 오산국가산업단지

68
경기도 하남시와 인접하지 않은 도시는?

① 광주시　　② 성남시
③ 구리시　　④ 남양주시

69
고종과 명성황후의 능이 소재한 지역은?

① 포천시　　② 가평군
③ 남양주시　④ 수원시

70
경기도 평택시에 위치한 SRT(수서고속철도) 정차역은?

① 평택지제역　② 평택역
③ 서정리역　　④ 송탄역

4-3 인천지역 지리

61
인천광역시에서 인천대공원이 위치한 구는?

① 남동구　　② 미추홀구
③ 부평구　　④ 계양구

62
인천에서 지하철 1호선과 2호선이 모두 정차하는 유일한 환승역은?

① 인천시청역　② 주안역
③ 원인재역　　④ 송도역

63
인천광역시 중구에 위치한 국제 항만은?

① 인천항　　② 평택항
③ 부산항　　④ 군산항

64
인천의 대표적인 교통 허브 역할을 하며 KTX와 연결되는 역은?

① 계양역　　　　② 인천공항2터미널역
③ 청라국제도시역　④ 부평역

65
고려시대 석릉·곤릉·홍릉·가릉이 있는 곳은?

① 서구　　② 강화군
③ 계양구　④ 동구

66

인천광역시 계양구의 대표 산은?

① 계양산　　　② 만월산
③ 청량산　　　④ 문학산

67

인천광역시에서 섬 지역이 가장 많은 행정구역은?

① 옹진군　　　② 강화군
③ 중구　　　　④ 서구

68

다음 중 인천지하철 1호선 역명이 아닌 것은?

① 간석오거리역　　② 예술회관역
③ 인천터미널역　　④ 검암역

69

인천광역시에서 서울로 이어지는 '경인고속도로'의 인천 시내 출발지는?

① 연수구　　　② 서구
③ 중구　　　　④ 남동구

70

인천지하철 2호선에서 '서구청역'과 '석남역' 사이에 위치한 역은?

① 아시아드경기장역　② 가재울역
③ 가정중앙시장역　　④ 완정역

단끝 최빈출 기출 70제

CHAPTER 01 단끝 최빈출 기출 70제

빈출 01   #여객자동차 운수사업법령

여객자동차 운수사업에 해당되지 않는 것은?

① 여객자동차운송사업
② 화물자동차 터미널사업
③ 자동차대여사업
④ 여객자동차운송가맹사업

여객자동차운수사업: 여객자동차운송사업, 자동차, 대여사업, 터미널사업, 운송플랫폼사업 포함

빈출 02   #도로교통법령

안전거리의 확보로 옳지 않은 것은?

① 모든 운전자는 앞차가 갑자기 정지하게 되는 경우 앞차와의 충돌을 피할 수 있는 거리를 확보한다.
② 자전거등의 운전자에 주의하여야 하며 옆을 지날 때 자전거등과의 충돌을 피할 수 있는 필요한 거리를 확보한다.
③ 모든 차의 운전자는 부득이한 경우면 운전하는 차를 갑자기 정지시켜도 된다.
④ 운전자는 차의 진로를 변경하려는 경우 그 변경하려는 방향으로 오고 있는 다른 차의 정상적인 통행에 장애를 줄 우려가 있을 때에는 진로를 변경하여서는 아니 된다.

모든차의 운전자는 위험 방지를 위한 경우와 그 밖의 부득이한 경우가 아니면 운전하는 차를 갑자기 정지시키거나 속도를 줄이는 등의 급제동을 하여서는 아니 됨

빈출 03   #여객자동차 운수사업법령

택시운송사업용 자동차의 종류로 옳지 않은 것은?

① 경형
② 소형
③ 보급형
④ 모범형

택시운송사업용 자동차는 경형·소형·중형·대형·모범형 및 고급형으로 구분된다.

빈출 04   #교통사고처리특례법령

건널목경보기 및 교통안전표지가 설치되어 있는 건널목의 종류로 옳은 것은?

① 제1종 건널목
② 제2종 건널목
③ 제3종 건널목
④ 제4종 건널목

- 제1종 건널목: 차단기, 건널목 경보기 및 교통안전 표지가 설치되어 있는 경우
- 제2종 건널목: 건널목 경보기 및 교통안전 표지가 설치되어 있는 경우
- 제3종 건널목: 교통안전 표지만 설치되어 있는 경우

빈출 05 #도로교통법령

다음 중 갓길 통행이 가능한 경우가 아닌 것은?

① 긴급자동차를 운전하는 경우
② 고속도로등의 보수작업을 하는 자동차를 운전하는 경우
③ 차량정체 시 신호기 또는 경찰공무원등의 신호나 지시가 있는 경우
④ **다른 차를 빠르게 앞지르는 경우**

갓길 통행금지 등(법 제60조): 자동차의 고장 등 부득이한 사정이 있는 경우, 긴급자동차와 고속도로 등의 보수,유지 등의 작업을 하는 자동차를 운전하는 경우, 차량정체 시 신호기 또는 경찰공무원등의 신호나 지시에 따라 갓길에서 자동차를 운전하는 경우

빈출 06 #도로교통법령

노면표시 색채의 종류로 옳지 않은 것은?

① 황색
② 청색
③ 적색
④ **흑색**

노면표시의 색채 기준
- 황색: 중앙선,노상장애물 중 도로중앙장애물, 주차금지, 정차금지 등
- 청색: 버스전용차로 및 다인승차량 전용차선 표시
- 적색: 어린이보호구역 또는 주거지역 안에 설치하는 속도제한표시의 테두리 및 소방시설 주변 주정차금지 표시
- 백색: 동일방향의 교통류 분리 및 경계표시

빈출 07 #여객자동차 운수사업법령

개인택시운송사업의 면허를 받으려는 자가 제출해야 하는 서류로 옳지 않은 것은?

① 건강진단서
② **운전면허증**
③ 반명함판 사진 1장
④ 개인택시운송사업 면허신청서

개인택시운송사업의 면허를 받으려는 자가 제출해야 하는 서류
- 개인택시운송사업 면허신청서
- 건강진단서
- 택시운전자격증 사본
- 그 밖에 관할관청이 필요하다고 인정하여 공고하는 서류
- 반명함판 사진 1장 또는 전자적 파일형태의 사진(인터넷으로 신청하는 경우)

빈출 08 #도로교통법령

다음 주의표지가 의미하는 내용으로 옳은 것은?

① 추락주의
② 물살주의
③ **강변도로**
④ 내리막경사

강변도로에 대한 표지이다.

빈출 09 #여객자동차 운수사업법령

여객자동차 운수사업법상 중대한 교통사고에 대한 설명으로 옳은 것은?

① 사망자 2명 이상이 발생한 사고
② 사망자 1명과 중상자 2명 이상이 발생한 사고
③ 사망자 1명 이상이 발생한 사고
④ 중상자 5명 이상이 발생한 사고

중대한 교통사고
- 전복 사고
- 화재가 발생한 사고
- 사망자 2명 이상이 발생한 사고
- 사망자 1명과 중상자 3명 이상이 발생한 사고
- 중상자 6명 이상이 발생한 사고

빈출 10 #교통사고처리특례법령

대형사고에서 사망이란 사고 발생일부터 몇 일 이내에 사망한 것을 말하는가?

① 10일
② 20일
③ 30일
④ 40일

대형사고: 3명 이상이 사망(교통사고 발생일부터 30일 이내에 사망한 것을 말함)하거나 20명 이상의 사상자가 발생한 것

빈출 11 #도로교통법령

차도와 보도의 구별이 없는 도로의 경우 도로의 오른쪽 가장자리로부터 중앙으로 몇 센티미터 이상의 거리를 두어야 하는가?

① 100cm
② 80cm
③ 50cm
④ 20cm

모든 차의 운전자는 도로에서 정차할 때에는 차도의 오른쪽 가장자리에 정차할 것. 다만, 차도와 보도의 구별이 없는 도로의 경우에는 도로의 오른쪽 가장자리로부터 중앙으로 50cm 이상의 거리를 두어야 한다.

빈출 12 #도로교통법령

자동차등의 운전에 필요한 적성의 기준 중 보청기를 사용하는 사람의 청각 기준으로 옳은 것은?

① 10 데시벨
② 20 데시벨
③ 30 데시벨
④ 40 데시벨

자동차등의 운전에 필요한 적성의 기준: 55데시벨(보청기를 사용하는 사람은 40데시벨)이다.

빈출 13 #도로교통법령

어린이 통학버스의 안전교육 중 정기 안전교육의 주기로 옳은 것은?

① 1년
② 2년
③ 3년
④ 4년

어린이 통학버스 정기안전교육: 2년마다 실시

빈출 14 #도로교통법령

여객자동차운송사업의 운전업무에 종사하려는 사람의 자격으로 옳지 않은 것은?

① 운전하기에 적합한 운전면허를 보유할 것
② 국토교통부장관이 정하는 운전 적성에 대한 정밀검사 기준에 맞을 것
③ 30세 이상으로서 해당 운전경력이 2년 이상일 것
④ 이론 및 실기교육을 이수하고 자격증을 취득할 것

여객자동차운송사업의 운전업무 종사자격 기본 요건
- 해당 자동차 운전면허 소지
- 20세 이상 및 운전경력 1년 이상
- 운전 적성 정밀검사 기준 적합
- 자격시험 합격 또는 교통안전체험교육 이수
- 시험의 실시, 교육의 이수 및 자격의 취득 등에 필요한 사항은 국토교통부령

빈출 15 #도로교통법령

다음 중 안전표지의 종류로 옳은 것은?

① 위험표지
② 규제표지
③ 제한표지
④ 기능표지

안전표지의 종류
- 주의표지
- 규제표지
- 지시표지
- 보조표지
- 노면표시

빈출 16 #교통사고처리특례법령

다음 중 용어와 설명이 일치하지 않는 것은?

① 전복: 2대 이상의 차가 동일방향으로 주행 중 뒤차가 앞차의 후면을 충격한 것
② 추락: 차가 도로변 절벽 또는 교량 등 높은 곳에서 떨어진 것
③ 접촉: 차가 추월, 교행 등을 하려다가 차의 좌·우측면을 서로 스친 것
④ 전도: 차가 주행 중 도로 또는 도로 이외의 장소에 차체의 측면이 지면에 접하고 있는 상태(좌측면이 지면에 접해있으면 좌전도, 우측면이 지면에 접해있으면 우전도)를 말한다

- 전복: 차가 주행 중 도로 또는 도로 이외의 장소에 뒤집혀 넘어진 것
- 추돌: 2대 이상의 차가 동일방향으로 주행 중 뒤차가 앞차의 후면을 충격한 것

빈출 17 #도로교통법령

회전교차로 통행방법으로 옳지 않은 것은?

① 운전자는 회전교차로에 진입하려는 경우에는 서행하거나 일시정지
② 반시계방향으로 통행
③ **시계방향으로 통행**
④ 회전교차로 통행을 위하여 손이나 방향지시기 또는 등화로서 신호를 하는 차가있는 경우 그 뒤차의 운전자는 신호를 한 앞차의 진행을 방해하여서는 아니 됨

회전교차로: 반시계방향으로 통행

빈출 18 #도로교통법령

모든 차의 운전자가 다른 차를 앞지르지 못하는 곳으로 옳지 않은 것은?

① 교차로
② **오르막이나 내리막길**
③ 터널 안
④ 다리 위

앞지르기가 금지되는 경우 및 장소
교차로, 터널 안, 다리위 도로의 구부러진 곳, 비탈길의 고갯마루 부근 또는 가파른 비탈길의 내리막 등 시·도 경찰청장이필요하다고 인정하여 안전표지로 지정한 곳

빈출 19 #도로교통법령

긴급자동차 교통안전교육의 신규 교통안전교육과 정기 교통안전교육은 각각 몇 시간 이상 실시하여야 하는가?

① 신규: 1시간 정기: 2시간
② **신규: 3시간 정기: 2시간**
③ 신규: 4시간 정기: 3시간
④ 신규: 5시간 정기: 3시간

긴급자동차 교통안전교육은 강의·시청각 교육 등의 방법으로 실시하며, 신규 교통안전교육은 3시간 이상, 정기 교통안전교육은 2시간 이상 실시한다.

빈출 20 #여객자동차 운수사업법령

택시운전 자격의 필기시험과목으로 옳지 않은 것은?

① **형사소송법**
② 교통 및 운수관련 법규
③ 안전운행 요령
④ 운송서비스 및 지리에 관한 사항

시험 과목
• 교통 및 운수관련 법규
• 안전운행 요령
• 운송서비스
• 지리에 관한 사항

빈출 21 #자동차 관리

일상점검의 주의사항으로 옳지 않은 것은?

① 경사가 없는 평탄한 장소에서 점검한다.
② **엔진을 킨 상태에서 점검한다.**
③ 베터리를 만질 때에는 미리 배터리의 마이너스 단자를 분리한다.
④ 점검은 환기가 잘 되는 장소에서 실시한다.

일상점검
- 점검 장소는 평탄한 곳에서 실시
- 변속레버는 주차(P)에 놓고, 주차 브레이크 작동
- 엔진 시동 상태에서 점검해야 할 사항이 아니면 시동을 끄고 점검
- 점검은 환기가 잘 되는 장소에서 실시
- 엔진 점검시 가급적 엔진을 끄고, 식은 다음에 실시(화상예방)
- 연료장치나 배터리 부근에서는 불꽃을 멀리 한다(화재예방)
- 배터리, 전기 배선을 만질 때에는 미리 배터리의 -단자를 분리(감전예방)

빈출 22 #자동차 응급조치요령

시동 모터가 작동되나 시동이 걸리지 않는 경우 올바른 조치사항을 모두 고르면?

> 가. 연료를 보충한 후 공기 빼기를 한다.
> 나. 예열시스템을 점검한다.
> 다. 배터리를 충전하거나 교환한다.
> 라. 접지 케이블을 단단하게 고정한다.

① 가,
② 나, 다
③ **가, 나**
④ 가, 나, 다

시동 모터가 작동되나 시동이 걸리지 않는 경우 올바른 조치사항
- 연료를 보충한 후 공기 빼기
- 예열시스템을 점검
- 연료 필터를 교환

빈출 23 #자동차 관리

자동차용 LPG의 일반적 특성으로 옳지 않은 것은?

① LPG의 주성분은 부탄과 프로판의 혼합체로 구성된다.
② 상온과 상압하에서 무색무취의 가스이다.
③ **감압 또는 가열 시 쉽게 기화되지 않는다.**
④ 가스누출 시 위험을 감지할 수 있도록 독특한 냄새가 난다.

자동차용 LPG의 일반적 특성
- LPG 주성분은 부탄과 프로판의 혼합체
- LPG는 감압 또는 가열 시 쉽게 기화 및 발화하기 쉬우므로 취급을 주의
- 화학적으로 순수한 LPG는 상온과 상압하에서 무색무취의 가스, 위험 감지할 수 있도록 부취제를 첨가하여 독특한 냄새가 남
- LPG 충전은 과충전 방지 장치가 내장되어 85%이상 충전되지 않고 약 80%가 적당

빈출 24 #자동차 구조 및 특성

조향 핸들이 무거운 원인으로 옳지 않은 것은?

① **타이어의 공기압이 충만하다.**
② 앞바퀴의 정렬 상태가 불량하다.
③ 타이어의 마멸이 과다하다.
④ 조향기어의 톱니바퀴가 마모되었다.

조향 핸들이 무거운 원인
- 타이어의 공기압이 부족
- 조향기어의 톱니바퀴가 마모
- 조향기어 박스 내의 오일이 부족
- 앞바퀴의 정렬 상태가 불량
- 타이어의 마멸이 과다

빈출 25 #자동차 관리

다음 경고등·표시등의 명칭으로 옳은 것은?

① 비상경고표시등
② **주행빔(상향등)작동 표시등**
③ 연료잔량 경고등
④ 엔진오일 압력 경고등

주행빔(상향등)작동 표시등이다.

빈출 26 #자동차 구조 및 특성

토크 컨버터의 구성으로 옳지 않은 것은?

① 펌프
② 터빈
③ 스테이터
④ **브레이크 패드**

토크 컨버터의 구성: 펌프(구동축), 터빈(피동축), 스테이터

빈출 27 #자동차 응급조치요령

배기가스의 색이 검을 경우의 조치사항을 모두 고르면?

> 가. 에어 클리너 필터를 청소, 교환한다.
> 나. 밸브 간극이 비정상이다.
> 다. 베터리가 방전되었다.
> 라. 연료 필터가 뚫려 있다.

① 가, 라
② 나, 다
③ **가, 나**
④ 가, 나, 다

배기가스의 색이 검을 경우의 조치사항
• 에어 클리너 필터를 청소 또는 교환
• 밸브 간극을 조정

빈출 28 #안전운전의 기술

고속도로 긴급견인 서비스 한국도로공사 콜센터의 전화번호는?

① 1588-2501
② 1588-1504
③ **1588-2504**
④ 1588-1506

고속도로 긴급견인 서비스 한국도로공사 콜센터의 전화번호는 1588-2504이다.

빈출 29 #자동차 구조 및 특성

주행 자동차를 감속 또는 정지시키거나 주차상태를 유지하기 위해 사용하는 주요장치는?

① 현가장치
② 조향장치
③ 동력장치
④ 제동장치

- 현가장치: 주행 중 노면으로부터 발생하는 진동이나 충격을 완화시켜 자동차를 보호, 화물의 손상 방지, 승차감과 자동차의 주행 안전성을 향상시키는 역할
- 조향장치: 자동차의 진행 방향을 운전자가 의도하는 바에 따라서 임의로 조작할 수 있는 장치
- 동력발생장치, 자동차엔진: 실린더 내에 혼합기를 흡입, 압축하여 전기점화나 고온에 의한 자기착화로 연소시켜 열에너지를 얻으며, 이 열에너지는 피스톤을 움직여 기계적 에너지를 얻는다.
- 제동장치: 주행 자동차를 감속 또는 정지시키거나 주차상태를 유지하기 위해 사용

빈출 30 #안전운전의 기술

고속도로 주행 시 몇 m 전방에서 방향지시등을 켜는 것이 적절한가?

① 50m
② 70m
③ 100m
④ 120m

고속도로 주행 시 100m 전방에서 방향지시등을 켜야한다.

빈출 31 #자동차 관리

다음 경고등 및 표시등의 설명으로 옳은 것은?

① 비상경고등 스위치를 누르면 점멸
② 주차 브레이크가 작동되어 있을 경우에 경고등이 점등
③ 전조등이 주행빔일 때 점등
④ 안전벨트 미착용 경고등으로 시동키 ON일 때 안전벨트 미착용 시 점등

안전벨트 미착용 경고등으로 '시동키 ON일 때 안전벨트 미착용 시 점등'의 의미이다.

빈출 32 #자동차 구조 및 특성

클러치의 구비조건으로 옳지 않은 것은?

① 냉각이 잘 되어 과열하지 않아야 한다.
② 회전력 단속 작용이 확실하며 조작이 쉬워야 한다.
③ 구조가 복잡하고 다루기 어렵다.
④ 회전관성이 적어야 한다.

클러치의 구비조건
- 냉각이 잘 되어 과열하지 않아야 한다.
- 구조가 간단하고, 다루기 쉬우며 고장이 적어야 한다.
- 회전력 단속 작용이 확실하며, 조작이 쉬워야 한다.
- 회전부분의 평형이 좋아야 한다.
- 회전관성이 적어야 한다.

빈출 33 #도로교통법령

도로의 중앙을 통행할 수 있는 경우로 옳은 것은?

① 말 등의 큰 동물을 몰고 가는 사람
② 장의 행렬
③ 도로에서 청소나 보수 등 작업을 하고 있는 사람
④ **행렬 등은 사회적으로 중요한 행사에 따라 시가를 행진하는 경우**

차도의 우측을 통행하여야 하는 경우
- 학생의 대열과 그 밖에 보행자의 통행에 지장을 줄 우려가 있다고 인정하는 사람이나 행렬
- 말·소 등의 큰 동물을 몰고 가는 사람
- 사다리·목재, 그 밖에 보행자의 통행에 지장을 줄 우려가 있는 물건을 운반 중인 사람
- 도로에서 청소나 보수 등의 작업을 하고 있는 사람
- 기타 현수막 등을 휴대한 행렬
- 장의 행렬 등

도로의 중앙을 통행할 수 있는 경우
행렬 등은 사회적으로 중요한 행사에 따라 시가를 행진하는 경우에는 도로의 중앙을 통행할 수 있다.

빈출 35 #안전운전의 기술

다음 중 그림에 해당하는 옳은 터널 안전수칙은?

① 선글라스를 벗고 라이트를 켠다.
② **차선을 바꾸지 않는다.**
③ 비상시를 대비해 피난연결통로, 비상주차대 위치를 확인한다.
④ 터널 진입 시 라디오를 켠다.

그림에 해당하는 옳은 터널 안전수칙은 차선을 바꾸지 않는 것이다.

빈출 34 #교통사고처리특례법령

차의 급제동으로 인하여 타이어의 회전이 정지된 상태에서 노면에 미끄러져 생긴 타이어 마모흔적 또는 활주흔적을 의미하는 것은?

① **스키드마크**
② 요마크
③ 사이드마크
④ 차흔

스키드 마크: 차의 급제동으로 인하여 타이어의 회전이 정지된 상태에서 노면에 미끄러져 생긴 타이어 마모흔적 또는 활주흔적

빈출 36 #자동차 관리

운행 후 자동차 점검의 외관 점검 항목으로 옳지 않은 것은?

① 차체에 굴곡이나 손상된 곳 등 여부 확인
② 보닛의 고리 빠짐 여부 확인
③ **경고등, 표시등 확인**
④ 주차 후 바닥에 냉각수가 보이는지 확인

운행 후 자동차 점검의 외관 점검 항목
- 차체 굴곡이나 손상된 곳 등 확인
- 타이어 공기압 차이에 의한 기울어짐 확인
- 보닛의 고리 빠짐 여부 확인
- 주차 후 바닥에 오일/냉각수 보이는지 확인

빈출 37 #자동차 응급조치요령

엔진 계통 응급조치 요령 중 연료소비량이 많은 현상의 추정원인으로 옳지 않은 것은?

① 연료 누출
② 타이어 공기압이 부족
③ **잦은 와이퍼 사용**
④ 클러치가 미끄러지며 브레이크가 제동된 상태

연료소비량이 많은 현상의 추정원인
- 연료 누출
- 타이어 공기압이 부족
- 클러치가 미끄러짐
- 브레이크가 제동된 상태

빈출 38 #자동차 구조 및 특성

스프링 진동을 감압시켜 진폭을 줄이는 기능이 있는 현가장치의 부품은?

① **쇽업소버**
② 스태빌라이저
③ 전조등
④ WHEEL(휠)

스프링 진동을 감압시켜 진폭을 줄이는 기능이 있는 현가장치의 부품은 쇽업소버이다.

빈출 39 #자동차 구조 및 특성

오일에 수분이 다량으로 유입된 경우 자동변속기 오일의 색은?

① 붉은 색
② 갈색
③ **백색**
④ 흑색

자동변속기의 오일 색깔
- 정상: 투명도가 높은 붉은 색
- 갈색: 가혹한 상태에서 사용되거나, 장시간 사용한 경우 투명도가 없어지고 검은 색을 띨 때, 자동변속기 내부의 클러치 디스크의 마멸분말에 의한 오손, 기어가 마멸된 경우 니스 모양으로 된 경우, 오일이 매우 높은 고온에 노출된 경우
- 백색: 오일에 수분이 다량으로 유입된 경우

빈출 40 #자동차 구조 및 특성

자동차가 물이 고인 노면을 고속으로 주행할 때 타이어는 요철용 무늬 사이에 있는 물을 배수하는 기능이 감소되어 물의 저항에 의해 노면으로부터 떠올라 물위를 미끄러지는 현상은?

① 쇼크 웨이브 현상
② 스탠딩 웨이브현상
③ **수막현상**
④ 마모현상

수막현상(Hydroplaning)
자동차가 물이 고인 노면을 고속으로 주행할 때 타이어는 요철용 무늬 사이에 있는 물을 배수하는 기능이 감소되어 물의 저항에 의해 노면으로부터 떠올라 물위를 미끄러지게 되는 현상이 발생하게 되는데 이 현상을 수막현상이라 한다.

빈출 41　#여객운수종사자의 기본자세

여객운송업에서 서비스의 의미는?

① 한 당사자가 다른 당사자에게 소유권의 변동 없이 제공하는 무형의 행위 또는 활동
② 유형재의 소유권을 이전하는 행위
③ 재화와 현물을 판매하는 활동
④ 단순히 운임만을 징수하는 행위

서비스의 정의
- 한 당사자가 다른 당사자에게 소유권 변동 없이 제공할 수 있는 무형의 행위 또는 활동을 의미
- 여객운송업에서의 서비스는 긍정적 마음을 행동으로 표현하여 승객을 편안하고 안전하게 목적지까지 이동시키는 것
- 서비스의 본질은 봉사하는 마음, 친절, 적극적 태도, 신뢰로 승객을 만족시키고, 이를 통해 보람과 성취를 느끼는 것
- 서비스는 말이나 이론이 아닌 감정과 행동이 수반되는 응대로 완성

빈출 42　#운송종사자의 기본 소양

교통사고 발생 시 운전자가 반드시 우선적으로 해야할 일은?

① 인명구조와 2차 사고 방지
② 현장 이탈
③ 책임 회피
④ 교통사고 원인조사

교통사고 발생 시 운전자의 조치사항
- 사고피해 최소화 및 2차 사고 방지조치
- 마음의 평정
- 탈출, 인명구조, 후방방호, 연락, 대기 및 부상자 응급처치 및 긴급후송 요청

빈출 43　#여객운수종사자의 기본자세

다음 중 올바른 직업윤리로 옳지 않은 것은?

① 소명의식
② 배척의식
③ 직분의식
④ 봉사정신

올바른 직업윤리
- 소명의식　· 천직의식
- 직분의식　· 봉사정신
- 전문의식　· 책임의식

빈출 44　#운송종사자의 기본 소양

운전자가 가져야 할 사명과 기본자세로 옳지 않은 것은?

① 대기오염 및 소음공해 최소화
② 우선적 이윤추구
③ 추측운전 금지
④ 운전기술 과신은 금물

우선적 이윤추구는 운전자가 가져야 할 사명과 기본자세로 볼 수 없다.

빈출 45 #여객운수종사자의 기본자세

흡연 예절 중 담배꽁초 처리방법으로 옳지 않은 것은?

① 차창 밖으로 버리지 않는다.
② 화장실 변기에 넣어 처리한다.
③ 꽁초를 바닥에 버리지 않으며, 발로 비벼 끄지 않는다.
④ 꽁초를 손가락으로 튕겨 아무대나 버리지 않는다.

담배꽁초 처리방법
- 반드시 재떨이에 버린다.
- 차창 밖으로 버리지 않는다.
- 화장실 변기에 버리지 않는다.
- 바닥에다 버리지 않으며, 발로 비벼 끄지 않는다.
- 꽁초를 손가락으로 튕겨 버리지 않는다.

빈출 46 #운송사업자 및 운수종사자 준수사항

여객자동차 운수사업법상 운수종사자의 금지행위에 해당하는 것은?

① 미터기를 임의로 조작 또는 훼손하는 행위
② 승객의 좌석안전띠 착용을 안내하는 행위
③ 차량 내·외부를 청결하게 관리하는 행위
④ 승객에게 친절하게 인사하는 행위

운수종사자의 금지행위
- 택시요금미터를 임의로 조작 또는 훼손하는 행위
- 문을 완전히 닫지 아니한 상태에서 자동차를 출발시키거나 운행하는 행위

빈출 47 #여객운수종사자의 기본자세

승객만족의 개념 및 중요성으로 옳은 것은?

① 고객이 거래를 중단하는 이유는 제품에 대한 불만이 가장 높은 비율을 차지한다.
② 불만과 니즈를 파악 하여 승객의 기대에 맞춰가는 서비스를 제공하는 것이다.
③ 승객을 만족시키기 위한 추진력과 분위기 조성은 경영자의 몫이다.
④ 승객을 상대하고 만족시켜야 할 사람은 직접 접촉하는 고객접점의 운전자이다.

승객만족의 개념 및 중요성
- 승객이 무엇을 원하고 불만인지 니즈를 파악하여 시대에 맞춰가는 서비스 제공
- 추친력과 분위기 조성은 경영자의 몫이며 승객을 만족시켜야 할 사람은 집적 접촉하는 고객접점의 운전자이다.
- 100명의 운수종사자 중 99명이 바람직한 서비스 제공을 하더라도 단 한 명이 불만족스러웠다면 승객은 그 한명을 통해 회사전체를 평가
- 한 업체에 대해 고객 거래 중단 이유는 불친절(68%), 제품불만(14%), 경쟁사의 회유(9%), 가격이나 기타(9%)이다.

빈출 48 #여객운수종사자의 기본자세

밝은 표정의 효과로 옳은 것을 모두 고르면?

가. 자신의 건강증진
나. 상대방과 긍정적인 친밀감
다. 밝은 표정이 상대방에게도 전이효과가 있음
라. 업무능률 향상

① 가, 나, 다
② 가, 라
③ 가, 나, 다, 라
④ 라

밝은 표정의 효과
- 자신의 건강증진
- 상대방과 긍정적인 친밀감
- 밝은 표정이 상대방에게도 전이효과가 있음
- 업무능률 향상

빈출 49 #운수종사자의 기본 소양

차량고장 시 운전자의 조치사항으로 옳지 않은 것은?

① 결함이 심할 때는 비상등 점멸 후 갓길에 차를 대서 정차한다.
② **차량고장 조치 시 어두운 계열의 옷을 입는다.**
③ 차에서 내릴때에는 옆차로의 차량 주행상황을 살핀 후 내린다.
④ 비상전화를 하기 전 후방에 경고반사판을 설치하고 특히 야간에는 주의를 기울인다.

차량고장 시 운전자의 조치사항: 야간에는 밝은 색 옷이나 야광이 되는 옷을 착용하는 것이 좋다.

빈출 50 #운수종사자의 기본 소양

교통관련 법규 및 사내 안전관리 규정 준수사항으로 옳은 것은?

① **자동차 전용도로, 급한 경사길 등에서는 주·정차 금지**
② 철길건널목은 최대한 빠르게 통과
③ 효율성을 위해 승객이 있더라도 타인을 승차시킬수 있다
④ 상황에 따라 취득면허 이외의 차량으로 변경하여 차량운전이 가능하다

교통관련 법규 및 사내 안전관리 규정 준수사항
- 배차지시 없이 임의 운행금지
- 노선 임의 변경 금지
- 대리운전 금지
- 타인 승차 금지
- 음주 및 약물복용 후 운전 금지
- 철길건널목 일시정지 준수, 정차 금지
- 운전면허 종류 외 차량 운전 금지
- 자동차 전용도로·경사길 등 주·정차 금지
- 차량 내·외 청결 유지

빈출 51 #운수종사자의 기본 소양

운행 중 주의사항으로 옳은 것은?

① **내리막길에서는 풋브레이크를 장시간 사용하지 않고 엔진브레이크 등을 적절히 사용**
② 뒤따라오는 차량이 추월하는 경우는 앞을 막아 추월 방지
③ 보행자, 이륜차, 자전거 등과 교행 나란히 진행할 때에는 빠른속도로 추월한다
④ 눈길, 빙판길 등에서 체인이나 스노타이어 장착은 위험하다

운행 중 주의사항
- 뒤따라오는 차량이 추월하는 경우 감속 등을 통한 양보운전을 한다.
- 보행자, 이륜차, 자전거 등과 교행, 나란히 진행할 때에는 서행하며 안전거리를 유지하면서 운행한다.
- 눈길, 빙판길 등은 체인이나 스노타이어를 장착한 후 안전하게 운행한다.

빈출 52 #운송사업자 및 운수종사자 준수사항

여객자동차 운수사업법상 '택시운송사업자가 차량 운행 정보(미터기 정보 등)를 보존해야 하는 기간'으로 맞는 것은?

① **1년 이상**
② 6개월
③ 3년
④ 3개월

택시운송사업자가 차량 운행정보(미터기 정보 등)를 보존해야 하는 기간은 1년 이상이다.

| 빈출 53 | #운수종사자의 기본 소양 |

아래 상황에서 올바른 조치를 고르면?

> 야간에 고속도로 주행 중 차량 고장으로 정차해야 한다.

① 비상등 점멸, 후방에 고장자동차 표지와 적색 섬광신호·전기제등 또는 불꽃신호를 500m 거리에서 설치, 안전지대 대피
② 차 내에서 계속 대기
③ 차에서 빠르게 도로로 나와 손을 흔들며 차량통제
④ 즉시 보험사에 연락만 함

차량 고장으로 정차해야 할 때: 비상등 점멸, 후방에 고장자동차 표지와 적색 섬광신호·전기제등 또는 불꽃신호를 500m 거리에서 설치, 안전지대 대피

| 빈출 54 | #여객운수종사자의 기본자세 |

언어예절 중 대화의 원칙 중 옳지 않은 것은?

① 강하고 빠르게 의견을 강조한다.
② 명료하게 말한다.
③ 상대방의 입장을 고려해 말한다.
④ 품위 있게 말한다.

대화의 5원칙
- 밝고 적극적으로 말한다.
- 공손하게 말한다.
- 명료하게 말한다.
- 품위 있게 말한다.
- 상대방의 입장을 고려해 말한다.

| 빈출 55 | #운수종사자의 기본 소양 |

응급처치방법 중 심폐소생술에 대한 설명으로 옳지 않는 것은?

① 성인, 소아, 영아의 가슴압박의 깊이는 모두 동일하다
② 환자를 눕힌 후 양쪽 어깨를 가볍게 두드리며 의식이 있는지 숨을 정상적으로 쉬는지 확인 하고 주변사람에게 119신고 및 자동제세동기를 가져올 것을 요청한다
③ 성인, 소아, 영아의 가슴압박 횟수 및 분당 회수는 동일하다
④ 가슴압박30회 2회의 인공호흡을 반복한다

심폐소생술 - 가슴압박
- 성인, 소아: 가슴압박 30회
  (분당 100~120회 / 약 5cm 이상의 깊이)
- 영아: 가슴압박 30회
  (분당 100~120회 / 약 4cm 이상의 깊이)

| 빈출 56 | #여객운수종사자의 기본자세 |

직업관에 대한 올바른 사항을 모두 고르면?

> 가. 소득을 얻거나 사회적 가치를 이루기 위해 참여하는 계속적인 활동이다.
> 나. 직업의 의미는 경제적 의미가 포함된다.
> 다. 직업의 의미는 사회적, 심리적 의미가 포함된다.
> 라. 직업의 의미는 영적인 의미가 포함된다.

① 가, 나, 다, 라
② 가, 다, 마
③ 나, 다, 라
④ 가, 나, 다

직업관의 의미: 경제적 의미, 사회적 의미, 심리적 의미

빈출 57 #운수종사자의 기본 소양

응급처치방법 중 부상자 의식 상태 확인 방법으로 옳지 않은 것은?

① 말을 걸거나 팔을 꼬집어 눈동자를 확인 후 의식이 있으면 안심시킨다
② 목뼈 손상의 가능성이 있는 경우 목 뒤쪽을 한손으로 받쳐준다
③ 의식이 없거나 구토할 때는 목이 오물로 막혀 질식하지 않도록 옆으로 눕힌다
④ 환자의 몸을 최대한 흔들어 의식이 돌아오도록 한다

부상자 의식 확인
- 의식이 없다면 기도를 확보한다. 머리를 뒤로 충분히 젖힌 뒤, 입 안에 있는 피나 토한 음식물 등을 긁어내어 막힌 기도를 확보한다.
- 환자의 몸을 심하게 흔드는 것은 금지한다.

빈출 58 #운수종사자의 기본 소양

출혈 또는 골절상황에서 올바른 조치가 아닌 것은?

① 출혈이 심하다면 출혈 부위보다 심장에 가까운 부위를 헝겊 또는 손수건 등으로 지혈될 때까지 꽉 잡아맨다
② 출혈이 적을 때에는 거즈나 깨끗한 손수건으로 상처를 꽉 누른다
③ 골절 부상자의 경우 구급차가 오기 전 골절 부위를 최대한 찾고 직접조치를 실시한다
④ 내출혈 발생 시 부상자가 입고 있는 옷의 단추를 푸는 등 옷을 헐렁하게 하고 하반신을 높게 한다

골절: 골절 부상자는 잘못 다루면 오히려 더 위험해질 수 있으므로 구급차가 올 때까지 가급적 기다리는 것이 바람직하다.

빈출 59 #운수종사자의 기본 소양

재난발생 시 운전자의 조치사항으로 옳지 않은 것은?

① 신속하게 차량을 안전지대로 이동한 후 즉각 유관기관에 보고한다.
② 승객의 안전조치를 우선적으로 취한다.
③ 무조건 차량을 우선적으로 정비하여 재난을 극복한다.
④ 장기간 고립 시에는 유류, 비상식량, 구급환자발생 등을 즉시 신고, 한국도로공사 및 인근 유관기관 등에 협조 요청

재난 시 차량 내부의 이상 여부 확인 및 신속하게 안전지대로 차량을 대피한다.

빈출 60 #운수종사자의 기본 소양

운수종사자가 승객의 좌석안전띠 착용을 안내해야 하는 시점으로 옳은 것은?

① 차량 출발 전
② 운행 중 임의로
③ 도착 후
④ 운행 종료 후

운수종사자는 차량의 출발 전에 여객이 좌석 안전띠를 착용하도록 안내해야 한다.

❖ 서울지역 지리

빈출 61 #서울지역 주요 관광명소

서울특별시 종로구의 대표적인 한옥마을은?

① **북촌한옥마을**
② 삼청동길
③ 인사동
④ 서촌마을

빈출 62 #서울지역 철도 노선

서울특별시의 대표적인 국제공항으로 연결되는 철도 노선은?

① **공항철도**
② 경의중앙선
③ 신분당선
④ 경춘선

빈출 63 #서울지역 지하철역

다음 중 1호선, 4호선, 공항철도가 모두 정차하는 지하철역은?

① **서울역**
② 시청역
③ 신도림역
④ 왕십리역

빈출 64 #서울지역 주요 관광명소

서울의 대표적 명동거리(쇼핑가)가 위치한 자치구는?

① 강남구
② **중구**
③ 종로구
④ 용산구

빈출 65 #서울지역 전철역

서울특별시 용산구의 랜드마크 '남산서울타워'와 가장 가까운 전철역은?

① **명동역**
② 충무로역
③ 서울역
④ 이태원역

빈출 66 #서울지역 주요 관광명소

서울특별시 은평구의 대표 자연공원은?

① **북한산국립공원**
② 올림픽공원
③ 청계천공원
④ 뚝섬유원지

빈출 67 #서울지역 주요 관광명소

서울특별시 동작구에 위치한 국립묘지는?

① 국립서울현충원
② 국립대전현충원
③ 국립중앙박물관
④ 효창공원

빈출 68 #서울지역 주요 관광명소

다음 중 서울특별시 종로구 전통시장으로 유명한 곳은?

① 광장시장
② 가락시장
③ 농수산물시장
④ 신세계백화점

빈출 69 #서울지역 주요 관광명소

서울특별시의 대표적 문화예술 공간인 '예술의전당'이 위치한 자치구는?

① 서초구
② 강남구
③ 성동구
④ 동대문구

빈출 70 #서울지역 공공건물

서울특별시의 대표적인 종합병원 중 강남구에 위치한 곳은?

① 삼성서울병원
② 서울대학교병원
③ 신촌세브란스병원
④ 국립중앙의료원

❖ 경기지역 지리

빈출 61 #경기지역 관공서

다음 중 경기도의 도청 소재지는 어디인가?

① 수원시
② 용인시
③ 고양시
④ 성남시

빈출 62 #경기지역 간선도로

경기도 광주시와 서울 강동구를 연결하는 대표적인 국도는?

① 3번국도
② 43번국도
③ 45번국도
④ 6번국도

빈출 63 #경기지역 주요 명소

경기도 성남시 분당구에 위치한 주요 IT기업 집적지로 유명한 곳은?

① 판교테크노밸리
② 고양일산테크노밸리
③ 수원삼성디지털시티
④ 의왕테크노파크

빈출 64 #경기지역 주요 시군 위치

경기도 남양주시와 직접 접하지 않는 시군은?

① 구리시
② 의정부시
③ 광주시
④ 안성시

빈출 65 #경기지역 주요 상업시설

경기도 의정부시의 대표적 전통시장은?

① 의정부제일시장
② 남문시장
③ 평택중앙시장
④ 수원남문시장

빈출 66 #경기지역 주요 관광명소

경기도 하남시의 대표적 쇼핑몰은?

① 스타필드 하남
② 현대백화점 판교점
③ 롯데백화점 광명점
④ 신세계백화점 의정부점

빈출 67 #경기지역 주요 관광명소

경기도에서 '에버랜드'가 위치한 도시는?

① 용인시
② 수원시
③ 성남시
④ 안양시

빈출 69 #경기지역 주요 상업시설

경기도 의정부시의 대표적 전통시장은?

① 의정부제일시장
② 남문시장
③ 평택중앙시장
④ 수원남문시장

빈출 68 #경기지역 고속도로 분기점

경기도 고양시와 인천광역시를 직접 연결하는 대표 고속도로는?

① 수도권제1순환고속도로
② 경인고속도로
③ 서해안고속도로
④ 영동고속도로

빈출 70 #경기지역 주요 고속도로

경기도 양평군과 원주시 경계에 위치한 고속도로는?

① 중앙고속도로
② 중부내륙고속도로
③ 영동고속도로
④ 서울양양고속도로

❖ 인천지역 지리

빈출 61 #인천지역 주요 고속도로

다음 중 인천국제공항과 바로 연결되는 고속도로는?

① 경인고속도로
② 수도권제2순환고속도로
③ **인천국제공항고속도로**
④ 영동고속도로

빈출 62 #인천지역 경제특구

다음 중 인천광역시 서구에 위치한 대표적 신도시는?

① **청라국제도시**
② 송도국제도시
③ 검단신도시
④ 루원시티

빈출 63 #인천지역 주요 관광명소

인천광역시 동구와 가장 가까운 해안가는 어디인가?

① 소래포구
② **월미도**
③ 송도해변
④ 을왕리해수욕장

빈출 64 #인천지역 주요 관광명소

강화 8경 중 한 곳으로 참성단이 있는 곳은?

① 갑곶돈
② **마니산**
③ 연미정
④ 적석사

빈출 65 #인천지역 경제특구

인천광역시 연수구의 대표적인 업무지구는?

① **송도국제도시**
② 검단신도시
③ 청라국제도시
④ 루원시티

빈출 66 #인천지역 주요 공공건물

인천광역시 동구에 위치한 공공 의료기관은?

① **인천의료원**
② 인천사랑병원
③ 가천대길병원
④ 인하대병원

빈출 67 #인천지역 법정 행정구역

인천광역시의 북쪽 경계를 이루는 군은?

① 옹진군
② **강화군**
③ 서구
④ 계양구

빈출 68 #인천지역 주요 관광명소

다음 중 인천광역시의 대표적 수산시장으로 꼽히는 곳은?

① **소래포구**
② 청라호수공원
③ 월미도
④ 만수동

빈출 69 #인천지역 주요 관광명소

인천광역시 강화군에서 가장 유명한 전통 사찰은?

① **전등사**
② 봉은사
③ 범어사
④ 해인사

빈출 70 #인천지역 주요 관광명소 및 법정 행정구역

삼목도 선사 유적이 있는 곳은?

① **인천광역시 중구**
② 인천광역시 부평구
③ 인천광역시 남동구
④ 인천광역시 서구

박문각 단끝 시리즈
단끝 택시운전 자격시험
CBT 기출복원문제집 + 무료특강 - 서울·경기·인천

초판인쇄	2026. 1. 15
초판발행	2026. 1. 20
공 저 자	윤정현, 정한진
발 행 인	박용
출판총괄	김현실
편집개발	김태희, 김소영
발 행 처	㈜ 박문각출판
출판등록	등록번호 제2019-000137호
주 소	06654 서울시 서초구 효령로 283 서경B/D 6층
전 화	(02) 6466-7202
팩 스	(02) 584-2927
홈페이지	www.pmgbooks.co.kr
ISBN	979-11-7519-449-6
정가	13,000원

저자와의
협의 하에
인지 생략

이 책의 무단 전재 또는 복제 행위는 저작권법 제136조에 의거, 5년 이하의 징역 또는 5,000만원 이하의 벌금에 처하거나 이를 병과할 수 있습니다.